S. FISCHER

Bill Hansson

DIE NASE VORN

Eine Reise in die Welt des Geruchssinns

Aus dem Englischen von
Sebastian Vogel

S. FISCHER

Aus Verantwortung für die Umwelt hat sich der S. Fischer Verlag zu einer nachhaltigen Buchproduktion verpflichtet. Der bewusste Umgang mit unseren Ressourcen, der Schutz unseres Klimas und der Natur gehören zu unseren obersten Unternehmenszielen.

Gemeinsam mit unseren Partnern und Lieferanten setzen wir uns für eine klimaneutrale Buchproduktion ein, die den Erwerb von Klimazertifikaten zur Kompensation des CO_2-Ausstoßes einschließt.

Weitere Informationen finden Sie unter:
www.klimaneutralerverlag.de

MIX
Papier aus verantwortungsvollen Quellen
FSC® C083411
FSC www.fsc.org

Originalausgabe

Erschienen bei S. FISCHER

Illustrationen: Axel Emil Thorenfeldt
Redaktionelle und sprachliche Unterstützung: Deborah Capras
Satz: Fotosatz Amann, Memmingen
Druck und Bindung: CPI books GmbH, Leck
Printed in Germany
ISBN 978-3-10-397063-0

INHALTSVERZEICHNIS

EINLEITUNG

Die kalten Monate sind vorbei, die Luft wird zum ersten Mal im Jahr warm, und die Felder sind frisch gepflügt. Ein ganz besonderer, angenehmer Geruch liegt in der Luft. Für jeden, der schon einmal einen solchen Augenblick erlebt hat, kündigt der Duft genau diese Situation an – Frühling, frische Erde, Ackerland. Vielleicht werden wir von einer Erinnerung, von der wir nichts wussten, in die Vergangenheit entführt. Kaum ein anderes Sinneserlebnis beschwört so gut frühere Erfahrungen herauf wie die olfaktorische Wahrnehmung (der Geruch). Es ist, als würden die Erinnerungen nur auf den richtigen Duft warten, der sie wieder hervorruft.

In der Literatur findet sich eines der eindringlichsten Beispiele für die Fähigkeit des Geruchs, Erinnerungen freizusetzen, im ersten der sieben Bände von Marcel Prousts Meisterwerk *Auf der Suche nach der verlorenen Zeit* (im französischen Original *À la recherche du temps perdu*). Er beginnt mit dem süßen Duft von Madeleines, kleiner Biskuitkuchen, die beim Autor unwillkürlich Erinnerungen an die Kindheit und sein Leben als Erwachsener heraufbeschwören. Aber den Geruchssinn gibt es nicht nur bei Menschen.

Alle Lebewesen, ob mit oder ohne Wirbelsäule, von den

Insekten bis zu den Menschen, nutzen Sinnessysteme, um in ihrer Umwelt einen Sinn zu finden und miteinander zu kommunizieren. Im Laufe der Evolution sind viele biologische Arten mehr oder weniger von Informationen eines bestimmten Typs abhängig geworden. Zikaden und Fledermäuse nutzen vor allem Schallwellen, Libellen und Menschen setzen ihr Vertrauen vielfach in das Sehen; dagegen sind Nachtfalter, Schweine und Hunde berühmt für ihren scharfen Geruchssinn.

Wir Menschen sind tatsächlich sehr visuell orientiert und neigen dazu, die anderen Sinne zu vergessen. Das gilt insbesondere für unseren Geruchssinn. Zum Teil liegt es daran, dass wir heutzutage weniger auf chemische Informationen angewiesen sind. Geruch hat aber auch etwas Primitives. Etwas, das wir vermeiden wollen. Denken wir nur daran, wie viel Mühe wir darauf verwenden, unseren eigenen, natürlichen Geruch zu verbergen, mit künstlichen Düften zu überdecken oder mit Deodorant zu verhindern. Wir glauben vielleicht, wir seien auf olfaktorische Informationen weniger angewiesen als andere Lebewesen, aber eigentlich stimmt das nicht. Viele unentbehrliche Aspekte unseres Lebens sind stark von Gerüchen abhängig. Mit der Frage, wie und warum, beschäftige ich mich in dem Kapitel über den menschlichen Geruchssinn.

Für andere Tiere ist ein scharfer Geruchssinn zum Überleben und zur Fortpflanzung absolut unentbehrlich. Schon im 19. Jahrhundert fiel dem französischen Insektenforscher Jean-Henri Fabre auf, dass eine große Anzahl männlicher Nachtfalter in seinem Haus von einem im Käfig gehaltenen Weibchen angelockt wurden, und er nahm an, dass Gerüche daran beteiligt sind. Heute wissen wir, dass er auf der richtigen Spur war. Das Nachtfaltermännchen folgt dem Duft, den das Weibchen in homöopathischer Konzentration als Spur auslegt; damit wird es vermutlich zum größten Geruchskünstler aller Tiere.

Wenn ein Lachs zum Laichen in denselben Flussarm zurückkehrt, in dem er geboren wurde, findet er seinen Weg mit Hilfe des Geruchs. Ohne Geruchssinn wäre er verloren. Die Gerüche im Wasser sind äußerst spezifisch: Jeder Nebenfluss hat seine eigene Charakteristik. Hundemännchen sind ebenso eifrig wie Nachtfalter darauf bedacht, den Duft eines läufigen Weibchens aufzuspüren – ebenso empfindlich sind sie allerdings nicht. Immerhin nehmen Hunde aber Gerüche mit einer tausendmal größeren Empfindlichkeit wahr, als wir Menschen dies tun. Ihre Fähigkeit haben wir uns in vielen Zusammenhängen nutzbar gemacht, beispielsweise bei der Jagd und bei der Verfolgung, zum Aufspüren von Verschütteten nach Erdbeben und sogar zur Krebsdiagnose. Für Hunde spielt sich das Leben zu einem großen Teil weniger in einem sichtbaren Umfeld ab als vielmehr in einer Landschaft der Gerüche. Entsprechend »sehen« Hunde die Vergangenheit nicht in Form visueller Eindrücke, sondern als Gerüche. Diese bleiben hängen und können ihnen sagen, was geschehen ist – oder wer vorübergegangen ist –, und das noch lange nachdem es zu sehen war.

Lange glaubte man, Vögel hätten überhaupt keinen oder nur einen sehr schlechten Geruchssinn. Heute wissen wir es besser. Geier können den Geruch charakteristischer Moleküle aufnehmen, die von einem weit entfernten toten Tier ausgehen. Albatrosse und andere Seevögel finden anhand des Geruchs den Weg zu reichen Planktonvorkommen, und die sind gleichbedeutend mit guten Gelegenheiten zum Fischfang.

Vielleicht noch überraschender ist, dass auch Pflanzen riechen und sich gegenseitig Duftnachrichten schicken können. Außerdem manipulieren sie Freund und Feind mit ganz bestimmten Gerüchen. Wird eine Pflanze beispielsweise von Nachtfalterlarven angegriffen, verändert sie die freigesetzten flüchtigen Substanzen. Diese Moleküle haben für die Pflanzen zwei nützliche Wirkungen. Einerseits warnen sie Nachbarn derselben Spezies, dass ein Angriff im Gang ist, so dass diese ihre Abwehrsysteme aktivieren können, bevor die Pflanzenfresser sie erreichen. Und andererseits können die flüchtigen Substanzen manchmal auch als »Hilferuf« dienen – sie locken natürliche Feinde der Angreifer an. Der Feind meines Feindes ist mein Freund – das gilt sogar in der Pflanzenwelt.

Andererseits haben Pflanzen sich in der Evolution aber auch so entwickelt, dass sie die Insekten anlocken, auf die sie wegen der Bestäubung angewiesen sind. Normalerweise ist dieser Prozess für beide Seiten von Nutzen, aber manchmal täuscht eine Pflanze die Insekten auch so, dass sie die Aufgabe erfüllen, ohne dafür die geringste Gegenleistung zu erhalten.

Alle diese Beispiele machen deutlich, dass die meisten Lebewesen auf Geruchsinformationen angewiesen sind, um zu überleben und sich fortzupflanzen. Wer in der Lage ist, seine chemische Umwelt wahrzunehmen, kann sich an die Umgebungsbedingungen anpassen, Nahrung oder einen Partner finden und die verschiedensten Feinde, Giftsubstanzen und Krankheitserreger meiden.

Bevor wir aber verstehen können, wie der Geruch funktioniert, müssen wir erst einmal wissen, was Geruch eigentlich ist. Geruch und Geschmack bestehen aus chemischen Informationen. In Wasser gelöste Moleküle vermitteln uns Geschmack, sind sie in der Luft, riechen wir sie. Damit ein Gegenstand einen Geruch hat, muss er Moleküle abgeben, die so leicht sind, dass sie durch die Luft fliegen können. Ein Stück Zucker riecht nicht, weil seine Moleküle zu schwer sind und nicht abheben. Die Moleküle, die von einer Zitrone ausgehen, würde dagegen niemand mit etwas anderem verwechseln. Die Limonen- und Citral-Moleküle werden leicht in unsere Nase geweht.

Aber nicht alle Moleküle, die abgegeben werden, sind Gerüche. Zum Geruch – beispielsweise einer Banane – tragen sie nur bei, wenn ein anderes Lebewesen sie wahrnehmen kann. Die Zahl der abgegebenen Verbindungen ist beeindruckend groß. Eine Banane setzt Hunderte verschiedene Moleküle frei. Nur wenige davon sind eigentliche Geruchsmoleküle, die ein Insekt oder die Nase des Menschen wahrnehmen können; alle anderen sind einfach nur flüchtige Substanzen.

Um Gerüche wahrnehmen zu können, brauchen alle Tiere irgendein Nachweissystem. Ein ganz bestimmter Teil des Nervensystems muss mit der Umwelt in Berührung kommen und mit spezifischen Rezeptoren ausgestattet sein, die entsprechende Moleküle erkennen. Eigentlich ist unsere Nase die einzige Stelle, an der unser Nervensystem in unmittelbaren Kontakt mit der Umgebung kommt. Die Nerven hängen gewissermaßen in die Umgebung hinein. Nun, eigentlich stimmt das nicht ganz – sie schwimmen in unserer Nase in einem Meer aus Schleim. Dennoch sind sie allen möglichen Umweltgiften und Staub ausgesetzt, die zusammen mit den Geruchsmolekülen in die Nase gelangen. Nerven als solche können allerdings weder sehen noch riechen. Sie müssen zu diesem Zweck mit besonderen Erkennungsvorrichtungen ausgestattet sein, den sogenannten Rezeptoren.

Menschen brauchen zum Sehen nur drei Rezeptortypen, die das gesamte sichtbare Licht aufnehmen. Licht besteht aus langsamer oder schneller schwingenden Wellen, deren Frequenz den Eindruck der verschiedenen Farben auslöst. Beim Riechen liegen die Dinge ganz anders. Jedes Duftmolekül hat einzigartige chemische Eigenschaften, durch die es sich von allen anderen Molekülen unterscheidet. Deshalb besitzen wir nicht nur drei Geruchsrezeptoren, sondern ungefähr 400. Ansonsten wären wir nicht in der Lage, die Millionen verschiedenen Düfte wahrzunehmen, die wir unterscheiden können. Die meisten Rezeptoren nehmen jeweils ein ganzes Spektrum verschiedener Moleküle wahr. Ihre Aktivierung ähnelt dem Klavierspiel. Wenn man 400 Rezeptortasten betätigen kann, lassen sich Millionen von Duftmelodien spielen.

Wenn die Nerven in unserer Nase die Duftmoleküle

wahrgenommen haben, wandern die Signale in ein bestimmtes Gehirnareal, und dort wird die Information in Glomeruli organisiert, kleinen Kugeln aus Nervengewebe. Jeder Glomerulus empfängt Nachrichten von Nerven, die mit einem Rezeptor eines bestimmten Typs verbunden sind. Demnach wird die »Melodie« in eine dreidimensionale »Landkarte« der Aktivität umgesetzt. Diese Karte wird von den Neuronen der nächsten Ebene ausgelesen und in andere Gehirnareale weitergeleitet, so in den Hippocampus und die Amygdala, wo die Bedeutung des Duftes codiert und in einen Zusammenhang gestellt wird. Auf die Bedeutung dieser Areale und des ganzen Systems werde ich später zurückkommen.

Interessanterweise hat das olfaktorische System bei den meisten bisher untersuchten Lebewesen (mit Ausnahme der Pflanzen) im Grundsatz eine ähnliche Struktur. Die peripheren Nerven mit ihren Rezeptoren laufen in kleinen Kugeln aus Nervengewebe zusammen und zielen letztlich auf spezifische Gehirnareale. Bei ganz unterschiedlichen Tieren, von Fliegen bis hin zum Menschen, beobachten wir genau die gleichen Bausteine.

Obwohl also der Geruchssinn bei mehr oder weniger allen Tieren ähnlich aufgebaut ist, hat er in der Evolution zweifellos unterschiedliche Ursprünge. Wahrscheinlich hat eine konvergente Evolution auf dem langen Weg von den Insekten zu den Menschen für die Ähnlichkeiten gesorgt. Um riechen zu können, muss die Nase bei allen Lebewesen mit irgendeiner Form chemischer Detektoren ausgestattet sein, mit Neuronen, die in der Luft (oder bei

Fischen im Wasser) verschiedene Moleküle wahrnehmen können. Diese Wahrnehmung und Identifizierung der Moleküle läuft in den Geruchsrezeptoren ab, die in der Membran der Geruchsnerven – der olfaktorischen, sensorischen Neuronen – angesiedelt sind.

Die Rezeptoren bestehen aus Proteinen, deren Molekülketten sich siebenmal durch die Membran der Nervenzelle ziehen. Dabei bilden sie Taschen und Falten, in die Duftmoleküle hineinpassen wie der Schlüssel in ein Schloss. Passt ein Schlüssel, setzt er einen als Übertragungskaskade bezeichneten neurochemischen Ablauf in Gang, der am Ende dazu führt, dass die Nervenzelle elektrisch reagiert. Dieses Signal kann dann über das Axon des Neurons zur ersten olfaktorischen Station des Gehirns wandern.

Bevor wir uns nun aber ins Gehirn begeben, wollen wir uns das Mikroumfeld rund um die olfaktorischen Sinnesneuronen ansehen. In der Nase aller Säugetiere, Vögel und anderer landlebender Wirbeltiere ragen die Nervenzellen geradewegs in die Luft. Es ist die einzige Stelle in unserem Körper, an der Neuronen unmittelbar der Umwelt ausgesetzt sind. Deshalb ist die Nase mit einer schützenden Schleimschicht ausgestattet, welche die freiliegenden Neuronen umgibt. Bei Insekten und anderen Gliederfüßern sind die Neuronen stattdessen in kleinen Haaren auf den Antennen und den Pedipalpen (den Nasen der Insekten) eingeschlossen. Jedes dieser winzigen Haare enthält ebenfalls Schleim. Dieser ist ähnlich zusammengesetzt wie Meerwasser, enthält aber zusätzlich viele Proteine, so dass er dickflüssig wird und weniger leicht verdunstet. Außerdem tragen die Proteine dazu bei, dass auch fettige Moleküle sich im »Meerwasser« der Nase lösen können.

Von den Antennen und der Nase strecken die olfaktorischen Sinnesneuronen ihre Axone zum Riechkolben (bei Wirbeltieren) oder zum Antennalloben (bei Gliederfüßern) des Gehirns aus. Diese primären olfaktorischen Gehirnzentren sind bei allen hier beschriebenen Tieren mehr oder weniger ähnlich aufgebaut. Die Axone der Neuronen aus der Nase laufen zu kleinen Kugeln aus Nervengewebe, die man Glomeruli nennt. Jeder Typ olfaktorischer Neuronen, der einen Geruchsrezeptor eines bestimmten Typs produziert, zielt im Kolben / Lappen auf einen bestimmten kleinen Glomerulus. Wenn also Neuronen in der Nase oder den Antennen aktiviert werden, werden die Glomeruli mit einer Landkarte der Aktivität »bemalt«. Bei Insekten finden wir in der Regel 50 bis 500 Glomeruli, bei einer Maus dagegen sind es rund 2000 und beim Menschen noch mehr.

Innerhalb des Riechkolbens oder Antennallobens läuft ein gewisses Maß an Informationsverarbeitung ab. Dafür sorgen die verstreuten lokalen Neuronen, die Informationen von einer kleinen Kugel zur anderen transportieren und so die Möglichkeit schaffen, dass verschiedenartige Gerüche sich gegenseitig beeinflussen. Am Ende verlässt die verarbeitete Nachricht den Alloben / Kolben über Neuronen, die auf höhere Gehirnareale zielen; dort sind Wahrnehmung, Erinnerung, Entscheidungsfindung und andere kognitive Prozesse angesiedelt.

Wie steht es mit den vielen Geruchsnachrichten, die innerhalb der biologischen Arten und zwischen ihnen fließen? Nun, für solche Botenstoffe gibt es eine besondere Terminologie. Sie werden sich in den folgenden Kapiteln vielfach wiederfinden, wir wollen aber hier schon einmal einen kurzen Blick darauf werfen.

Eine Geruchssubstanz, die eine Nachricht zwischen Individuen derselben Spezies vermittelt, nennt man ***Pheromon***. Ein typisches Beispiel finden wir bei Hündinnen: Wenn sie läufig sind, senden sie eine Geruchsnachricht aus, die alle Rüden in der Umgebung herbeiruft und sagt: »Komm und paare dich mit mir!« In den folgenden Kapiteln werden wir auf viele Beispiele für Pheromone stoßen.

Die übrigen Botenstoffe übermitteln Nachrichten zwischen verschiedenen Arten. Hier unterscheidet man in der Regel danach, ob der Absender oder der Empfänger von ihnen profitiert. Nutzen sie dem Empfänger, spricht man von ***Kairomonen***. Ein typisches Beispiel wäre der Geruch, den ein Beutetier – beispielsweise eine Maus – abgibt und der dann von einem Räuber, in diesem Fall oftmals einer Katze, aufgenommen wird.

Ist der Geruch dagegen für den Absender nützlich, handelt es sich um ein ***Allomon***. In diese Kategorie gehören alle Locksubstanzen, aber auch Verteidigungsmechanismen wie der des Stinktiers, das eine stinkende Flüssigkeit versprüht, um Feinde abzuwehren.

Und schließlich kann eine Geruchsnachricht auch beiden Seiten nutzen. Eine solche Substanz nennt man ***Synomon***. Das klassische Beispiel ist hier der Duft von Blüten, die von Insekten bestäubt werden: Die Blüte wird befruchtet, und das Insekt erhält eine Belohnung in Form von Nektar und Pollen.

Wir Menschen haben viele Informationen darüber zusammengetragen, wie der Geruchssinn funktioniert, welche Moleküle beteiligt sind und was für Verhaltensweisen die Reaktion darauf sind. Mit diesen Kenntnissen können wir verschiedene Strategien planen, die uns auf unterschiedliche Weise nutzen. Elektronische Nasen spielen heute eine wichtige Rolle für die Diagnose von Krankheiten, für Sicherheitsüberprüfungen und die Überwachung von Umweltverschmutzung. Und an der gewaltigen Branche, die sich mit der Erfindung neuer, verlockender Düfte zur Anwendung auf unserem Körper beschäftigt, kommt niemand vorbei. Wenn ein Schweinezüchter die Sau befruchten will, kauft er synthetische Eberpheromone, um sie in die richtige Stimmung zu versetzen. Und viele Insektenarten werden mit Hilfe von Pheromonen oder Pflanzendüften im Zaum gehalten.

In diesem Buch werden wir an verschiedenen Beispielen aus unserem Umfeld die faszinierende Welt der Düfte kennenlernen. Nachdem wir uns Kenntnisse über unsere eigenen Geruchsorgane, ihre Funktion und ihren Aufbau verschafft haben, können wir uns auch mit anderen Systemen beschäftigen. In mehreren Kapiteln werde ich faszinierende Geschichten erzählen, die aus meinen eigenen Forschungsarbeiten und denen meiner Kollegen erwachsen. Sie werden von verschiedenen Tieren handeln, wir werden aber auch einen Blick darauf werfen, wie pflanzliche Gerüche sich auf unsere Umwelt auswirken. Zu Anfang werde ich der Frage nachgehen, wie der Klimawandel die Ökologie der Gerüche beeinflussen kann – und am Ende wollen wir uns einen Überblick darüber verschaffen, wie Menschen die vielen Kenntnisse über Gerüche und die von Düften geleiteten Verhaltensweisen zu ihrem eigenen Vorteil nutzen.

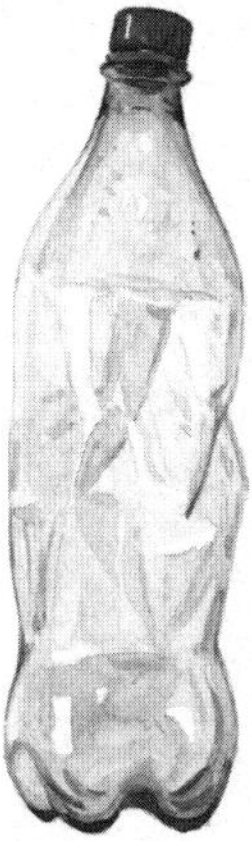

KAPITEL 1

Riechen im Anthropozän

Wer vor 1000 Jahren eine Straße entlanggegangen wäre, hätte wahrscheinlich ganz andere Sinneseindrücke gehabt als wir heute. Würden wir uns im Jahr 1021 umschauen, wir würden keine Autos sehen, keine Flugzeuge und keine Schiffe. Vielleicht noch nicht einmal eine richtige Straße im modernen Sinn des Wortes. Die Welt wäre zweifellos erheblich ruhiger gewesen, vielleicht sogar fast still. Das sind unsere akustischen und visuellen Eindrücke, aber wie steht es mit dem Geruch?

Der Geruchssinn hat viele Ebenen, und in diesem Zusammenhang lassen sich zahlreiche Fragen stellen: Riechen wir und unsere Umwelt heute anders als vor einem Jahrtausend? Oder auch als vor 100 Jahren? Wie haben sich die Gerüche unserer Umgebung im Laufe der Jahre im Einzelnen verändert? Wie haben wir Menschen zu den Veränderungen beigetragen – zu der komplexen Landschaft der Gerüche und Aromen um uns herum? Haben sich unser eigener Geruch und unsere Duftwahrnehmung im Laufe der Zeit verändert? Wie haben sich unsere Tätigkeiten auf unsere Fähigkeit zu riechen ausgewirkt? Welche Vorgänge sind schuld daran, dass sich bei Mensch und Tier solche Veränderungen abgespielt haben?

Nun, zunächst einmal würden wir im Jahr 1021 nicht mit einem Schwall Autoabgase oder dem Gestank der örtlichen Kläranlage rechnen. Auch synthetischen Gerüchen, beispielsweise Parfüm, Deodorant oder dem Duft eines neuen Autos, wären wir nicht ausgesetzt. Und selbst die natürlichen Gerüche wären wahrscheinlich anders gewesen.

Seit Menschen in alle Winkel der Erde vorgedrungen sind, haben wir immer Wege gefunden, unsere Umwelt zu verändern, zu manipulieren und auszubeuten. Um nur einige Dinge zu nennen: Wir haben Wälder abgeholzt, Getreide gepflanzt, Pflanzen und Tiere ausgerottet und die Welt industrialisiert. Diese neue erdgeschichtliche Epoche, in der sich die Welt durch die Tätigkeit der Menschen drastisch gewandelt hat, wird oft auch als Anthropozän bezeichnet.[1]

Eine eindeutige Definition, wann diese Zeitspanne im Einzelnen begonnen hat, ist noch Gegenstand der Diskussion. Vorschläge für ihren Anfangspunkt reichen vom Beginn der landwirtschaftlichen Revolution vor rund 10 000 oder 15 000 Jahren bis zum Ende des Zweiten Weltkriegs; also zu der Phase, die durch Kernwaffentests, den Wirtschaftsaufschwung der 1950er Jahre und die damit einhergehenden, dramatischen sozioökonomischen und klimatischen Veränderungen gekennzeichnet ist.

Aber ganz gleich, welchen Maßstab wir wählen, eines ist klar: Die Menschen haben ganz allgemein ungeheuren Einfluss auf unseren Planeten, aber auch auf jeden Atemzug, den wir und andere Tiere machen. Ebenso beeinflussen wir die Moleküle, die in jedem dieser Atemzüge enthalten sind.

Unsere wandelbare Geruchslandschaft

Betrachten wir zunächst einmal die natürlichen Gerüche und ihre Veränderungen. Vor tausend Jahren war die Natur noch weitgehend nicht von Menschen beeinflusst. Viele Pflanzen- und Tierarten bewohnten gemeinsam Felder und Wälder. Blumen gab es in Hülle und Fülle. Fichten und Kiefern mischten sich mit vielen Arten von Laubbäumen. Das Schlüsselwort lautete: biologische Vielfalt. Im Laufe der Zeit holzten Menschen die Wälder ab oder setzten sie in Brand und verwandelten Blumenwiesen in Anbauflächen. Alle diese Veränderungen machten die gewaltige Verbreitung und Vermehrung der Menschheit erst möglich. Gleichzeitig sorgten sie auch für eine tiefgreifende Veränderung der Geruchslandschaft in unserem Umfeld.

Anstelle der Mischwälder mit ihrer Artenvielfalt entwickelten wir großflächige Baummonokulturen. Entsprechend vereinfachten sich auch die Düfte – vergleichen wir beispielsweise den Geruch eines modernen Tannenwaldes mit einem alten Mischwald. Wenn sich die Möglichkeit bietet, sollte man den Vergleich selbst anstellen, sobald man sich das nächste Mal draußen im Wald aufhält.

Die gleiche Vereinfachung spielte sich parallel dazu auch auf den Feldern ab. Wo früher großartige Artenvielfalt war, sind heute riesige Monokulturen zu finden. Die Prärien Nordamerikas haben sich in unendliche Mais- und Weizenfelder verwandelt. Das gleiche Schicksal ereilte die europäischen Wiesen. Wenn wir die sogenannten natürlichen Gerüche um uns herum betrachten, muss uns klar sein, dass die Geruchslandschaft einen deutlichen Wandel durchgemacht hat. Wie kam das?

Die zerstörerische Rolle des CO_2

Wenn wir Auto fahren, fliegen oder industriell tätig sind, setzen wir viele Substanzen frei, die sich auf das Klima und die Molekülzusammensetzung der Atmosphäre auswirken. Zu den öffentlichkeitswirksamsten Veränderungen im Zusammenhang mit dem Anthropozän gehört die zunehmende CO_2-Menge in der Umwelt: Sie trägt zum Treibhauseffekt bei, das heißt zu einer dramatischen Veränderung der globalen Temperaturen, aber auch zum steigenden Säuregehalt der Ozeane und einer generellen Destabilisierung des Klimas.[2]

CO_2 ist eine wenig reaktionsfreudige Verbindung und wirkt sich auf die Gerüche in der Atmosphäre nicht unmittelbar aus, aber das CO_2 in der Atmosphäre kann Einfluss darauf haben, welche flüchtigen Substanzen eine Pflanze abgibt. Der Grund sind physiologische Veränderungen innerhalb der Pflanze. Kohlendioxid steigert die Photosynthese der Pflanze, weil es den Wasserverbrauch vermindert und die chemische Zusammensetzung des Pflanzengewebes verändert.[3] Schwankungen im CO_2-Gehalt können sich auch auf die Fähigkeit von Insekten auswirken, ihre Wirtspflanzen ausfindig zu machen. Nachtfalter folgen dem CO_2-Schwall, der beim Öffnen einer Blüte frei wird, und finden so ihre Nektarlieferanten. Wenn die Zielführung zu den Blüten durch einen erhöhten CO_2-Gehalt gestört ist, wirkt sich das also sowohl auf die Bestäubung als auch auf den Schädlingsbefall aus.[4]

Bei einer erhöhten Hintergrundkonzentration an CO_2 können Mücken einen »Blutspender« schlechter ausfindig machen, denn das Gas ist einer der wichtigsten olfaktorischen Anhaltspunkte, mit denen Mücken ihre Wirte erkennen (siehe Kapitel 9).[5] Aus Sicht des Menschen könnte man dies als Vorteil betrachten, die Sache hat aber auch ihre Kehrseite.

Was die Evolution angeht, so wurde nachgewiesen, dass die Artbildung bei Mücken sich in Phasen mit einem erhöhten CO_2-Gehalt der Atmosphäre dramatisch beschleunigt.[6] Die Triebkraft für diese Zunahme der Abbildungsgeschwindigkeit dürfte die verminderte Qualität der vom Wirt ausgehenden CO_2-Signale sein; sie führt dazu, dass andere, spezifischere Gerüche als potenzieller Isolationsmechanismus zwischen neuen Arten wirksam werden. So betrachtet, hat der vorausberechnete, von Menschen gemachte Anstieg des CO_2-Gehalts in der Atmosphäre wichtige Auswirkungen für die menschliche Gesundheit und potenziell durch die wechselnde Zahl und Verteilung der Insekten auch für die Effizienz der Bestäubung.

An Land herrschen also düstere Aussichten, aber im Meer ist es nicht besser. CO_2 löst sich im Wasser und bildet Kohlensäure, die den Säuregehalt des Wassers steigen lässt.[7] Wie sich in Studien außerdem gezeigt hat, stört säurehaltiges Wasser den Geruchssinn von Meereslebewesen. Ob sie mit diesem Sinnesorgan natürliche Feinde wahrnehmen und meiden, Nahrung ausfindig machen oder einen Paarungspartner verfolgen, ein niedrigerer pH-Wert in den Ozeanen bedeutet für das Leben eine erhebliche Beeinträchtigung und macht solche Tätigkeiten schwieriger.[8] Ob das Ökosystem im Meer und das Nahrungsnetz sich an solche veränderten Bedingungen anpassen können, ist noch nicht bekannt.

Gase in rauen Mengen und Verschiebungen der Temperatur

Anders als das CO_2 können sich Ozon und Stickoxide (NO_x) mit ihrer Oxidationsfähigkeit unmittelbar auf die Duftzusammensetzung auswirken. In jüngster Zeit ist die Menge beider Umweltgifte in der Atmosphäre angestiegen, und man rechnet damit, dass der Zuwachs sich fortsetzt.[9] Mit zunehmender Menge dieser Gase wird es immer wahrscheinlicher, dass die Geruchsmischung, mit deren Hilfe Insekten ihre Nahrung, Wirtsorganismen oder Eiablagestellen finden, sich verändert. Jeder dieser Aspekte hat zwar seine eigenen Auswirkungen, aber die Wechselwirkungen zwischen ihnen werden wiederum weitere Folgen nach sich ziehen.

NO_x-Gase entstehen überall da, wo wir verschiedene Brennstoffe verfeuern. Sie sind als solche schon eine Gesundheitsgefahr, verursachen aber auch sauren Regen und Smog. Distickstoffmonoxid, auch Lachgas genannt, trägt ebenfalls zur globalen Erwärmung bei. Methan entsteht durch viele natürliche Prozesse, so wie beispielsweise mit den häufig in diesem Zusammenhang genannten Darmgasen und dem Aufstoßen von Kühen. Mittlerweile wird es aber auch freigesetzt, wenn die Tundra auftaut, die ökologisch der kälteste aller Lebensräume ist; damit trägt es noch stärker zu den hohen Temperaturen bei.

Ozon bildet in der oberen Atmosphäre eine natürliche Schutzschicht rund um die Erde, die uns gegen die Sonnenstrahlung abschirmt. Am Boden dagegen ist es der Hauptbestandteil von Smog. Ozon entsteht, wenn Sonnenlicht mit verschiedenen von Menschen gemachten Emissionen in Wechselwirkung tritt.

Zusätzlich zu diesen verschiedenen Gasen häufen wir auch noch viele Herbizide, Fungizide und Insektizide an, mit denen wir problematische Unkräuter, Pilze und Insekten bekämpfen. Solche Chemikalien wirken sich nachweislich ebenfalls auf die Geruchswahrnehmung aus. Und schließlich werden durch zahlreiche Tätigkeiten der Menschen auch Metallionen frei, die unmittelbaren Einfluss auf den Geruchssinn haben können.

Veränderungen der Luft- und Meerestemperatur sind entscheidende Merkmale des Anthropozän. Werden sie Einfluss darauf haben, wie wir die Welt riechen? Eine steigende Umgebungstemperatur könnte sich unmittelbar auf die Duftzusammensetzung auswirken, denn die Menge der einzelnen Substanzen in einem Gemisch ist abhängig von ihrer Flüchtigkeit; sie könnte aber auch indirekt die physiologischen Reaktionen von Sender und Empfänger durcheinanderbringen.

Die Welt der Insekten

Beträchtliche Aufmerksamkeit fanden in den letzten Jahren neue Studien, in denen sich zeigte, dass wir unsere Insekten verlieren. In manchen Regionen Deutschlands beispielsweise ist die Biomasse der Insekten um mehr als die Hälfte zurückgegangen.[10] Eine solch dramatische Veränderung unserer lebenden Umwelt hat auch für die Menschen schwerwiegende Folgen. Die Bienenbestände schwinden dahin, das heißt, Obstbäume werden nicht bestäubt, und es wird kein Honig produziert. Auch die Hummeln und mehrere weitere nützliche Insektenarten sind betroffen.

Und das ist noch nicht alles. Insekten sind für viele unserer Vögel das Grundnahrungsmittel, also leiden auch diese Tiere unter Futterknappheit. Könnte der Rückgang der Insektenzahlen durch die Auswirkungen von Gasen und Verschmutzung auf Geruch und Geruchssinn verursacht werden? Zumindest teilweise scheint das eine Möglichkeit zu sein. In mehreren Studien an unterschiedlichen Systemen wurde gezeigt, dass sich Gerüche durch die Gase, die wir freisetzen, verändern.

Ein Beispiel ist die Bestäubung durch Insekten. Die Koevolution hat die Wechselwirkungen zwischen Blüte und Insekt im Laufe der Jahrmillionen zum beiderseitigen Nutzen fein abgestimmt (nun, jedenfalls meistens – siehe Kapitel 13). Insekten nutzen das visuelle Erscheinungsbild von Blüten vor allem für die Orientierung über größere Entfernungen, der Blütenduft dagegen leitet sie beim Landeanflug. Wenn alles klappt, wird die Pflanze bestäubt, und das Insekt erhält seine Belohnung in Form von Nektar und Pollen. Allerdings haben wir es hier mit einem anfälligen System zu tun. Wie anfällig es ist, können wir zeigen, wenn wir die intime Geruchswechselwirkung zwischen Blüte und Insekt unterbinden (weitere Einzelheiten über diese Forschungsarbeiten finden sich in Kapitel 7).

Verschwindet der Duft einer Blüte, findet keine Bestäubung statt, und es wird kein Nektar entnommen. Da es aber ein so heikles System ist, muss der Geruch nicht einmal vollständig verschwinden, damit die Kommunikation gestört ist. Er muss sich nur verändern. Und genau das beobachten wir nach der Umweltverschmutzung mit Gasen, insbesondere mit Ozon.

Der Ozoneffekt

Ozon wirkt stark oxidierend, das heißt, es setzt bei anderen Molekülen chemische Reaktionen in Gang. In meinem Labor ließen wir in einem Experiment Tabakschwärmer (eine Art Nachtfalter) im Windkanal in Richtung einer ganz bestimmten Blüte fliegen. Zuerst stellten wir die Bedingungen nach, die man heute in der Natur vorfindet;

dabei machten die Schwärmer die Blüte schnell ausfindig, bestäubten sie und nahmen Nektar auf. Dann setzten wir die Blüte einer erhöhten Ozonkonzentration aus und beobachteten wiederum das Verhalten der Nachtfalter. Jetzt verloren die Insekten eindeutig die Orientierung und fanden die Blüte nicht mehr. Als wir analysierten, welche Moleküle von den Blüten abgegeben werden, stellte sich heraus, dass einige von ihnen zu einer anderen Substanz mit einem vollkommen anderen Duft gewechselt waren.

Bei einer Ozonkonzentration, wie sie an warmen Tagen in manchen Regionen der Welt bereits vorkommt, wurde die Bestäubungsleistung des Insekts unmittelbar beeinträchtigt. Im weiteren Verlauf unserer Experimente gingen wir der Frage nach, ob eine gewisse Flexibilität der Insekten die Auswirkungen des Ozons abmildern kann – tatsächlich fanden wir genau das.

Boten wir einem Nachtfalter den »neuen« Blütenduft zusammen mit eindringlichen visuellen Anhaltspunkten an, reichte ein einziges Erlebnis des neuen Duftes zusammen mit einer Nektarbelohnung, damit der Nachtfalter lernte, in Richtung des ozonhaltigen Geruchs zu fliegen und ihn in Zukunft für die Nahrungsaufnahme zu nutzen.[11] Oder, wie Ian Malcolm in *Jurassic Park* sagt: »Das Leben findet immer einen Weg.«

In den meisten Fällen zeigt sich jedoch, dass sich ein hoher Ozongehalt schädlich auf die Bestäubungsleistung von Bienen, Hummeln, Nachtfaltern und anderen Tieren auswirkt. Das Gleiche gilt auch für andere Gase, beispielsweise für solche aus dem Dieselauspuff.[12] Deshalb ist klar, dass wir alles dafür tun sollten, die Emissionen solcher Gase zu begrenzen und ihre Mengen so weit wie möglich zu vermindern.

In einer anderen Studie beschäftigte sich meine Kollegin Geraldine Wright mit den Auswirkungen »moderner« Pestizide auf Bestäuberbienen. Neonicotinoide, heute die meistverwendeten Insektizide der Welt, sind für Vögel und Säugetiere weniger schädlich als die alten Carbamate und Organophosphate. Und man nahm an, dass geringere Mengen auch weniger nachteilig für die nützlichen Bienen sind. Als Geraldine aber das Geruchslernen bei Honigbienen untersuchte, die nur sehr geringen Konzentrationen an Neonicotinoiden ausgesetzt gewesen waren, stellte sich heraus, dass sie unter schweren Beeinträchtigungen litten.[13] Auch hier wurden die olfaktorische Kommunikation und die zugrundeliegenden Fähigkeiten durch Maßnahmen der Menschen beeinträchtigt.

Die Bedeutung von Temperaturschwankungen

Auch die Temperatur wirkt sich auf das Leben von Insekten aus. Bei höherer Temperatur verdunsten alle Duftmoleküle wesentlich schneller, und alles riecht ein wenig stärker. Da Insekten nicht über eine Temperaturregulation verfügen – ihnen fehlt die Fähigkeit, eine stabile Körpertemperatur aufrechtzuerhalten –, sind ihre physiologischen Funktionen häufig fein auf die Umgebungstemperaturen ihres Lebensraumes abgestimmt. Der Geruchssinn macht da keine Ausnahme. Ein Käfer, der in der Wüste lebt, funktioniert vielleicht bei 40 °C am besten; dagegen zeigen meine eigenen Messungen an den Geruchsneuronen in den Antennen von Frostspannern, dass das Temperaturoptimum für diese Nachtfalter ungefähr bei 10 °C liegt. Schon bei 20 °C funktioniert das System kaum noch. Eine vom Klimawandel verursachte stetige Temperaturzunahme wirkt sich also unmittelbar auf den Geruchssinn der Insekten und vermutlich auch vieler anderer »kaltblütiger« Tiere aus.

Ein Temperaturanstieg versetzt Insekten auch in die Lage, in neue Weltregionen vorzudringen. Die Ausbreitung von Insekten steht zwar nicht in unmittelbarem Zusammenhang mit der Geruchswahrnehmung, klar ist aber, dass mehrere berüchtigte Insektenarten, die sich von Düften leiten lassen, einen regelrechten Boom erleben. In Kapitel 9 wird von der Malariamücke die Rede sein. Sie ist nur eine von vielen Arten, die Krankheiten in der ganzen Welt verbreiten. Derzeit erleben wir, wie sie in neue Gebiete vordringt, wie beispielsweise nach Europa und Nordamerika. Auch dass sich das Zikavirus von Süd- und Mittelamerika in den Süden der Vereinigten Staaten ausgebreitet hat, lag an Mücken der Gattung *Aedes*. Andere Krankheiten, so das West-Nil-Virus und Chikungunya, breiten sich ebenfalls aus, weil Überträgermücken neue Regionen erobern.[14]

In Kapitel 10 wird vom Geruchssinn der Borkenkäfer die Rede sein. Noch vor zehn Jahren produzierten diese Käfer jährlich eine ganze Generation von Nachkommen, das heißt, jedes Weibchen brachte 60 neue Käfer hervor. Heute haben wir es in Mitteleuropa mit drei Generationen im Jahr zu tun, das heißt, ein einziges Weibchen hat 3000 Nachkommen, die in einen Winterschlaf verfallen, nachdem sie eine große Zahl von Fichten getötet haben.

Die Insektenforschung geht weiter

Wenn wir wissen wollen, was genau wann, wie und wo abläuft, brauchen wir eindeutig mehr Forschung. Da ich besser verstehen wollte, wie sich das Anthropozän im Einzelnen auf die Geruchswahrnehmung von Insekten auswirkt, gründete ich das Max Planck Center next Generation Insect Chemical Ecology (nGICE), das sich gezielt auf diesen Bereich konzentrieren soll. Dazu werden Experten des großen Fachgebiets aus drei Institutionen vernetzt und zusammengebracht: aus meiner eigenen Abteilung Evolutionäre Neuroethologie am Max-Planck-Institut für chemische Ökologie in Deutschland, der Schwedischen Universität für Agrarwissenschaften (SLU) und der Pheromonforschungsgruppe der Abteilung Biologie an der Universität Lund (ebenfalls in Schweden).

Unser gemeinsames Ziel ist die Klärung der Frage, welche Folgen der Klimawandel, die Treibhausgase und die Luftverschmutzung für die chemische Kommunikation zwischen Insekten haben. Damit wollen wir zur Lösung globaler Probleme im Zusammenhang mit Klimakrise, Welternährung und Krankheitsbekämpfung beitragen.[15]

Plastik riechen

Im Jahr 1907 erfand der belgische Chemiker Leo Baekeland in New York das Bakelit, den ersten aus synthetischen Bestandteilen hergestellten Kunststoff. Seither hat die Kunststoffproduktion gewaltige Ausmaße angenommen. Heute liegt die Weltproduktion bei schätzungsweise 360 Millionen Tonnen im Jahr. Aber warum ist das von Bedeutung für die Geruchswahrnehmung?

Wie wir in Kapitel 4 noch genauer erfahren werden, nutzen Vögel ihren Geruchssinn zu mehreren Zwecken. Für Seevögel ist die Fähigkeit, Dimethylsulfid (DMS) zu riechen, ein wichtiger Aspekt ihres Riechvermögens. Diese Verbindung wird von zerdrücktem Phytoplankton abgegeben, und zwar oftmals dann, wenn es von Zooplankton verzehrt wird. Für Vögel ist das Schwefelgas demnach ein sicheres Zeichen, dass es in der Nähe eine Menge Futter gibt.

Leider wirft die Nutzung des DMS zur Nahrungssuche im Kunststoffzeitalter ein Problem auf. Wenn Plastik mehrere Monate im Wasser schwimmt, gibt es ebenfalls DMS ab und verleitet die Natur damit zu dem Glauben, es sei essbar.[16] Nach Aussagen des UN-Umweltprogramms schütten wir jedes Jahr acht Millionen Tonnen Plastik in die Weltmeere[17] – und die addieren sich höchstwahrscheinlich zu insgesamt mehr als fünf Billionen größeren und kleineren Kunststoffteilchen (und die Zahl steigt immer weiter …), mehr als genug, um die Meereslebewesen zu verwirren. Vögel fressen fälschlich das Plastik, so dass es ihre Verdauungsorgane verstopft und sie letztlich umbringt. Jedes Jahr sterben schätzungsweise eine Million Seevögel, weil ihr Magen voll von unserem Plastikmüll ist.

Die Fähigkeit, mit Hilfe von DMS Nahrung im Ozean zu finden, hat sich nicht nur bei den Vögeln entwickelt. Auch Robben und Wale (siehe Kapitel 5) bedienen sich höchstwahrscheinlich der gleichen Strategie und setzen sich damit den gleichen vom Plastik ausgehenden Gefahren aus. In einer Studie an Schildkrötenbabys hatten 100 Prozent dieser winzigen Tiere bereits Kunststoff im Magen.[18] Solche schwerwiegenden Folgen hat unsere gewaltige Produktion von Wegwerfartikeln aus Kunststoff für die Umwelt.

In der Großen Pazifischen Müllhalde (einer von fünf »Müllhalden«, die man in unseren Ozeanen ausgemacht hat) treiben Strömungen und Wind unseren weggeworfenen Müll (darunter Kunststoffe und nicht mehr benötigte Fischereiausrüstung) auf einem Gebiet zusammen, das ungefähr doppelt so groß ist wie Texas – oder dreimal so groß wie Frankreich, wenn wir einen europäischen Maßstab bevorzugen.[19] Die Wasseroberfläche ist dabei vorwiegend von Mikroplastik bedeckt. Solche Teilchen sind Studien zufolge vielleicht bereits zahlreicher als das Zooplankton – und mit Sicherheit haben sie bereits den Weg in den Marianengraben gefunden, die tiefste Stelle der Weltmeere.[20] Was dieser negative Trend für Vögel und andere Meerestiere bedeutet, die sich von dem Geruch anlocken lassen, kann man sich leicht vorstellen.

Ein Umbruch beim Geruch

Zusätzlich zu dem DMS-Geruch in der Luft, der sich auf Vögel und andere Tiere auswirkt, gibt es auch die von Menschen gemachte chemische Umweltverschmutzung, die sich durch unsere Wasserstraßen, Ozeane, Seen und Flüsse ausbreitet. Fische, Krebstiere und andere Wasserlebewesen schwimmen in einer Suppe aus Molekülen, die von Menschen hergestellt wurden, und manche davon haben für sie und ihre ökologischen Systeme verheerende Folgen.

Wie die olfaktorischen Neuronen unseres eigenen Geruchssinns, so liegen auch die der Fische frei und sind in diesem Fall unmittelbar dem umgebenden Wasser und allen darin gelösten Substanzen ausgesetzt. Ein Beispiel ist das Kupfer. Wie wir aus Studien wissen, hat eine höhere Kupferkonzentration unmittelbare, schädliche Auswirkungen auf die Funktion der Geruchsneuronen von Fischen, Meeres- und Flusskrebsen. Die ständige Einwirkung einer erhöhten Kupferkonzentration stört das normale, von Düften gelenkte Verhalten bei Paarung und Nahrungssuche.[21]

Um unsere Nutzpflanzen zu schützen, versprühen wir die verschiedensten Pestizide, die früher oder später den Weg in die Gewässer finden. Die meisten Gartenbesitzer haben schon hier und da glyphosathaltige Herbizide gegen Unkraut eingesetzt. In Experimenten hinderte diese Verbindung schon in Konzentrationen, wie sie in der Natur vorkommen, Fische an der Nahrungssuche, und bei Silberlachsen wurde die Funktion der Nase unmittelbar beeinträchtigt.[22] Auch viele andere chemische Substanzen wirken sich unmittelbar auf das Verhalten von Fischen aus. Da manche Lachsarten wirtschaftlich äußerst wichtig sind, hat man eingehend erforscht, wie sich Pestizide auf solche Fische auswirken. Wie sich dabei zeigte, werden sowohl das Sexualverhalten als auch die Zielfindung (siehe Kapitel 5) durch eine Vielzahl von Industriechemikalien beeinflusst, die wir in Land- und Forstwirtschaft einsetzen. Auswirkungen auf das Verhalten hatte interessanterweise auch das Cypermethrin, mit dem man Lachse in der Fischzuchtbranche vor Lachsläusen schützt.

Ein weiteres Beispiel ist das 4-Nonylphenol (4-NP), das sowohl in der Industrie als auch in Abwasseraufbereitungsanlagen verbreitet als Netzmittel eingesetzt wird. Die Verbindung findet sich heute mehr oder weniger in jedem Gewässer auf der ganzen Welt. Als Wissenschaftler soziale Fischarten mit 4-NP in Konzentrationen in Berührung brachten, wie sie in der Natur vorkommen, zeigten sich drastische Effekte. Die Fische reagierten nicht mehr auf Pheromone, die normalerweise für die Schwarmbildung sorgen, und zeigten stattdessen das gegenteilige Verhalten. Offenbar wirkt sich die Verschmutzung mit 4-NP unmittelbar auf Verhaltensweisen aus, die sowohl für das Meiden natürlicher Feinde als auch für das Fressverhalten von unmittelbarer Bedeutung sind.[23]

Wenn wir uns ansehen, wie viele Chemikalien wir produzieren und auf wie unterschiedliche Weise sie die natürliche chemische Vielfalt erweitern, wird eines sehr deutlich: Fische und andere Wasserbewohner leiden schwer unter ihnen. Ein Weg führt dabei über ihre direkten und indirekten Auswirkungen auf das Geruchsleben – manchmal zerstören die Umweltgifte anscheinend die Riechfähigkeit, oder sie wirken sich indirekt auf das Verhalten aus, und ebenso häufig wirken sie auch über die Hormonfunktion.

Der Geruchssinn der Menschen

Kehren wir noch einmal ins Jahr 1021 zurück und denken wir an unseren eigenen Geruch. Wie wir in Kapitel 2 noch genauer erfahren werden, bezieht eine der größten Branchen der Welt ihren Gewinn aus unserem Glauben, wir würden von Natur aus schlecht riechen. Parfüm und Parfümeure gab es zwar in Indien, Ägypten und Mesopotamien schon vor Jahrtausenden, in Europa erhielten sie aber erst im 18. Jahrhundert ihren Aufschwung durch den französischen König Ludwig XV. und Madame de Pompadour. Die beiden begründeten einen Modetrend der Düfte, dem sich alle anschließen wollten. Doch früher, im Jahr 1021, verströmten die Menschen, denen man begegnete, noch mehr oder weniger in der Mehrzahl ihren natürlichen Duft.

Eine weitere Gewohnheit, die sich stark auf unseren Körpergeruch ausgewirkt hat, ist das häufige Baden und Duschen. Auch diese Reinigungsrituale erlebten im 18. Jahrhundert ihren Aufschwung, als Wasser erstmals sogar in den Städten als etwas Gesundes galt. Durch das Baden und die Anwendung von Seife veränderte sich die Mikroflora auf unserem Körper und damit auch unser Geruch.

Deshalb riechen wir im Anthropozän im Vergleich zu anderen Epochen sowohl weniger als auch anders. Indem wir uns regelmäßig waschen, vermindern wir unseren Körpergeruch, und wenn wir fremde, stark duftende Substanzen anwenden, führen wir eine drastische Veränderung des Geruchs herbei, den wir ausströmen. Die in solchen Fremdpräparaten oftmals Verwendung findenden Deodorants töten Mikroorganismen auf unserer Haut ab und verstärken damit die Veränderung unseres Geruchsprofils.

Eine solche Veränderung hat vermutlich auch zur Folge, dass wir weniger Erkenntnisse über unsere Mitmenschen gewinnen können. Wie wir in Kapitel 2 und auch im weiteren Verlauf des Buches am Beispiel anderer Arten noch genauer erfahren werden, verbirgt sich in den Gerüchen, die wir abgeben, eine Menge Informationen. Durch unsere Versuche, unser wahres, riechendes Ich zu tarnen, geht ein beträchtlicher Teil davon verloren.

Unser Geruchssinn und das Anthropozän

Mit dem ständigen Bestreben, unseren Geruch zu verbergen, verlieren wir unter Umständen auch unsere Fähigkeit zu riechen. Für diese olfaktorische Fehlfunktion dürfte zum Teil unsere moderne Welt verantwortlich sein. Zwar ist allgemein anerkannt, dass schlechte Luftqualität zu schweren Erkrankungen von Atmungsorganen und Herz führen kann, aber den durch Luftverschmutzung entstehenden Störungen des Geruchssinns schenkt man erst in jüngster Zeit mehr Aufmerksamkeit.[24]

Möglicherweise gibt es einen Zusammenhang zwischen der Luftverschmutzung und der Gefahr für geistige Gesundheitsstörungen oder neurologische Krankheiten wie Parkinson und Alzheimer. Schlechte Luftqualität ist keine eindeutige Ursache für derartige neurologische Störungen, Studien legen aber die Vermutung nahe, dass das Risiko steigt, wenn die Menschen in stark verschmutzten Gebieten wohnen oder arbeiten, insbesondere wenn es sich bei der Verschmutzung um Rußpartikel handelt.[25]

Und der Zusammenhang mit dem Geruchssinn? Sowohl bei der Parkinson- als auch bei der Alzheimer-Krankheit ist Anosmie (akuter Verlust der Geruchswahrnehmung) oftmals eines der ersten Anzeichen, dass jemand an einer dieser Krankheiten leidet oder vermutlich in Zukunft daran leiden wird. Ebenso wird Anosmie häufig mit Depressionen und bipolaren Erkrankungen in Verbindung gebracht (siehe Kapitel 2).

Auf dem Gebiet sind noch weitere Forschungsarbeiten erforderlich. Aber es ist durchaus möglich, dass eine Verbindung zwischen den olfaktorischen Sinnesnerven und dem Strom der Rückenmarksflüssigkeit besteht – der Flüssigkeit, die als »Polster« unser Gehirn und Rückenmark umspült und auch dafür sorgt, dass Abfallprodukte aus unseren Gehirnzellen abtransportiert werden. Manchen Hinweisen zufolge verlässt die Rückenmarksflüssigkeit unseren Organismus nicht nur über das Lymphsystem, sondern auch durch die Nasenhöhle. Sind unsere Geruchsnerven oder die zugehörigen Nervenbahnen in irgendeiner Form – zum Beispiel durch Luftverschmutzung – geschädigt, könnte dies durch einen Dominoeffekt auch neurologische Störungen auslösen. Die wissenschaftlichen Befunde sind hier allerdings nicht schlüssig und weitere Forschungsarbeiten laufen derzeit noch.

Krankheiten und Geruch

Schon seit Jahrtausenden leben wir mit unseren Haus- und Nutztieren zusammen. Die ersten Begleiter des Menschen waren vermutlich Hunde, dann kamen Schweine, Kühe, Pferde und viele andere. Im Jahr 1021 teilten viele Menschen ein einziges Zimmer nicht nur mit ihren Angehörigen, sondern auch mit ihren Tieren. Demnach hatten die Menschen auch Mikroorganismen mit den Tieren gemeinsam, und das war der Ausgangspunkt vieler Krankheiten.

Als die Menschen sich vermehrten und die Bevölkerungsdichte wuchs, schufen wir die optimale Umgebung für die Ausbreitung solcher Krankheiten, und manche davon wirkten sich unmittelbar auf den Geruchssinn aus. Das neueste Beispiel ist die Covid-19-Pandemie. In diesem Fall hat sich das Virus nach heutiger Kenntnis in chinesischen Tiermärkten ausgebreitet, wo Menschen unmittelbaren Umgang mit lebenden Wildtieren haben und unter sehr beengten Verhältnissen mit ihnen Handel treiben. Hier hatte das Virus eine Fülle von Gelegenheiten, auf die vielen herumeilenden Menschen überzuspringen – und sich dann rund um die Welt zu verbreiten.

Zu den Symptomen, die bei den meisten Covid-19-Patienten auftreten, gehört ein vollständiger Verlust des Geruchs- und Geschmackssinns. Ob der Geschmack wirklich verschwindet, bleibt aber nochmals zu überprüfen, denn was die meisten Menschen für Geschmack halten, ist in Wirklichkeit der Geruch im Nasen-Rachen-Raum. Jedenfalls konzentriert sich die Erforschung des Geruchsverlusts bei Covid-19 sowohl auf die Peripherie – die Nase – als auch auf die zentrale Ebene, das heißt das Gehirn. Bisher deuten manche Befunde darauf hin, dass spezifische Stützzellen rund um die Geruchsneuronen in der Nase betroffen sein könnten. Eingehende Forschungsarbeiten beschäftigen sich auch mit den Auswirkungen auf den Riechkolben von Covid-19-Patienten.[26]

In einigen Jahren werden wir wahrscheinlich genau wissen, mit welchem Mechanismus dieses Virus das Riechvermögen bei den Betroffenen abschaltet. Was die Ursache auch sein mag, eines ist klar: Die Gepflogenheit des Zusammenlebens von Menschen und Tieren war die Ursache für die Übertragung schädlicher Mikroorganismen von einer Spezies zur anderen. Diese Tatsache sollten wir bei unseren Beziehungen zu Tieren berücksichtigen. Das gilt insbesondere für Wildtiere, aber auch für die

Nutztierhaltung. Je enger wir sie zusammenpferchen, desto leichter können Krankheiten sich ausbreiten. Die häufige Anwendung von Antibiotika, mit der in der Massentierhaltung eine hohe Dichte von Tieren möglich gemacht wird, ist eine ganz andere Frage. Aber diese zu beantworten ist ein Thema für ein anderes Buch.

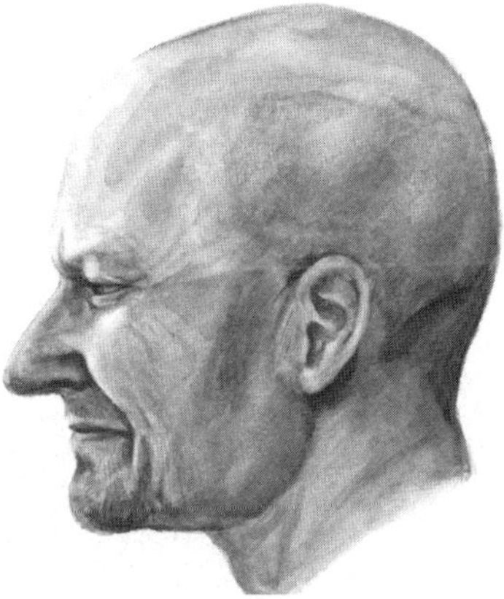

KAPITEL 2

Geruchssinn und Gerüche der Menschen

Die Gerüche des Menschen haben viele Aspekte. Wir nehmen sie auf, und wir geben sie ab. Sie ziehen an und stoßen ab, verursachen Ekel oder Begehren und warnen uns sogar vor Gefahren und Krankheiten. Der Geruchssinn hilft uns, die chemische Welt um uns herum wahrzunehmen und zu interpretieren, und in vielerlei Hinsicht ist er unentbehrlich, damit wir ungefährdet, gesund und glücklich leben können. Und doch neigen wir dazu, diesen fünften Sinn zu missachten, oder wir halten ihn für einen Überrest urtümlicher Zeiten.

Das Riechen ist nicht der Sinn, der uns als Erstes einfällt, wenn wir uns von anderen Lebewesen abheben wollen. Diese Ehre zollen wir dem Sehen und Hören, dicht gefolgt von Tasten und Geschmack. In manchen Kreisen hat sogar unser sogenannter sechster Sinn – eine angebliche besondere Intuition oder Wahrnehmungsfähigkeit – mehr Zugkraft als der Geruchssinn. Ist er für uns zivilisierte Menschen ein zu primitives Sinnesorgan? Konzentrieren wir uns lieber auf die scharfen Grenzen, die uns von den Tieren trennen, statt anzuerkennen, dass sie teilweise verschwommen sein könnten? Wenn wir im Geruch einen wichtigen Sinn erkennen, fühlt sich manch einer vielleicht dem Verhalten von Tieren unangenehm nahe.

Urteilen wir aber danach, welches Vermögen wir jedes Jahr für Zubereitungen ausgeben, mit denen wir Gerüche loswerden wollen – oder uns in Gerüche hüllen –, scheint es für viele von uns wichtig zu sein, den richtigen Geruch wahrzunehmen und zu verströmen. Es ist uns so wichtig, dass daraus eine milliardenschwere Branche geworden ist. Der einzelnen Düfte, die wir getrennt kaufen wie Parfüm oder Raumspray, sind wir uns vielleicht bewusst, aber meist bemerken wir nicht, wie Unternehmen ständig im Hintergrund arbeiten und unterschwellig nahezu alle Konsumartikel und Umgebungen mit Düften versehen.

Wenn wir ein Einkaufszentrum aufsuchen, duftet es in der Regel, und oft ist es ein Markenduft. Die Kleidung, die wir dort kaufen, ist mit ziemlicher Sicherheit mit einem Duft versehen, und auch der ist in der Regel der Duft einer Marke. Selbst wenn wir gar nichts kaufen und nur einen Kaffee trinken wollen, handelt es sich bei dem Kaffeeduft, der uns in Versuchung führt, entgegen unserer Vermutung meist nicht um den Duft frisch gemahlener oder aufgebrühter Bohnen, sondern um den Duft der Kaffeemarke, der von einer Maschine unter der Theke abgegeben wird.

Das Aushängeschild dieser riesigen Branche ist ein Konzern namens International Flavours and Fragrances oder kurz IFF.[1] Dieses Unternehmen verkauft Düfte nicht in kleinen Fläschchen, sondern in Tanklastwagen, und es ist auch nicht nur entstanden, um uns Vergnügen zu bereiten oder uns von unserer Scham zu befreien. An Düften hängt mehr als nur die Eitelkeit der Menschen.

Warum auch sollten unsere Nase und die Nasenöffnungen in unserem Gesicht eine so prägnante Stellung einnehmen, wenn der Geruchssinn nicht für das Überleben unentbehrlich wäre? In manchen Situationen ist er das tatsächlich. Die Geruchswahrnehmung ist ständig mit Analysen beschäftigt. Sie überwacht die Qualität potenzieller Lebensmittel, überprüft die Umgebung auf mögliche Gefahren, verschafft uns aber auch die feinen Nuancen des Genusses, wenn wir beispielsweise eine Erdbeere essen, unseren Lieblingswein trinken oder uns in die Achselhöhle eines geliebten Menschen kuscheln.

Sehr deutlich wird die analytische Seite unseres Geruchssinns, wenn wir ihn mit dem Geschmackssinn vergleichen. Geschmack besteht aus fünf rudimentären Empfindungen (salzig, sauer, bitter, süß und fleischig / umami) und dient grundsätzlich dazu, schädliche Substanzen so schnell wie möglich und mehr oder weniger reflexhaft aus dem Mund zu entfernen. Der Geruch dagegen analysiert mit seinen rund 400 Rezeptortypen die chemischen Details und schafft die Möglichkeit, gute Lebensmittel, Getränke oder andere Wertgegenstände zu schätzen oder umgekehrt bei schlechten Dingen eine Vermeidungsreaktion auszulösen.

Der Geruch liefert uns wichtige Informationen für unsere Ernährung, Sicherheit und Lebensqualität. Ein Verlust der Geruchswahrnehmung ist ein schwerer Einschnitt. Ihr Fehlen kann von Störungen der seelischen Gesundheit begleitet sein, weil Menschen keine Freude mehr an Essen, Trinken oder dem Leben im Allgemeinen haben. Sie machen sich dann oft unaufhörlich Sorgen um ihre Körperhygiene und vermissen den sinnlichen Duft geliebter Menschen. Wer seinen Geruchssinn verliert, hat also wahrlich verloren.

Ein schrecklicher Verlust

Dieses Sinnesorgan, das die meisten Menschen für selbstverständlich halten, geriet am 18. Mai 2020 in Großbritannien ins Rampenlicht. An diesem Tag gaben die vier bedeutendsten Gesundheitsbeamten des Landes eine gemeinsame Erklärung ab: »Von heute an sollen sich alle Personen selbst isolieren, die an einem neuen, ständigen Husten, Fieber oder Anosmie leiden.« Für all jene in der Öffentlichkeit, die das Wort »Anosmie« noch nie gehört hatten, schoben die Wissenschaftler glücklicherweise eine Erklärung nach: »Anosmie ist der Verlust oder eine Veränderung der normalen Geruchswahrnehmung.«[2] (Man sollte erwähnen, dass die Erklärung der Ärzte nicht genau zutraf. Der Verlust des Geruchssinns wird zwar tatsächlich als »Anosmie« bezeichnet, eine Veränderung der Geruchswahrnehmung heißt aber »Parosmie«.)

Die lang erwartete Erklärung wurde abgegeben, nachdem immer mehr Befunde darauf hindeuteten, dass ein plötzlicher Geruchsverlust oftmals ein frühes Warnzeichen für Covid-19 ist, die Infektion mit dem neuartigen Coronavirus SARS-CoV-2 (*Severe acute respiratory syndrome coronavirus 2*). Die Auswirkungen der Krankheit auf den Geruchssinn konnten als potenzieller Biomarker dienen. Und alles, was einem Patienten bei der Früherkennung der Krankheit einen Vorteil verschaffte, war willkommen.

Anfangs schienen ausschließlich Einzelfallberichte dafür zu sprechen, dass der Geruchsverlust ein typisches Kennzeichen von Covid-19 ist. Als die Krankheit sich aber ausbreitete und die Infektionszahlen stiegen, wurde auch innerhalb der Medizinergemeinde immer häufiger über Anosmie berichtet. Das veranlasste Fachleute für chemische Wahrnehmung aus der ganzen Welt, diese besondere Form der Anosmie genauer zu untersuchen und ihre Kenntnisse untereinander auszutauschen, was häufig mit einem beträchtlich offeneren wissenschaftlichen Ansatz verbunden war als üblich: Daten und Forschungsergebnisse wurden in Echtzeit geteilt. Diese Methode hat zweifellos ihre Vorteile, es lauern aber auch Fallstricke.

In dem hektischen Bestreben, neue Einzelheiten über die Krankheit herauszufinden und mitzuteilen, gaben Wissenschaftler sogenannte Preprints heraus; Forschungsberichte, die noch nicht von Kollegen begutachtet waren, das heißt, sie hatten nicht das übliche Prüfungsverfahren durchlaufen. Unter den gegebenen Umständen einer beispiellosen Pandemie war das für die Wissenschaftler von Vorteil. Für die allgemeine Öffentlichkeit galt das nicht immer. Journalisten stürzten sich auf die Informationen, veröffentlichten sie mit Klick-trächtigen Überschriften und zogen Schlussfolgerungen, die häufig einen Mangel an echtem wissenschaftlichem Verständnis erkennen ließen.

Manche Preprints geben tatsächlich Hinweise auf mögliche Antworten, rund um die Krankheit bleiben aber noch viele Rätsel. Eines ist wohl – zumindest zu dem Zeitpunkt, da dieses Buch in den Druck geht – wahrscheinlich: Anosmie oder Parosmie können häufige neurologische Frühsymptome sein, und in manchen Fällen bleiben sie bei Covid-19 die einzigen Krankheitszeichen. Derzeit sind sich anscheinend die meisten Wissenschaftler einig, dass SARS-CoV-2 den Rezeptor für das Angiotensin-konvertierende Enzym 2 (ACE2) und die Transmembrane Serinprotease 2 (TMPRSS2) nutzt, um mit seinem Spikeprotein an die Zellen anzudocken und sie zu infizieren.

Sowohl ACE2 als auch TMPRSS2 sind in Nase, Rachen und oberen Atemwegen reichlich vorhanden; besonders zahlreich sind sie im Epithel der Luftwege und den Stützzellen des olfaktorischen Sinnesepithels in der Nase. In den Geruchsrezeptorneuronen selbst kommt ACE2 nur in geringer Menge vor; als Einfallstor für das Coronavirus könnten also die Stützzellen des Nasenepithels dienen.[3]

Das wäre eine Erklärung dafür, warum der Geruchssinn schon im Frühstadium der Krankheit beeinträchtigt ist, obwohl noch keine Symptome wie eine verstopfte Nase oder Atemnot auftreten. Und es erklärt auch, warum ältere Menschen anfälliger für die Krankheit sind: Sie besitzen mehr ACE2-Rezeptoren als jüngere Generationen.

Manchen Befunden zufolge kann das Virus über Nase und Riechkolben, aber auch auf anderen Wegen ins Zentralnervensystem gelangen. Wie bereits erwähnt, zielt SARS-Cov-2 anscheinend nicht unmittelbar auf die Sinneszellen,[4] das heißt, die Anosmie wird in der Regel nicht durch Schäden im Zentralnervensystem verursacht, und der Geruchssinn kehrt irgendwann zurück. Manche Patienten haben allerdings die Geruchswahrnehmung auch Monate nach der Genesung von der Krankheit noch nicht wiedergewonnen – einigen Fallstudien zufolge blieb bei den Betroffenen eine Verminderung des Geruchssinns um zehn bis zwanzig Prozent bestehen, was darauf schließen lässt, dass entweder die Riechneuronen dauerhaft geschädigt wurden oder das Zentralnervensystem doch beteiligt ist. Unterstützt wird diese Theorie durch Scanaufnahmen, in denen man Anzeichen der Krankheit auch im Gehirn der Patienten nachgewiesen hat. Vielleicht können sich die olfaktorischen Neuronen nach der Erkrankung auch einfach nicht mehr regenerieren. Hier ist also ebenfalls noch vieles rätselhaft.

Angesichts der anderen Krankheitsfolgen mag die Anosmie bei Covid-19-Patienten zunächst als nebensächliches neurologisches Symptom erscheinen, die weitere Forschung auf diesem Gebiet könnte aber Erkenntnisse über den Verlauf der Krankheit, ihren Wirkmechanismus und ihre voraussichtlichen Folgen liefern. Solche Kenntnisse könnten zu besseren Behandlungsmethoden führen, und das nicht nur für Covid-19, sondern vielleicht auch für die Anosmie ganz allgemein. Über einen faszinierenden Fall wurde kürzlich aus Israel berichtet: Dort erlangte eine Frau, die nach einer Virusinfektion seit zwölf Jahren keinerlei Geruchswahrnehmung mehr hatte, diese nach einer Covid-19-Erkrankung wieder.[5] Der Fall ist nicht so gut dokumentiert, dass man darauf aufbauen könnte, aber er trägt ebenfalls dazu bei, den Zusammenhang zwischen Covid-19 und Geruchswahrnehmung noch rätselhafter zu machen.

Anosmie ist nicht nur ein potenzielles Symptom von Covid-19, und eigentlich ist sie auch nie nebensächlich. Sie begleitet vielerlei Virusinfektionen, Erkältungen und Atemwegserkrankungen oder ist ihre Folge. Kopfverletzungen können sie ebenso auslösen wie Allergien, Strahlentherapie oder auch die Abhängigkeit von Kokain. Nicht riechen zu können ist häufig ein Signal, dass auch etwas anderes nicht stimmt. Bei einer Nebenhöhleninfektion kann sich das Gewebe in der Nase entzünden und die Sinneszellen schädigen, Kopfverletzungen ziehen manchmal die Fasern der Riechnerven, die zum Gehirn führen, in Mitleidenschaft.

Sowohl die Parkinson- als auch die Alzheimer-Krankheit haben Auswirkungen auf die Genauigkeit des Geruchssinns, und deshalb wird dieser im Rahmen der Frühdiagnose getestet (siehe Kapitel 14). Oft können wir also den Auslöser einer Anosmie dingfest machen, aber wenn wir wissen wollen, was dabei in den Riechorganen und im Gehirn wirklich vorgeht, sind wir auf Spekulationen angewiesen. Das hat einen einfachen Grund: Unsere Nase ist in der wissenschaftlichen Welt nach wie vor ein gewisses Rätsel. Sie ist kompliziert und empfindsam.

Wie empfindsam sind wir?

Können Wissenschaftler in Zahlen angeben, wie empfindlich unsere Nase ist? Versucht wurde es mit Sicherheit. In den 1920er Jahren bezifferte man die Zahl der Gerüche, die ein Mensch wahrnehmen kann, nach groben Berechnungen – die eigentlich nicht mehr waren als Schätzungen und Vermutungen – auf ungefähr 10000. Diese Zahl wird in der Fachliteratur bis heute häufig genannt, aber wie man zu einer so hübschen runden Zahl gelangte, ist ein Rätsel;

das entdeckte Avery Gilbert, als er sich für sein Buch *What the Nose Knows: The Science of Scent in Everyday Life* auf die Suche nach der Quelle machte.[6] Wissenschaftlich betrachtet, so seine Schlussfolgerung, stehen dahinter vermutlich zweifelhafte Daten.

Fast hundert Jahre später, im Jahr 2014, korrigierten Wissenschaftler der US-amerikanischen Rockefeller University die Schätzung erheblich nach oben. Nach den Berechnungen von Neurobiologen liegt die tatsächliche Zahl der Gerüche, die wir unterscheiden können, vermutlich eher bei einer Billion.[7] Das ist ein beträchtlicher Sprung nach oben.

In der Studie sollten Versuchspersonen (von denen keine in einem Beruf tätig war, der eine besondere Fähigkeit zur Geruchswahrnehmung erforderte) verschiedene Mischungen von 10, 20 oder 30 unbekannten Düften einatmen, die aus einer Sammlung von insgesamt 128 Gerüchen entnommen waren. Die Versuchspersonen sollten nur den seltsamen Geruch aus einer Dreiergruppe benennen. Die Wissenschaftler rechneten von diesen Ergebnissen hoch und gelangten zu dem Schluss, ein durchschnittlicher Mensch, der nicht in der Kunst der Düfte geübt ist, könne mindestens eine Billion verschiedene Gerüche wahrnehmen. Die am wenigsten empfindlichen Menschen können demnach immer noch fast 100 Millionen Gerüche unterscheiden.

Aber nicht so schnell! Andere Wissenschaftler stellen die Behauptung über »mindestens eine Billion« in Frage und begründen dies mit der fragwürdigen mathematischen Modellierung, die in der Studie angewandt wurde.[8] Die wirkliche Zahl lässt sich vielleicht nie genau feststellen, aber eines ist klar: Wir können viele Gerüche aus der Umwelt wahrnehmen, und wie groß die Zahl auch sein mag, diese bemerkenswerte Empfindungsfähigkeit ist in unseren Genen codiert.

In unseren Genen

Mit jedem Atemzug saugen wir die flüchtigen Duftmoleküle ein, die sich in der Luft befinden. Ungefähr ein bis drei Prozent unserer Gene sind der Aufgabe gewidmet, sie wahrzunehmen, zu erkennen und eine Reaktion auszulösen. Diese Erkenntnis haben wir zwei Nobelpreisträgern zu verdanken: Richard Axel und Linda Buck. Sie erhielten 2004 gemeinsam den Nobelpreis in Physiologie oder Medizin für ihre bahnbrechenden Erkenntnisse darüber, wie Düfte in der Nase wahrgenommen und im Gehirn in Signale umgesetzt werden. Für ihre Forschungsarbeiten verwendeten sie zwar Mäuse und Ratten, die Ergebnisse wurden aber auch zur Grundlage für unsere ersten Einblicke in die Funktionsweise der menschlichen Geruchsrezeptoren.

Bekannt ist, dass die Duftmoleküle über das feuchte Riechepithel hinwegstreichen, das oben in den Atemwegen im Dach der Nasenhöhle liegt; dort kommen sie in Kontakt mit den Millionen (Schätzungen reichen von sechs bis 12 Millionen) Duftrezeptorzellen, die in dieser Schleimhaut eingebettet sind. Winzige Cilien, mikroskopisch kleine, haarähnliche, mit Geruchsrezeptoren besetzte Strukturen auf den einzelnen Rezeptorzellen, sprechen auf die in die Nase eindringenden Moleküle an. Jede Zelle der Schleimhaut enthält nur einen Typ von Geruchsrezeptoren (olfaktorische Rezeptoren oder OR); insgesamt gibt es 350 bis 400 verschiedene OR-Typen, von denen jeder darauf spezialisiert ist, eine begrenzte Zahl von Duftmolekülen wahrzunehmen.

Die Duftmoleküle binden sich an die Rezeptorproteine, diese aktivieren die Rezeptorneuronen, und die wiederum senden elektrische Signale (Nervenimpulse) an den Riechkolben im Gehirn. Dabei umgehen sie den Thalamus (der akustische und visuelle Sinnessignale verarbeitet) und gelangen direkt zum limbischen System, was uns das Gefühl einer tiefen Verbindung mit unseren Gefühlen vermittelt. Unser Geruchssinn lebt im limbischen System, jenem Gehirnteil, der für Gefühle, Stimmung, Verhalten und Gedächtnis zuständig ist. Die sofortige Verarbeitung dürfte auch ein Grund sein, warum wir dem Geruch nicht immer einen Namen zuordnen können – aber später mehr darüber.

Es bleibt die Frage: Was ist der Zweck solcher Geruchsnachrichten? Was lösen sie in Menschen aus?

Pheromone beim Menschen: Fakt oder Fiktion?

Die Erforschung der verschiedenen Aspekte von Geruch und Gerüchen bei Menschen ist ungeheuer umstritten, insbesondere wenn es um die Untersuchung der Pheromone geht, chemischer Substanzen, die von einem Individuum oder einer Spezies freigesetzt werden und bei anderen Mitgliedern derselben Spezies bestimmte Verhaltensweisen oder Prozesse auslösen.

Das Wort »Pheromon« wurde 1959 geprägt, weil man damit chemische Substanzen beschreiben wollte, die zur Kommunikation zwischen Individuen derselben Spezies dienen. Der deutsche Biochemiker Peter Karlson (1918–2001) und der Schweizer Insektenforscher Martin Lüscher (1917–1979) setzten den Namen aus dem griechischen *pherein* (tragen) und *hormone* (erregen) zusammen. Die beiden waren aber nicht die Ersten, denen der Gedanke an eine solche Art der Kommunikation kam – schon die alten Griechen hatten Spekulationen darüber angestellt, ob Ausscheidungen einer läufigen Hündin die Rüden anlocken könnten.

Wie wir in den nächsten Kapiteln noch genauer erfahren werden, können Pheromone sexuell anziehend wirken, sie lösen aber auch andere Reaktionen aus, die für das Überleben vieler Arten unentbehrlich sind, darunter Aggression, Mutterinstinkt, Warnungen und Revierverhalten.

Könnte ein solcher Duft auch bei Menschen Überlebensreaktionen in Gang setzen? Sind menschliche Pheromone eine Tatsache, ein Betrug oder vollkommene Phantasie? Viele Wissenschaftler haben sich energisch gegen die Vorstellung von menschlichen Pheromonen ausgesprochen, aber sehen wir uns einmal an, was wir konkret darüber wissen.

Ein fehlendes Organ?

Andere Säugetiere nehmen Pheromone vorwiegend mit dem Jacobson-Organ wahr, auch Vomeronasales Organ oder kurz VNO genannt. Diese eigenständige, spezialisierte Riechstruktur liegt in der Nasenscheidewand. Hunde, Schweine, Pferde und Mäuse besitzen ein hochentwickeltes VNO. Und Menschen? Ob wir dieses Organ überhaupt besitzen, ist umstritten. Wäre es vorhanden, würde es für die Existenz menschlicher Pheromone sprechen. Sein Fehlen wäre ein entscheidendes Argument dagegen. Das heißt, nicht unbedingt!

Bei den meisten Menschen ist das VNO anscheinend tatsächlich nicht vorhanden, aber manche Wissenschaftler vertreten die Ansicht, auch ohne das Organ könne das Geruchssystem der Menschen Pheromone erkennen und darauf reagieren. Andere bleiben skeptisch und glauben, dass chemische Kommunikation bei Menschen zwar vorkommt, dass wir aber selbst dann, wenn das Organ vorhanden ist, für unser Überleben nicht so auf Pheromone angewiesen sind wie andere Lebewesen.[9] Wer also hat recht?

Wie sich in faszinierenden Studien gezeigt hat, findet man bei menschlichen Embryonen anfangs Anzeichen für die Entwicklung eines VNO, aber die kommt offensichtlich im Laufe der Zeit zum Stillstand, und dann verlieren die meisten Menschen das Organ noch vor der Geburt. Auch Kiemen und Schwanz sind ja bekanntlich beim Fötus vorhanden. In der Ontogenie spiegelt sich die Phylogenie wider. Mit endoskopischen Untersuchungen hat man festgestellt, dass Erwachsene oftmals noch eine vereinfachte Version besitzen, eine Art verwaistes VNO ohne Sinnesneuronen oder Nervenfasern – wenn überhaupt etwas übrig geblieben ist.

Aber auch wenn das VNO anscheinend nur marginal vorhanden ist, konnte man mit Experimenten zeigen, dass Menschen auf artübergreifende chemosensorische Signale reagieren; allerdings werden solche Signale vom eigentlichen Riechsystem verarbeitet.[10]

In dieser Frage existiert offensichtlich eine Fülle widersprüchlicher Informationen, und auch kommerzielle Interessen spielen eine Rolle. Deshalb sind mehr unabhängige Forschungsarbeiten nötig, bevor irgendjemand schlüssig behaupten kann, eine definitive Antwort gefunden zu haben. Aber wie der anatomische Aufbau unserer Nase auch aussehen mag: Studien lassen darauf schließen, dass bestimmte Gerüche auch bei Menschen Verhaltensreaktionen auslösen können. Sind es die Gerüche von Pheromonen?

Auslöser für Sex

Mit großem Aufwand haben Wissenschaftler versucht, mögliche Auslöser von Pheromonen bei Menschen nachzuweisen, insbesondere solche, die auf Frauen und Männer unterschiedlich wirken und – vielleicht noch interessanter – die eine spezifisch männliche oder weibliche physiologische Reaktion unter Beteiligung unserer Fortpflanzungsorgane auslösen.

In solchen Studien wird stets die Durchblutung des Gehirns überwacht, während die Versuchspersonen an einer östrogenartigen Substanz riechen (ähnlich der, die im weiblichen Urin ausgeschieden wird) oder während sie einen Hauch der Verbindung Androstenon einatmen (des wichtigsten Paarungshormons von Schweinen, das als Testosteronderivat auch von Menschen mit dem Schweiß ausgeschieden wird, insbesondere im Achselschweiß von Männern) oder auch seinen engen Verwandten, das Androstadienon. Manche Wissenschaftler behaupten, Männer und Frauen würden auf diese Verbindungen unterschiedlich ansprechen[11], und an ihrer Reaktion sei der Hypothalamus beteiligt, eine winzige Gehirnregion, die mit der Regulation der Hormonausscheidung (und damit der sexuellen Fortpflanzung) zu tun hat, aber auch mit der Homöostase, die notwendig ist, damit der gesamte Organismus in einem Gleichgewichtszustand bleibt.

Wie sich in Studien gezeigt hat, reagiert dieses Gehirnareal bei Männern auf östrogenartige Verbindungen, bei Frauen dagegen wird es aktiver, wenn es sich um den Duft von Androstenon handelt. Andere höchst umstrittene Studien gehen sogar noch weiter und legen die Vermutung nahe, die gleichen mutmaßlichen menschlichen Pheromone könnten bei lesbischen und heterosexuellen Frauen unterschiedliche sexuelle Erregungsreaktionen auslösen, und das Gleiche könne auch bei homo- und heterosexuellen Männern gelten. In Scanaufnahmen zeigte sich, dass östrogenartige Substanzen im Hypothalamus von Lesbierinnen die gleiche Gehirnaktivität auslöste wie bei heterosexuellen Männern, während homosexuelle Männer auf Androstenon genauso reagierten wie heterosexuelle Frauen. Ist das möglicherweise ein Indiz, dass der Hypothalamus je nach der sexuellen Orientierung unterschiedlich reagiert?[12, 13]

Man darf bei dieser Betrachtung nicht außer Acht lassen, dass an allen diesen Studien nur sehr wenige Versuchspersonen beteiligt waren – und dass die Gerüche außerdem in konzentrierter Form verwendet wurden, wie sie uns im täglichen Leben nicht begegnen –, daher verlieren die Befunde einen Teil ihrer Aussagekraft; sie sind problematisch und letztlich nicht vollkommen schlüssig oder überzeugend.

Allerdings sind schwache Experimente noch kein Beleg, dass Gerüche für Menschen unwichtig wären – oder dass es bei Menschen keine Pheromone gibt. Wie der britische Evolutionsbiologe Tristram Wyatt betont, sollten wir solchen Forschungsarbeiten gegenüber skeptisch sein, uns aber auch die Aufgeschlossenheit für die Möglichkeit bewahren, dass es Pheromone tatsächlich gibt. Bessere Hinweise auf diese schwer fassbaren Substanzen finden wir vielleicht, wenn wir sehr genau die ganz offensichtlichen Veränderungen von Schweißdrüsen und Körpergeruch studieren, die sich auf dem Weg zur Pubertät und zum Erwachsenenalter abspielen – man denke nur an den typischen Geruch im Schlafzimmer eines halbwüchsigen Jungen. Oder auch die Ausscheidungen der Montgomery-Drüsen, die rund um die weibliche Brustwarze angeordnet sind und bei allen stillenden Müttern aktiv werden.[14]

Babys Wunsch und Wille

Produzieren demnach Mütter das wichtigste menschliche Pheromon? Ein Duft, der von der Haut rund um die Brustwarzen stillender Mütter abgegeben wird, löst offensichtlich bei Neugeborenen einen Überlebensinstinkt aus: den Saugreflex. Wie sich in Studien herausgestellt hat, beginnen Babys – und zwar nicht nur die eigenen der Mutter – mit Saugbewegungen, wenn sie den Duft wahrnehmen, der von einer beliebigen stillenden Mutter im Bereich der Brustwarzen freigesetzt wird. Da die Reaktion den Beobachtungen zufolge unabhängig davon einsetzt, ob der Brustdrüsenduft von der eigenen Mutter des Babys kommt oder nicht, kann man vermuten, dass es sich hier um ein allgemeines Pheromon handeln könnte.

Jedoch gilt: Nur weil es Hinweise auf eine gewisse Spezifität gibt, erfüllt der Geruch noch nicht die Definition eines klassischen Pheromons. Nach Ansicht vieler Wissenschaftler machen sich Babys unter Umständen während des Stillens mit den typischen Gerüchen der Mutter vertraut und erkennen sie dann allein an ihrem einzigartigen Duft.[15] Auch Mütter erkennen ihre Babys am Geruch. Für Babys wiederum ist der Duft der Mutter so eindringlich, dass er allein einen unruhigen Säugling beruhigen kann – und ein hungriges Kind wird auf das Essen vorbereitet. Ebenso kann der Geruch von Muttermilch sogar ein Frühgeborenes während und nach einer Blutentnahme beruhigen. Ob Pheromon oder nicht, höchst wirksam ist er mit Sicherheit.

Spielt sich demnach alles im Kopf ab? Im Kopf des Babys und unserem eigenen? Am Kopf eines Babys zu riechen ist eines der erfüllendsten Gefühle überhaupt. Wenn wir das Kleine an uns drücken, kommt uns vielleicht ein »du bist zum Fressen süß« über die Lippen, wenn wir Deutsche sind, oder »θα σε φάω«, wenn wir Griechisch sprechen. Solange wir kein griechischer Gott (Kronos) sind, werden wir es glücklicherweise vermutlich nicht übers Herz bringen, den Worten die Tat folgen zu lassen.

Was steckt hinter diesem Gefühl? Entsprechende Forschungsarbeiten wurden von Johan Lundström an dem angesehenen Monell Chemical Senses Center geleitet, einem Institut, das sich der interdisziplinären Grundlagenforschung im Zusammenhang mit dem Geschmacks- und Geruchssinn widmet. Danach regt der Geruch eines Babykopfes die Belohnungsschaltkreise im Gehirn der Mutter an (aber nicht im Kopf einer Frau, die keine Kinder hat). Er setzt eine ganz ähnliche physiologische Reaktion in Gang wie eine köstliche Mahlzeit, die man hungrigen Menschen anbietet. Das Ganze ist vermutlich ein Teil eines evolutionären Bindungsmechanismus.[16] Glücklicherweise geht es dabei wahrscheinlich mehr um den Wunsch, dem eigenen Kind so nahe wie möglich zu sein – und es zu beschützen – als um echte kannibalistische Gedanken. Gerüche könnten für zwischenmenschliche Bindungsmechanismen ein leistungsfähiges Hilfsmittel sein.

Der Schlüssel zu diesem Mechanismus ist vielleicht ein besonderer »Babygeruch«. Einer Studie aus Japan zufolge, die im Jahr 2019 veröffentlicht wurde, geben Babys einen einzigartigen, erkennbaren Duft ab.[17] Die Wissenschaftler konnten Duftproben vom Kopf des Babys und aus dem Fruchtwasser der Mutter gewinnen. Unter den 37 flüchtigen Duftbestandteilen, die in allen Proben vorkamen, identifizierten sie Aldehyde, Kohlenstoffoxide und Kohlenwasserstoffe. 62 Versuchspersonen sollten zuerst an einer Probe schnuppern und später den Duft unter insgesamt vier Gerüchen wiedererkennen. Frauen erbrachten dabei eine bessere Leistung: Über 70 Prozent von ihnen konnten den richtigen Babygeruch von anderen Düften unterscheiden, aber sowohl Männer als auch Frauen erkannten den Neugeborenenduft eines bestimmten Babys, das erst zwei bis vier Tage alt war.

Die Babygerüche waren eindeutig unterschiedlich, am stärksten unterschieden sie sich aber von dem Geruch des Fruchtwassers. Dies stellte man mit zweidimensionaler Gaschromatographie in Verbindung mit Massenspektrometrie fest. An der Studie war zwar insgesamt nur der Duft von fünf Babys beteiligt – verständlicherweise machen ethische Aspekte die Durchführung derartiger Studien heikler und schwieriger als andere –, die Befunde scheinen aber auf stichhaltigen Methoden zu basieren.

Eine weitere interessante Frage ergibt sich aus diesen Erkenntnissen: Spielt der Geruch schon vor der Geburt eine Rolle? Sehen wir uns dazu das Fruchtwasser einmal etwas genauer an.

Die ersten Gerüche

Der Duft der Mutter ist in der Regel der erste Geruch, den ein Baby in der Außenwelt wahrnimmt, er ist aber nicht der erste, der ihm überhaupt begegnet. Am Anfang steht der Geruch des Fruchtwassers. Ab dem fünften Schwangerschaftsmonat schluckt, saugt und verdaut das Baby diese Flüssigkeit.

Wie französische Wissenschaftler nachweisen konnten, hat die Ernährung der Mutter Einfluss darauf, wie das Fruchtwasser riecht, und diese chemosensorische Information kann im weiteren Verlauf mit darüber bestimmen, ob das Neugeborene den Duft bestimmter Lebensmittel bevorzugt.[18] Wenn die werdende Mutter in späteren Schwangerschaftsstadien beispielsweise Lebensmittel oder Getränke mit Anisgeschmack zu sich nimmt, wenden die Babys der Studie zufolge später den Kopf in Richtung dieses Geruchs, weil sie mit Nahrung rechnen.

Ähnliche Studien bestätigen auch, dass eine Abneigung oder Bevorzugung bestimmter Gerüche bereits im Mutterleib erlernt wird. Wir können davon ausgehen, dass das Baby vertraute Gerüche oder Geschmacksrichtungen mit positiven Erfahrungen in Verbindung bringt und dann logischerweise auch nach der Geburt die gleichen Gerüche und Aromen bevorzugt. Wie lässt sich das aus Sicht der Evolution erklären? Nun, im Allgemeinen weiß die Mutter am besten, was gut ist. Verzehrt sie bestimmte Lebensmittel, mag sie diese offensichtlich und überlebt damit. Wenn der Fötus im Mutterleib lernen kann, dass solche

Gerüche und Geschmacksrichtungen etwas Gutes sind, wird das Baby auch nach der Geburt von denselben Gerüchen angezogen und möchte den Geschmack in der Muttermilch noch einmal erleben, ja vielleicht auch im Essen nach der Entwöhnung. An dieser Stelle nehmen unsere Geschmacksvorlieben im späteren Leben ihren Anfang.

Wie steht es mit den Vätern? Hat der Geruch des Babys auch auf Männer eine ähnliche Wirkung? Meine Leidenschaft gilt zwar den Pheromonen und Nachtfaltern, aber nachdem ich Vater geworden war, konnte ich nicht der Versuchung widerstehen, ein wenig Forschung an menschlichen Pheromonen zu betreiben. Ich wollte wissen, ob Babys tatsächlich einen besonderen Geruch abgeben, den Erwachsene aufnehmen. Und wenn es so ist: Kann er unser Verhalten gegenüber dem Baby beeinflussen?

Wer merkt es am besten?

Zunächst taten wir uns mit Wissenschaftlern des Instituts für Medizinische Psychologie in München zusammen, die bereits große Erfahrung in der Erforschung menschlicher Düfte hatten. In unserer Studie arbeiteten wir mit 24 neugeborenen Babys aus Schweden im Alter von einer bis vier Wochen und mit 24 Kindern, die zwei bis vier Jahre alt waren. Die Babys und Kinder wurden mit unparfümierter Seife gebadet und dann mit besonderen Forschungs-T-Shirts und einer sauberen kleinen Haube aus Baumwolle ins Bett gelegt (solche T-Shirts sind, wie wir noch genauer erfahren werden, in der Erforschung menschlicher Pheromone zu einer Art Standardzubehör geworden).

Mit Hilfe der duftgetränkten Kleidungsstücke gingen wir dann der Frage nach, ob die Mütter, die Väter oder nicht mit ihnen verwandte, kinderlose Männer oder Frauen (insgesamt 24 Personen) unter drei Hemden (eines von einem Neugeborenen, eines von einem Kind und ein unbenutztes) das von dem Neugeborenen erkennen konnten. Jede Versuchsperson sollte die Aufgabe mit 24 solchen Dreiergruppen lösen.

Zur Überraschung aller Beteiligten schnitten weder die Mütter noch die kinderlosen Frauen am besten ab – sondern die Väter. Sie konnten den Duft des Neugeborenen eindeutig besser vom Geruch kleiner Kinder unterscheiden. Ebenso war überraschend, dass die Frauen allgemein die frischen, unbenutzten Kleidungsstücke gegenüber allen anderen bevorzugten.

Interessanterweise konnten wir mit einem Gaschromatographen zusätzlich getrennte Duftbestandteile nachweisen, die von den Babys an das Hemd und die Haube abgegeben wurden. Diese Bestandteile fehlten in den Kleidungsstücken der älteren Kinder oder waren in viel geringerer Konzentration vorhanden. Unter anderem liegt das wahrscheinlich daran, dass die Talgdrüsen in der Haut eines Neugeborenen bis zu einer Woche nach der Geburt fast ebenso aktiv sind wie bei Erwachsenen. Bei der Entbindung werden bestimmte Substanzen aus dem mütterlichen Organismus über die Plazenta an das Kind weitergegeben und dienen als vorübergehender Reiz für die Produktion von Hautsekreten. Bei älteren Kindern findet dieser Ausscheidungsprozess weniger häufig statt und setzt frühestens in der Pubertät wieder ein.

Die Studie gelangte zu dem Schluss, dass Männer im Allgemeinen besser in der Lage sind, Säuglinge und Kleinkinder am Geruch zu unterscheiden. Als wir fragten, wie die Versuchspersonen den Duft des Säuglings beschreiben würden, gaben sie Antworten wie »beruhigend«, »besänftigend« und »süß«. Alle diese Begriffe sind positiv konnotiert und deuten in der Regel darauf hin, dass der Geruch anscheinend einen gewissen Beruhigungseffekt hat. Warum sich in der Evolution von Männern eine solche Fähigkeit entwickelt hat, können wir nur vermuten.[19]

Wie immer, so spiegelt sich in unserer genetischen Ausstattung auch hier die Überlebensrate unserer Gene vor Zehntausenden von Jahren wider; vielleicht legten also die aggressiven, männlichen Jäger bei ihrer Rückkehr in die Höhle wegen des wunderbaren Geruchs eine größere Nachsicht mit den lärmenden kleinen Säuglingen an den Tag. Wer weiß? Nachdem die Studie in der Presse erwähnt worden war, wurde ich von der BBC interviewt. Die letzte Frage lautete tatsächlich: »Wird es jetzt möglich sein, Säuglingsduft synthetisch herzustellen und über Fußballstadien zu versprühen, um die Hooligans zu beruhigen?«

Der Geruch der Angst

Bleiben wir noch kurz bei dem Thema des aggressiven Verhaltens und dem, was es auslösen kann: Angst. Manch einer glaubt, man könne Angst oder Furcht bei einem anderen allein am Geruch erkennen. Zahlreiche Wissenschaftler, darunter insbesondere die Psychologin Denise Chen, sind der Frage nachgegangen, ob der »Geruch der Angst« im Schweiß seinen Ausdruck findet.[20] Dazu sammelte sie Achselschweiß, nachdem sie den Versuchspersonen kurze Videos aus Comedy- oder Horrorfilmen gezeigt hatte. Anschließend ließ sie andere Versuchspersonen an den Wattebäuschen mit dem Schweiß riechen und beurteilte ihre Reaktionen. In einer Studie konnten die Versuchspersonen beispielsweise überdurchschnittlich häufig zwischen dem »glücklichen« und »ängstlichen« männlichen Geruch unterscheiden, was die Vermutung nahelegt, dass Menschen letztlich doch chemische Signale abgeben, die mit Angst und Furcht im Zusammenhang stehen. Und was vielleicht noch faszinierender ist: Offensichtlich können wir sie auch wahrnehmen.

Neben dem Schweiß beschäftigt sich die Forschung auch mit anderen Körpersekreten als potenzielle Träger chemischer Signale, die sich auf aggressive Gefühle auswirken können. In einer Studie[21] stellte sich heraus, dass der Geruch emotionaler Tränen, die bei Frauen gesammelt wurden, bei Männern den Testosteronspiegel senkte. Die Autoren vermuteten, das chemische Signal in den Tränen könne als eine Art »Stoppzeichen« dienen, das sowohl die

Aggression als auch das Sexualverhalten der Artgenossen verringert.

Dass der Geruch von Tränen den Testosteronspiegel sinken lässt, wurde bei Menschen mehrfach bestätigt[22], interessanter ist aber, dass sich dies auch bei Mäusen nachvollziehen lässt.[23] Hier zeigte sich, dass der Geruch der Tränen von Jungtieren die Aggression ausgewachsener Männchen vermindert. Interessant ist das auch aus einem weiteren Grund: Bei der Erforschung chemischer Signale von Menschen beobachtet man den Effekt meist zuerst an Nagetieren und versucht, ihn dann an Menschen nachzuvollziehen; hier dagegen wiederholte sich ein Effekt, den man zuerst bei Menschen nachgewiesen hatte und später erst bei Nagetieren.

Stimmt die Chemie?

Aber zurück zu den lärmenden Säuglingen. Bevor wir am Kopf eines Babys schnuppern und den beruhigenden Duft einatmen, steht vielleicht der eine oder andere Hauch aus der Achselhöhle eines Erwachsenen an. Aber dieses Mal interessieren wir uns nicht für den Geruch der Angst, sondern für den Duft, der Lustgefühle auslösen kann.

Pheromonforscher konzentrieren sich in ihren Studien offenbar häufig auf die Achseln. Das ist eigentlich nicht verwunderlich, wenn man bedenkt, dass der Achselgeruch sich mit dem Fortschreiten der Pubertät entwickelt. In den Achselhöhlen – und im Schambereich – liegen die apokrinen Drüsen, eine besondere Art von Schweißdrüsen. Im Gegensatz zu den ekkrinen Drüsen, die über den ganzen Körper verteilt sind und eine klare, wässrige, geruchslose, salzige Flüssigkeit abgeben, um damit die Körpertemperatur zu regulieren, scheiden die apokrinen Drüsen eine Fettsubstanz in die Haarwurzeln ab, und diese hat das Potenzial, stark zu riechen. (Der typisch abstoßende Geruch ist allerdings nicht von vornherein vorhanden, sondern wird von Bakterien verursacht: Sie bauen die Fettsubstanz ab, wenn sie an die Hautoberfläche gelangt – das ist der Grund, warum Deodorants in der Achselhöhle wirken.) Legt der Zusammenhang mit der Pubertät die Vermutung nahe, dass es den Geruch aus einem bestimmten Grund gibt?

In meinen Universitätsseminaren über Sinneswahrnehmung mache ich mit den Studierenden regelmäßig ein Experiment: Ich zeige ihnen, wie gut wir allein aufgrund des Geruchs zwischen Männern und Frauen unterscheiden können. Dazu bitte ich alle Teilnehmer, am Abend vor meiner Vorlesung mit einer unparfümierten Seife zu duschen und am Morgen weder Deodorant noch Parfüm zu benutzen. Vor der Vorlesung verteile ich Wattebäusche und bitte alle, sie während der gesamten Lehrveranstaltung in den Achselhöhlen zu tragen. Danach nimmt jeder seinen Wattebausch heraus, legt ihn in ein Gefäß und markiert dieses mit einer anonymen Zahl, aus der für mich nur das Geschlecht hervorgeht. Als Nächstes schnuppern alle an den Gefäßen und raten, ob der Geruch nach ihrer Meinung von einem Mann oder einer Frau stammt. Das Ergebnis ist stets hochsignifikant: In 80 Prozent der Fälle wird das Geschlecht der Geruchsspender richtig benannt. Allerdings gibt es immer wieder auch Fälle von falscher Einstufung.

Zum Schluss sollen die Studierenden beurteilen, ob der Geruch stark oder schwach und angenehm oder unangenehm war. Wie sich bisher meist dabei herausstellte, wurden alle starken, unangenehmen Gerüche als männlich eingestuft, die schwachen und angenehmeren als weiblich. Und oft stimmte es auch. Der Körpergeruch ist ein komplexes Phänomen, aber grundsätzlich verdanken wir unseren apokrinen Drüsen in der Achselhöhle sowie dem Androstenon und Androstadienon die stärksten menschlichen Gerüche. Die Ausscheidung dieser miteinander verwandten Steroide nimmt in der Pubertät sowohl bei Männern als auch bei Frauen zu, bei Männern sind sie aber auffälliger. Ob wir den Geruch der beiden Verbindungen als angenehm oder unangenehm wahrnehmen, hängt offensichtlich von unseren Genen ab.[24]

Aber hilft uns unser Geruchssinn vielleicht nicht nur, zwischen Männern und Frauen zu unterscheiden, sondern auch bei der Partnerwahl?

Genetik und ein Schub für das Immunsystem

Wenn die nicht belegte Geschichte über den sexuell angeregten Napoleon Bonaparte stimmt – die Geschichte, wonach er angeblich vom Schlachtfeld an seine erste Ehefrau Josephine geschrieben haben soll: »Wasche dich nicht. Ich komme nach Hause!« –, kann Körpergeruch durchaus verführerische Eigenschaften haben. War die Vorliebe einfach eine seltsame persönliche Marotte von Napoleon, oder ist sie bei der gesamten Spezies der Menschen zu erkennen? Und wenn es so wäre: Welchen Sinn hätte es, potenzielle Partner zu »erschnuppern«?

Unter anderem sind Wissenschaftler dem Gedanken nachgegangen, dass der Körpergeruch eines Menschen viel über sein Immunsystem aussagt. Unter Umständen zahlt es sich aus, einen Partner zu wählen, dessen Immunsystem sich vom eigenen unterscheidet; wissen wir demnach möglicherweise instinktiv, ob jemand einen guten Partner abgibt, wenn wir einfach genau auf seinen oder ihren Geruch achten? Dahinter steht der Gedanke, dass Nachkommen aus einer solchen Verbindung möglicherweise belastbarer sind.

Um zu verstehen, wie so etwas in der Praxis funktionieren könnte, hat man sich angesehen, was uns belastbar macht. Alle Wirbeltiere besitzen eine Ansammlung von Proteinen, die auf der Oberfläche jeder Zelle liegen. Diese Gruppe von Zelloberflächenproteinen wird als Haupthistokompatibilitätskomplex (*major histocompatibility complex* oder kurz MHC) bezeichnet und wirkt an der Steuerung des Immunsystems mit. Menschen besitzen außerdem das Humane Leukozyten-Antigen-System (HLA), das in den Genen des MHC codiert ist. Könnte dies das Maß für die Qualität eines potenziellen Partners sein?

In einer Studie[25] – auch hier wurden getragene T-Shirts verwendet – mussten Frauen an Hemden schnuppern, nachdem Männer sie getragen hatten, und sollten dann dasjenige auswählen, mit dessen Träger sie gern Kontakt aufnehmen würden. In der Regel wählten sie dabei Hemden von Männern, deren MHC-Gene anders waren als ihre eigenen. Wenn die Frauen aber die Pille nahmen, zeigte sich der gegenteilige Effekt: Sie fühlten sich von MHCs angezogen, die dem eigenen ähnelten. Da die Pille den Organismus in einen schwangerschaftsähnlichen hormonellen Zustand versetzt, stellten die Wissenschaftler folgende These auf: Eine Frau in dieser Situation möchte ähnliche Personen um sich herum haben, von denen sie Unterstützung erwartet. Es gibt dabei jedoch einen Vorbehalt – die Befunde wurden bisher nicht an anderer Stelle nachvollzogen.

Wie sich in einer anderen Studie herausstellte, bevorzugen Frauen in der Regel ein Parfüm, dessen Duft dem ihrer eigenen MHC-Immunproteine ähnelt.[26] Die Wissenschaftler vermuten, dies könne ein Hinweis darauf sein, dass Frauen potenzielle Partner bevorzugen, deren MHC anders riecht als der eigene, während sie an sich selbst den Geruch des eigenen MHC lieber mögen. Der Grund für die Vorliebe? Vielleicht spüren sie, dass der Duft des eigenen Immunsystems verstärkt wird. Allerdings war an dem Experiment nur eine sehr begrenzte Zahl von Versuchspersonen beteiligt; bevor wir hier also definitive Schlussfolgerungen ziehen können, sind weitere Forschungsarbeiten erforderlich.

In allen derartigen Studien gingen Wissenschaftler der Frage nach, wie wir auf sehr engen Kontakt mit flüchtigen mutmaßlichen Pheromonen reagieren (die Versuchspersonen hielten die Nase sehr dicht an die T-Shirts). Fernwirkungen wurden bisher anscheinend nicht genügend untersucht, oder sie gehören nicht zu unserem Repertoire – und / oder vielleicht haben sie nicht die Wirkung, unsere Vorlieben oder Hormonzustände zu verändern.

Frauen: Im Rhythmus oder nicht

In Bezug auf Hormone stellt sich eine weitere interessante Frage: Ist es möglich, dass Frauen durch ausgeschiedene Pheromone gegenseitig ihren Menstruationszyklus beeinflussen?

Eine der umstrittensten Studien zum Eisprung der Frauen wurde in den 1970er Jahren, als sie zum ersten Mal in dem Fachblatt *Nature* erschien, als Durchbruch der Pheromonforschung gefeiert.[27] Für den Aufsatz mit dem Titel *Menstrual Synchrony and Suppression* (»Gleichzeitigkeit und Unterdrückung der Menstruation«) hatten die Autoren von der Harvard University 135 Collegestudentinnen beobachtet, die in demselben Wohnheim lebten; wie sie dabei feststellten, glich sich der Zeitpunkt, zu dem die Periode der jungen Frauen begann, im Laufe der Zeit immer stärker an. Die Leiterin der Studie, die Psychologin Martha McClintock, zog daraus den Schluss, die beobachtete Synchronisation des Menstruationszyklus bei Freundinnen und Zimmergenossinnen müsse auf Pheromone zurückzuführen sein; demnach gibt es »einen zwischenmenschlichen physiologischen Prozess, der sich auf den Menstruationszyklus auswirkt«. Zumindest waren damit viele Einzelfallberichte bestätigt: Wenn Frauen zusammenleben, gleicht sich ihr Zyklus im Laufe der Zeit an.

Seither ist es nur in wenigen Studien gelungen, die Ergebnisse zuverlässig und eindeutig nachzuvollziehen. In einer Untersuchung wurde Achselschweiß von Frauen auf die Oberlippe anderer Frauen getropft. Dabei stellte sich heraus, dass der Menstruationszyklus durch den Geruch beeinflusst wurde – er verschob sich und glich sich an den Zyklus der jeweiligen Probenspenderin an.[28] Die Zahl der Versuchspersonen war allerdings gering.

Unter den wenigen Studien sticht eine aus dem Jahr 1998 heraus, die sorgfältig kontrolliert war, allerdings ebenfalls nur wenige Versuchspersonen umfasste. Die Untersuchung von den Co-Autorinnen McClintock und Kathleen Stern[29] gelangte zu dem Schluss, dass sich Pheromone tatsächlich sowohl auf den Zeitpunkt des Eisprunges als auch auf die Länge des Menstruationszyklus auswirken. Die Wissenschaftlerinnen hatten vier Monate lang den Effekt des Geruchs von Achselschweiß auf andere Frauen studiert. Zehn Versuchspersonen wurden über zwei Monate dem Geruch aus der Eisprungphase des Menstruationszyklus ausgesetzt, zehn andere schnupperten zwei Monate lang den Geruch aus einem späteren Stadium des Zyklus. Interessanterweise verkürzte sich bei den »frühen« Versuchspersonen der Menstruationszyklus um durchschnittlich 1,7 Tage im Monat, in einigen Fällen aber auch um bis zu 14 Tage. Der »späte« Geruch dagegen verlängerte den Zyklus um durchschnittlich 1,4 Tage, aber auch um bis zu zwölf Tage. Die Geruchsproben stammten von insgesamt neun Probenspenderinnen. Welche chemischen Verbindungen beteiligt waren, wurde nicht untersucht.

Andere Wissenschaftler haben den McClintock-Effekt, wie er genannt wurde, generell in Frage gestellt. Die beobachtete zeitliche Angleichung führen sie auf reinen Zufall oder sogar auf fehlerhafte wissenschaftliche Methoden zurück.[30] Da der Zyklus der meisten Frauen unterschiedlich lang ist, besteht durchaus die Chance, dass es im Zyklus von Frauen, die zusammenleben, irgendwann einmal eine Übereinstimmung gibt.

Unabhängig von solchen Behauptungen sollten wir vielleicht lautstärker die Frage stellen, welchen evolutionären Wert ein solcher mutmaßlicher Pheromonauslöser haben könnte. Einer Theorie zufolge handelt es sich um eine Methode der Frauen, Bindungen untereinander einzugehen und gegen den Mann zusammenzuarbeiten. Oder vermindert oder verstärkt es die Konkurrenz um den Partner? Die synchrone Menstruation ist bis heute ein vieldiskutiertes Thema und ein Brennpunkt von Meinungsverschiedenheiten.

Von Herzen: Annäherung und Vermeidung

Wie ganz zu Beginn dieses Kapitels erwähnt wurde, gehört es zu den Hauptfunktionen des Geruchssystems, ständig unsere chemische Umgebung zu überwachen und uns anhand dieser Informationen vor gefährlichen Situationen zu warnen. Mit jedem Atemzug gewinnen wir Erkenntnisse, auf deren Grundlage wir begründete Entscheidungen darüber treffen können, wohin wir gehen sollten und wohin nicht, was wir essen sollten und was nicht, und bis zu einem gewissen Grad auch, mit wem wir uns anfreunden sollten und mit wem nicht. Wie sich herausgestellt hat, verbinden sich offenbar die eindringlichsten Signale mit besonders negativen Situationen: der Geruch von jemandem, der gerade erbrochen hat (offensichtlich ist entweder schlechtes Essen oder ein kranker Mensch in der Nähe), der Geruch von Rauch und Feuer (offensichtlich besteht die Gefahr zu verbrennen) oder der Geruch verdorbener Lebensmittel und Getränke.

Neben dieser mehr oder weniger angeborenen Signalwahrnehmung lernen wir auch sehr schnell, einen ganz bestimmten Geruch mit etwas Schlechtem in Verbindung zu bringen. Am häufigsten erleben wir, dass wir etwas essen und dass uns anschließend übel wird. Die Folge ist oftmals eine lebenslange Abneigung gegen den fraglichen Geruch, sei es nun Melone, Fleischklößchen oder Mascarpone. Solche Assoziationen können auch Ängste auslösen.

Johan Lundström vom Stockholmer Karolinska-Institut wollte mit eleganten Experimenten klären, wie unser Gehirn solche negativen Assoziationen aufbaut.[31] Er kombinierte ganz bestimmte, zuvor neutrale Gerüche mit elektrischen Schlägen und konnte so erreichen, dass seine Versuchspersonen einen negativen Eindruck von den betreffenden Gerüchen bekamen. Mit Geruchsmolekülen, die nicht voneinander zu unterscheiden waren, gingen die Wissenschaftler der Frage nach, ob die Versuchspersonen sie auseinanderhalten konnten, wenn eines der beiden in Verbindung mit einem elektrischen Schock, der ein unangenehmes Erlebnis simulieren sollte, verabreicht wurde. Anfangs konnten die Versuchspersonen nicht zwischen den Gerüchen unterscheiden, aber später erkannten sie immer besser und selbst in niedriger Konzentration diejenigen, die mit dem Schlag in Verbindung standen. Nach acht Wochen wurden die Versuchspersonen noch einmal eingeladen und sollten wiederum zwischen den Gerüchen unterscheiden. Bemerkenswerterweise hatte aber keiner die Empfindlichkeit gegenüber dem »schockierenden« Geruch behalten. Wie es zu diesem Ergebnis kam, ist nicht abschließend geklärt.

In einer anderen Studie stellte sich interessanterweise heraus, dass möglicherweise physikalisch-chemische Eigenschaften für die langfristige Abneigung gegen bestimmte Gerüche verantwortlich sind.[32] Mehr Duftmoleküle mit komplexerer Struktur, so die Vermutung der Wissenschaftler, könnten zu einer höheren trigeminalen Wahrnehmung führen (dies betrifft die Menge der Reizstoffe in einem Duft und gibt beispielsweise Chili die Schärfe). Je komplexer ein Duft ist, so das Studienergebnis, desto größer ist die Wahrscheinlichkeit, dass er die Gewöhnung verhindert – die Versuchspersonen stufen solche Gerüche dann stets als unangenehm ein. Mit anderen Worten: Die Neuronen, die solche warnenden Düfte aufnehmen, zeigen wenig oder gar keine Gewöhnung. Sie gewöhnen sich nicht an den schlechten Geruch, sondern reagieren auch weiterhin auf ihn, während die Reaktion bei den meisten positiven oder neutralen Gerüchen irgendwann ausbleibt.

Ich persönlich erlebte dieses Ausbleiben einer Gewöhnung vor 20 Jahren, als ich mit meinem damals dreijährigen Sohn nach Nordschweden fuhr, um an der alljährlichen Rentierschlachtung teilzunehmen. Auf dem Heimweg musste sich mein Sohn, der zuvor eine Pizza von beträchtlicher Größe verzehrt hatte, auf dem Rücksitz erbrechen. Während der nächsten 1000 Kilometer von Sveg nach Lund hatte ich mit jedem Atemzug den Duft von erbrochener Pizza in der Nase.

Wie unangenehm!

Viele Gerüche haben von ihrem Wesen her für die menschliche Nase einen inhärenten Wert oder eine Lustbetonung. Mein Freund Noam Sobel, ein angesehener Neurowissenschaftler am Weizmann Institute of Science in Israel, wollte messen, wie wir Gerüche in Kategorien einteilen, und dann eine Verbindung zu den chemischen Eigenschaften der Moleküle herstellen. Dabei konnte er aber nur einen einzigen auffälligen Parameter finden: den hedonistischen Anklang – ob der Geruch hübsch oder hässlich, angenehm oder unangenehm war.

In einem recht komplizierten Experiment wollten Sobel

und sein Team vom Weizmann Institute in Zusammenarbeit mit Wissenschaftlern vom Institut für Neurowissenschaft und Psychologie der University of California herausfinden, nach welchen allgemeinen Prinzipien unser Geruchssinn organisiert ist.[33] Ihr Ausgangspunkt war eine Datenbank mit 160 verschiedenen Gerüchen, die von 150 Parfüm- und Duftexperten nach insgesamt 146 Merkmalen eingestuft wurden. Dazu gehörten Kategorien wie »süßlich«, »rauchig« oder »muffig«. Anschließend analysierte das Team die Daten und versuchte, einen einzigen Faktor zu finden, durch den sich die Gerüche am eindeutigsten voneinander unterscheiden. Das Ergebnis: Am Ende stand immer der hedonistische Aspekt – die Einordnung eines Geruchs je nachdem, wie angenehm er wahrgenommen wurde.

An einem Ende der Skala stehen in dieser Einteilung die Kategorien »süß« und »blumig«, am anderen »ranzig« und »übelkeitserregend«. Die gleichen statistischen Analysen nahmen die Wissenschaftler dann an einer Datenbank mit Chemikalien vor, wobei sie für jede Substanz mehr als 1500 Eigenschaften berücksichtigten; damit wollten sie einen einzigen Faktor oder eine Zahl finden, durch die sich solche Gerüche am deutlichsten voneinander unterscheiden. Auch dabei kristallisierte sich wieder der hedonistische Aspekt heraus. Demnach, so ihre Argumentation, kann man allein aufgrund der Molekülstruktur vorhersagen, wie angenehm Menschen einen Geruch finden werden.

Interessanterweise zeigte sich in den gleichen Experimenten auch, dass die Geruchsrezeptoren in unserer Nase gruppenweise nebeneinander liegen, je nachdem, ob sie auf einen angenehmen oder einen unangenehmen Geruch ansprechen und ihn erkennen. Das heißt nicht, dass nicht auch das kulturelle Umfeld oder die Erfahrung in manchen Fällen die Geruchswahrnehmung oder die Organisation der Zellen in unserer Nasenschleimhaut beeinflussen, aber anscheinend gibt es eine Art globale Einigkeit darüber, was für Gerüche am angenehmsten oder am unangenehmsten sind.

Noam Sobel fasst das alles so zusammen:

> »Unsere Befunde zeigen, dass die Art unserer Geruchswahrnehmung zumindest teilweise fest im Gehirn verdrahtet ist. Es besteht zwar ein gewisses Maß an Flexibilität, und unsere Lebenserfahrung hat sicher Einfluss auf die Geruchswahrnehmung, aber unser Gefühl, ob ein Geruch angenehm oder unangenehm ist, beruht auf einer echten Anordnung in der physischen Welt. Mit Hilfe der Chemie können wir also vorhersagen, wie der Geruch neuer Substanzen wahrgenommen wird.«

Was man an dieser Stelle anmerken sollte: Studien deuten darauf hin, dass kleine Kinder offensichtlich nicht so entschlossen zwischen unangenehmen und angenehmen Gerüchen unterscheiden wie Erwachsene. Sie erkennen, ob ein Geruch stark oder schwach ist, stufen ihn aber in der Regel nicht als schön oder hässlich ein.

Wie sich außerdem herausgestellt hat, ist es für uns äußerst schwierig, Gerüche jenseits dieses hedonistischen

Aspekts in Kategorien einzuteilen – und die meisten Menschen sind auch nicht in der Lage, einen Geruch mit allgemein anerkannten Begriffen zu beschreiben. Vor diesem Hintergrund bemühte sich die Arbeitsgruppe am Weizmann Institute nicht mehr, die Beschreibung eines Geruchs mit einer Struktur in Verbindung zu bringen, sondern man wollte nun vorhersagen, wie ähnlich oder unähnlich sich zwei Duftstoffe unabhängig davon, »wie« sie riechen, in der Wahrnehmung sind. Das führte zu einer Maßzahl, die man zwei beliebigen Duftstoffmischungen auf der Grundlage der Struktur zuweisen kann und die tatsächlich die Ähnlichkeit der Stoffe angibt.[34]

Die Gruppe am Weizmann Institute behauptet, sie habe damit eine Grundlage für die Digitalisierung des Geruchs geschaffen. Ob sie diesem langersehnten Ziel näher gekommen ist, wird sich jedoch erst mit der Zeit erweisen. Noch komplizierter wird unser Traum von einer digitalen Zukunft, weil wir bekanntermaßen nur schwer in der Lage sind, Gerüche zu identifizieren und zu benennen.

Das spielt sich im Kopf ab

Die Gründe für diesen offenkundigen Mangel könnten damit zu tun haben, wie unser Gehirn Gerüche und Sprache verarbeitet. Wer noch Zweifel hat, dass Gerüche und Riechen für Menschen wichtig sind, sollte einmal daran denken, wie wir die Sprache im Zusammenhang mit dieser Funktion verwenden. Wenn wir etwas nicht mögen, stinkt es uns, oder wir rümpfen die Nase. Wenn wir etwas Unrechtes vermuten, wittern wir Unrat. Aber wenn wir den Eindruck haben, dass wir uns auf unseren Instinkt verlassen sollten, sagen wir »immer der Nase nach«. Vielleicht ist das ein Zeichen für unseren instinktiven Eindruck, dass wir uns auf dieses Sinnesorgan verlassen können.

Vielleicht ist es tatsächlich zuverlässig, aber in der Regel können wir Gerüche nicht angemessen beschreiben. Im Vergleich zu den sprachlichen Möglichkeiten im Zusammenhang mit Sehen und Hören verfügen wir für Gerüche über keinen sonderlich reichhaltigen Wortschatz. Selbst wenn gesunde Versuchspersonen einen allgemein üblichen Geruch beschreiben sollen, haben sie stets Mühe, ihm einen Namen zu geben. Studien zeigen, welche Gehirnareale daran schuld sind.[35] Wenn wir Gerüche benennen, werden offensichtlich zwei Gehirnregionen aktiviert: der anteriore temporale Cortex und der orbitofrontale Cortex. Nach Angaben der Wissenschaftler, die an den Studien mitgearbeitet haben, nehmen diese Gehirnareale relativ wenig unverarbeitete Geruchssignale auf; deshalb fällt es uns schwer, die Sprachverarbeitungsareale unseres Gehirns hinzuzuziehen und mit ihrer Hilfe die Gerüche zu identifizieren sowie mit einem Namen zu versehen.

In der Evolution entstand die Sprachverarbeitung erst lange nach der Verarbeitung von Gerüchen. Das könnte der Grund sein, warum wir über einen so schlechten Alltagswortschatz für Gerüche verfügen. Wirklich zu verstehen, wie unser Gehirn die alltäglichen Geruchserlebnisse verarbeitet und mit der Sprache verknüpft, bleibt nach wie vor schwierig.

Der linguistische Aspekt des Geruchs war für mich ein Anlass, mich noch einmal in den Bereich der menschlichen Geruchswahrnehmung vorzuwagen und der Frage nachzugehen, wie manche Kulturen Gerüche beschreiben.[36] In einer Studie mit meiner Kollegin Asifa Majid, einer Spezialistin für das Thema, verglichen wir, wie Europäer und die Jahai, ein indigenes Volk aus dem Regenwald von Malaysia, Gerüche beschreiben. Nach unseren Feststellungen charakterisieren Europäer – in unserem Beispiel durch Niederländer vertreten – Gerüche allgemein mit konkreten Ausdrücken. Mit anderen Worten: Sie vergleichen den Geruch mit etwas Bekanntem, beispielsweise einer Banane. Außerdem brauchten sie auch länger, um die Gerüche zu beschreiben. Die Jahai dagegen neigten mehr zu abstrakten Ausdrücken wie beispielsweise »muffig« und brauchten für die Beschreibung viel weniger Zeit.

Parallel dazu sahen wir uns an, welche Gesichtsausdrücke von den verschiedenen Gerüchen ausgelöst wurden. Wie wir dabei feststellten, waren die emotionalen Reaktionen unabhängig von den sprachlichen Unterschieden nahezu die gleichen. Sie ähnelten sich zwar, aber die Jahai hatten im Gegensatz zu uns gelernt, die Gerüche auch mit einem bestimmten abstrakten Wortschatz zu beschreiben. In früheren Studien hatten Asifa Majid und ihre Kollegen außerdem gezeigt, dass die Jahai außerordentlich gut zwischen Gerüchen unterscheiden können und für die Beschreibung wichtiger Düfte mehrere spezifische Wörter haben. Dagegen haben wir zwar die Wörter »rot«, »blau« und »grün« für Farben, aber ähnliche Ausdrücke für Gerüche fehlen uns.

Ein Wort der Jahai beschreibt einen anderen stechenden Geruch, und eines bezeichnet gezielt einen blutigen, fischartigen oder fleischartigen Geruch; sie verwenden diese Wörter so alltäglich, wie wir unsere Wörter für Farben benutzen. Alle ihre Begriffe beschreiben in der Regel etwas, was für ein Leben im Regenwald von großer Bedeutung ist. Soweit ich mich erinnere, haben sie ein Wort für den Blutgeruch, der einen Tiger anlockt: Der, so die Jahai, ähnelt stark dem Geruch zerdrückter Kopfläuse.

Kein Geruch, kein Geschmack

In meinen eigenen Unterrichtsveranstaltungen stelle ich zusammen mit meinen Studierenden regelmäßig ein einfaches Experiment an, an dem die Bedeutung des retronasalen Geruchs deutlich wird – des Geruchssinns, der uns in die Lage versetzt, beim Essen Aromen wahrzunehmen. Einigen Studierenden werden dazu die Augen verbunden, und eine Klammer verhindert die Nasenatmung. Unter diesen Voraussetzungen sollen sie den Unterschied zwischen Ketchup und Senf erkennen. Das gelingt niemandem! Ohne die Klammer, aber immer noch mit verbundenen Augen, schaffen es alle ohne weiteres. Die Erklärung ist verhältnismäßig einfach: Ketchup und Senf sind ungefähr im gleichen Maße süß, salzig und sauer. Der

Geschmacksunterschied ergibt sich nur aus der Wahrnehmung von Tomaten- beziehungsweise Senfaroma im Nasenhintergrund. Damit sind wir wieder einmal bei einem der Gründe, warum Anosmie als derart starke Behinderung gilt. Ist sie vorhanden, verschwindet mehr oder weniger die gesamte Feinabstimmung der Empfindung beim Essen oder Trinken – alles schmeckt also mehr oder weniger gleich. Es gibt keinen Unterschied zwischen Macallan- und Ardbeg-Whisky mehr, keinen Unterschied zwischen dem besten Rioja und einem einfachen Vino Tinto.

Wenn uns der Sommelier also ein Glas Wein zum »Probieren« einschenkt, sollten wir immer zuerst daran schnuppern. Und wir sollten den Wein im Glas kreisen lassen, bevor wir noch einmal schnuppern, und erst dann einen Schluck nehmen. Je mehr Aromen aus dem Wein frei werden, desto besser kann unser Geruchsorgan sie aufnehmen. Und desto mehr freuen wir uns über den Geschmack – jedenfalls wenn es ein guter Wein ist.

Gefühle und Erinnerungen

Damit sind wir bei dem vermutlich rätselhaftesten Teil des Geruchsrätsels. Wie kommt es, dass der Duft von irgendetwas uns in eine andere Zeit, an einen anderen Ort und zu einem ganz bestimmten anderen Gefühl transportieren kann?

Solche Erlebnisse wurden oft als »Proust-Effekt«, »Proust-Phänomen« oder sogar »Madeleine-Moment« bezeichnet, nachdem der Schriftsteller Marcel Proust eine überwältigende Kindheitserinnerung beschrieben hatte. Ausgelöst wurde sie bei ihm durch den süßen Duft eines mit Lindenblütentee getränkten Madeleine-Biskuits, und darüber schrieb er ausführlich in seinem zwischen 1913 und 1927 erschienenen Werk *Auf der Suche nach der verlorenen Zeit* (*À la recherche du temps perdu*). Aber eigentlich kann jeder Duft eine solche Wirkung haben.

Für solche »unwillkürlichen Erinnerungen« ist charakteristisch, dass sie plötzlich wie aus heiterem Himmel auftauchen und von einem längst vergessenen Geruch in Gang gesetzt werden. Außerdem sind sie mit einem starken Gefühl verbunden, das wir zu der Zeit empfunden haben, als der Geruch und das Ereignis in unserem Gedächtnis gespeichert wurden.

Hält Prousts dichterische Freiheit der wissenschaftlichen Überprüfung stand? Dass Düfte und Gerüche starke, gefühlsbeladene Erinnerungen auslösen, hat einen besonderen Grund: Dieses Sinnesorgan ist unmittelbar in unser limbisches System eingebettet und hat einen direkten Draht zur Amygdala, jenem winzigen Gehirnareal, in dem Gefühle ausgelöst und Erinnerungen gespeichert werden. Ein denkwürdiger Geruch kann uns überraschen und lässt uns unter Umständen wie angewurzelt stehen, einfach weil daran keine unmittelbare, bewusste Verarbeitung beteiligt ist. Die Geruchsinformation wird anschließend nur an den Hippocampus weitergeleitet. Dass eine solche Weiterleitung zu anschaulichen Erinnerungen – und starken Gefühlen – führen kann, ist plausibel. Nur allzu gut wissen das Menschen mit posttraumatischer Belastungsstörung. Sie berichten oft, vertraute Gerüche aus der Zeit einer bestimmten traumatischen Erfahrung könnten schmerzliche Erinnerungen und ein tiefes Angstgefühl auslösen.

Kein triviales Sinnesorgan

Dieses kurze Kapitel kann nur einen eng gefassten Überblick über den Geruchssinn des Menschen geben. Es macht auf einige Geheimnisse und Rätsel aufmerksam, die sich unmittelbar vor unserer Nase verbergen. Eines ist klar: Unser Geruchssinn ist keine triviale Angelegenheit. Er löst starke Gefühle aus, setzt Erinnerungen frei und hilft sogar bei der Diagnose von Krankheiten. Riechen zu können trägt dazu bei, dass wir das Leben und die Liebe in vollen Zügen genießen können. Strategisch eingesetzt, kann das richtige Schnuppern uns sogar dabei helfen, im Alter den gefürchteten kognitiven Niedergang hinauszuzögern.

Wie Wissenschaftler, die sich mit chemischer Wahrnehmung beschäftigen, ihr Wissen nutzbringend anwenden wollen, werden wir in Kapitel 14 genauer erfahren.

KAPITEL 3

Der Hund – unser alter Freund
und seine hervorragende Nase

Aus Sicht eines Hundes wird der tägliche Spaziergang niemals langweilig. Für uns dagegen sieht der vertraute Weg jedes Mal mehr oder weniger gleich aus. Den Spaziergang machen wir in der Regel nur, um uns zu bewegen. Für Hunde dagegen geht es dabei nicht ums Fitbleiben – wichtig sind vielmehr ihre Empfindungen und die Information darüber, was in ihrer Umgebung los ist. Hunde erleben eine ganz andere Welt als der Mensch, der mit ihnen spazieren geht. Deshalb sehen wir oft Hundebesitzer, die auf geradezu komische Weise an ihrem Hund zerren, ihn anschreien oder gar bitten, doch endlich weiterzugehen. »Da gibt es doch nichts Neues«, scheinen sie zu sagen. Für Menschen mag das stimmen.

Für Hunde sieht die Sache ganz anders aus. Mit ihrer erstaunlichen Fähigkeit, noch den schwächsten Duft zu erschnüffeln, haben sie eine grundlegend andere Sichtweise auf die Welt. Sie führt dazu, dass sie immer und immer wieder stehen bleiben und ihr Bein heben, womit sie ein eigentlich einfaches Ritual zu einem Tauziehen machen (was allerdings in der Regel nicht für wohlerzogene Hunde gilt). Sie wollen an der Geschichte der Düfte teilhaben. Indem sie unterwegs ihre Reviermarkierungen hinterlassen, leisten sie für den nächsten Artgenossen, der in die Nähe kommt, ihren eigenen Beitrag zu der Geschichte.

Mit der Nase am Boden oder in der Luft vertiefen sich

Hunde in ihre eigene Detektivarbeit und vollziehen eine Geschichte nach, die für uns unsichtbar ist. Die Geschichte ist in Düften und Aromen codiert. In Gerüchen, die an uns vorübergehen. Während wir uns meist unmittelbar auf die visuellen Eindrücke konzentrieren – wir nehmen nur das wahr, was wir hier genau jetzt und in diesem Augenblick sehen können –, tauchen Hunde vollkommen in die Luft und die Oberflächen ein, um sich ein Bild von Ereignissen und Umständen zu machen. Der Hund riecht die Vergangenheit. Seine hervorragende Nase eröffnet ihm einen vollkommen anderen Blick auf die Welt und verschafft ihm damit im Vergleich zu uns Menschen einen beneidenswerten Vorteil.

Schnuppern ist für Hunde eine Methode der mentalen Anregung. Sie können damit ihre Umgebung interpretieren und sich in ihr zurechtfinden. Nur mit dem Geruchssinn schaffen sie eine ganze Handlung, die sich von der Vergangenheit in die Gegenwart und in gewisser Weise sogar in die Zukunft erstreckt. Ein Weg mag für uns leer wirken, aber der Hund erschnuppert, was auf derselben Route geschehen ist, lange bevor wir dorthin gekommen sind. Oder er bekommt einen Hauch von etwas mit, was noch weit entfernt oder dem Blick verborgen ist. Er kann Gefahr wahrnehmen. Oder Beute. Manch einem ist vielleicht schon einmal aufgefallen, wie ein Hund auf eine Katze reagiert, bevor wir sie überhaupt bemerkt haben. Auch das können wir auf seine olfaktorischen Fähigkeiten zurückführen.

Hunde sind in der Lage, sich so stark auf Gerüche zu

konzentrieren, wie wir es uns nicht einmal vorstellen können. Sie nehmen auch solche Gerüche wahr, die ihren stechenden Charakter bereits verloren haben oder nur noch sehr schwach sind. Hunde kümmern sich nicht darum, wie schwach der Geruch wird oder wie schwach er von vornherein ist. Adrenalin zum Beispiel, das Flucht-oder-Kampf-Hormon, das wir bei Stress oder Angst ausscheiden, ist für Menschen so gut wie nicht wahrnehmbar – Hunde dagegen sprechen leicht darauf an. Das ist einer der Gründe dafür, dass sie oftmals zur emotionalen Unterstützung herangezogen werden. Sie wissen wirklich, wann wir uns verunsichert oder ängstlich fühlen. Diese Fähigkeit könnte auch eine Erklärung dafür sein, warum sich Hunde häufig am meisten für gerade die Menschen interessieren, die Angst vor ihnen haben.

Eine empfindliche Struktur?

Warum lassen sich Hunde so viel stärker von Gerüchen ablenken und anziehen, als es offenbar bei uns der Fall ist? Zunächst einmal ist ihre Geruchsschwelle viel niedriger als unsere, das heißt, sie nehmen Gerüche stärker wahr. Die Zahlenangaben sind unterschiedlich, aber nach einer groben Schätzung von Wissenschaftlern liegt ihre Schwelle für bestimmte Verbindungen irgendwo zwischen tausend- und zehntausendmal niedriger als unsere. Die untere Wahrnehmungsschwelle für Gerüche in der Luft – flüchtige organische Verbindungen – liegt Berichten zufolge bei einem Teil je Billion.[1] Welche anatomische Eigenschaft der Hunde führt zu dieser sehr niedrigen Schwelle und zu ihrer scharfen Geruchswahrnehmung?

Liegt es an der feuchten, glänzenden Nase? Hunde besitzen Schweißdrüsen in der Nase und an den Fußballen, die ihnen bei der Temperaturregulation helfen. Im Gegensatz zu uns schwitzen sie nicht am ganzen Körper. Wenn die Luft in und auf der Nase sowie um sie herum feucht ist, fällt es ihnen leichter, Düfte aufzunehmen. Das ist der Grund, warum Hunde häufig über ihre Nase lecken – sie wollen die Feuchtigkeit und damit den Geruchssinn verstärken. Außerdem kann der Hund mit einer feuchten Nase die Windrichtung besser spüren, denn eine feuchte Oberfläche kühlt sich ab, wenn der Wind darauf trifft. Eine ganz ähnliche Methode verwenden wir, wenn wir einen feuchten Finger in die Luft strecken, um die Windrichtung festzustellen. Und da Gerüche mit dem Wind wandern, weiß der Hund, woher ein Geruch kommt, wenn er die Windrichtung kennt. Aber das alles ist nicht der eigentliche Grund für die Empfindlichkeit einer Hundenase. Von Bedeutung ist vor allem, wie sie aufgebaut ist und was sich in ihrem Inneren abspielt.

Auf den ersten Blick scheint eine Hundenase wenig beeindruckend zu sein. Sie hat genau wie unsere zwei Öffnungen. Aber im Gegensatz zu uns kann ein Hund die Nasenöffnungen unabhängig voneinander bewegen und benutzen. Auch das hilft ihm, die Quelle eines Duftes oder die Richtung, aus der er kommt, festzustellen.

Neben den einzelnen und unabhängig voneinander

beweglichen Nasenöffnungen haben Hunde an der Nase noch seitliche Schlitze, eine Vorrichtung, die uns – vielleicht glücklicherweise – fehlt. Ihre Aufgabe ist es, die Atemluft konzentrierter und effizienter auszustoßen und so die Aufnahme von Düften zu verstärken. Sie atmen durch die Nasenöffnungen ein und durch die Schlitze aus, und die so entstehende Luftströmung drückt neue Duftmoleküle in den nächsten Atemzug.

Als man die äußere Aerodynamik des Schnupperns und der Duftwahrnehmung von Hunden untersuchte, stellte sich heraus, dass Hunde nicht über der Quelle eines Geruchs ausatmen. Die Schlitze leiten die Luftströmung vielmehr seitlich und nach hinten von der Quelle weg. Damit wird vermieden, dass die Quelle des Geruchs beeinträchtigt oder verunreinigt wird, und gleichzeitig ist gewährleistet, dass die Düfte vorwärts in Richtung der Nasenöffnungen geleitet werden. Hunde »mustern« die Geruchsquelle und schnuppern häufig; am Ende haben sie sich auf die Quelle »eingeschossen« und treiben die Geruchsmoleküle in der Nase aufwärts bis zur Riechschleimhaut, dem olfaktorischen Epithel.[2] Beim Ausatmen wird Luft weder zu dem olfaktorischen Areal hin- noch von ihm weggeleitet. Deshalb werden die Geruchsmoleküle weder verdünnt noch durcheinandergewirbelt, sondern sie treffen während des gesamten Atmungszyklus sehr effizient auf die Chemorezeptoren des Epithels.

Nebenbei bemerkt: Wenn ein Hund stark hechelt, erzeugt er wahrscheinlich Turbulenzen rund um die Geruchsquelle; das könnte der Grund sein, warum Hunde, die müde sind oder sich abkühlen wollen, Gerüche weniger gut wahrnehmen. Das Gleiche gilt für Hunde, deren Ernährung nicht ausgewogen und deren Mikrobiom nicht gesund ist – oder die schlicht keine Kondition haben.[3] Durch häufiges Schnuppern dagegen können Hunde mit jedem Atemzug mehr Duftmoleküle aufnehmen, als es uns Menschen jemals möglich wäre.

Ein langer, gewundener Weg

Was geschieht, nachdem die Duftmoleküle in die Hundenase eingedrungen sind? Mit ihrem Innenleben ist sie ideal darauf eingestellt, Gerüche einzuschätzen. Duftmoleküle werden auf einer gewundenen Route aufgenommen. Sie müssen über einen raffinierten Geruchsapparat hinwegstreichen, in dem ein feuchtes, dicht an dicht mit olfaktorischen Sinnesneuronen – den Zellen, die für die Duftwahrnehmung verantwortlich sind – vollgepacktes Epithel die Nasenhöhle auskleidet und fast völlig ausfüllt.

Das Riechepithel des Hundes hat eine charakteristische Eigenschaft: Es ist kompliziert zu zahlreichen Rollen gefaltet und liegt über komplexen Knochenstrukturen der Nasenhöhle. Diese Siebbeinstrukturen schicken jeden Schwall der Duftmoleküle auf die Reise durch eine Art Labyrinth und sorgen – ebenso wichtig – für eine große Gesamtoberfläche, an der die Moleküle beurteilt werden können. An dieser Oberfläche liegen die Geruchsrezeptoren beim Hund in größerer Dichte als bei Menschen. Schätzungen zufolge hat ein Hund mindestens fünfzigmal so viele olfaktorische Rezeptoren wie wir. Wie sich in Studien gezeigt hat, besitzen Bluthunde, die gezielt für die Fährtensuche gezüchtet werden, sogar dreihundertmal mehr Geruchswahrnehmungszellen als ein Mensch.[4] Wie die Psychologin Alexandra Horowitz in ihrem Buch *Was denkt der Hund? Wie er die Welt wahrnimmt – und uns* erläuterte, besitzen Menschen ungefähr fünf Millionen olfaktorische Zellen, bei Hunden sind es mehrere hundert Millionen oder vielleicht sogar eine Milliarde.[5] Das lange Labyrinth und die große Oberfläche der Hundenase tragen dazu bei, dass Hunde komplexe Gerüche unterscheiden können. Im Vergleich zu ihrem Geruchsorgan sieht unseres ziemlich verstümmelt aus. Noch mehr gilt das im Hinblick auf das Vomeronasale Organ.

Dieses Organ, auch Jacobson-Organ genannt, ist ein weiterer Ort der Geruchswahrnehmung. Bei Menschen ist es im Laufe der Evolution praktisch verschwunden (siehe Kapitel 2). Es liegt beim Hund unmittelbar über dem Gaumen und trägt dazu bei, bestimmte, häufig weniger flüchtige Gerüche einzufangen und zu erkennen. Gesteigert wird die Geruchsabsorption an dieser Stelle durch das Lecken. Was dabei entscheidend ist: Dieses zweite Geruchsorgan ist ebenfalls mit Chemorezeptoren ausgestattet, die Pheromone wahrnehmen können – jene chemischen Signale, die für die soziale und sexuelle Kommunikation innerhalb einer Spezies unentbehrlich sind.

Nachdem solche Signale wahrgenommen wurden, werden sie in einem besonderen Teil des Riechkolbens verarbeitet, und dann laufen sie durch eine Nervenbahn, die unmittelbar zum Hypothalamus führt; dort treffen sie auf das Gehirn und regen bestimmte Verhaltensweisen an. Wenn wir einen Hund mit gekräuselten Lippen und aufgeblähten Nasenöffnungen sehen, haben wir es mit dem sogenannten Flehmen zu tun, dem Augenblick, in dem das Tier den Mund öffnet und Luft in das Jacobson-Organ saugt. Ähnliche Verhaltensweisen erkennt man auch bei vielen anderen Tieren, wie beispielsweise Pferden, Hirschen und Schafen.

Durch den Reflex wird das Jacobson-Organ noch stärker den Duftmolekülen ausgesetzt. Er öffnet zwei winzige Gänge, die im Gaumen des Hundes hinter den Schneidezähnen liegen, und verstärkt die Fähigkeit, einen Geruch oder ein Pheromon wahrzunehmen und zu erkennen – und darauf zu reagieren. Im Allgemeinen wird das Flehmen durch den Geruch von Urin oder Genitalien ausgelöst; häufig ist es von Lecken begleitet. Auf diese Weise saugen Hunde Gerüche ein.

Ein Hundeleben

Was bedeutet der scharfe Geruchssinn für das Leben eines Hundes? Er veranlasst ihn nicht nur dazu, beim täglichen Spaziergang sein Revier zu markieren, sondern Hunde sind auf den gleichen Geruchssinn auch für viele Interaktionen angewiesen und legen mit seiner Hilfe ihre soziale Stellung im Rudel fest. Und sie brauchen ihn sogar für flüchtige Bekanntschaften auf dem Spaziergang.

Das Schnuppern am Hinterteil eines anderen Hundes hat also seinen Zweck. Der scharfe Geruchssinn lockt den Hund dorthin, denn so kann er alle möglichen wichtigen und dringenden Nachrichten empfangen. Wenn er in diesem Bereich schnuppert, registriert er das Geschlecht, den Gesundheitszustand, die Ernährung und auch die dominante oder unterlegene Stellung seines Artgenossen. Noch wichtiger für die Fortpflanzung der Gene ist, dass auf diese Weise auch die Paarungsbereitschaft bekannt gemacht wird.

Wer schon einmal eine läufige Hündin hatte, weiß genau, dass die Rüden der anderen Hundebesitzer besonders auf sie ansprechen. Wenn sie diesen Geruch aufgenommen haben, folgen sie ihm auch über große Entfernungen. Ebenso geben Rüden sich alle Mühe, die Spur zu verstecken und so ihre vermeintlichen Konkurrenten daran zu hindern, dem verführerischen Duft der läufigen Hündin zu folgen. Dazu setzen sie eine Urinmarke über die der Hündin. Mit diesem Verhalten schafft ein Rüde für seine Gene die besten Aussichten, in die nächste Generation übertragen zu werden.

Die meisten Informationen, für die ein Hund sich interessiert, liegen in den Ausscheidungen der Drüsen am Analbeutel und der benachbarten Talgdrüsen. Sie alle befinden sich am Hinterteil eines Hundes. Ein großer Teil der chemischen Information wird vom Vomeronasalorgan wahrgenommen und von dort ans Gehirn weitergeleitet.

Alle diese Geruchsorgane und Nervenbahnen tragen dazu bei, dass Hunde so empfindlich auf Gerüche reagieren und auf einzigartige Weise in der Lage sind, einen bestimmten Duft unter vielen anderen wahrzunehmen. Die Menschen entdeckten diese Fähigkeit schon frühzeitig und lernten, den Geruchssinn der Hunde zum eigenen Vorteil zu nutzen. Aber wo und wann nahm die besondere Partnerschaft zwischen Mensch und Hund ihren Anfang?

Und die Wölfe?

Wenn man einen Husky vor sich hat, glaubt man sofort, dass die Rasse vom Wolf abstammt. Aber ein moderner Pudel? Oder ein Chihuahua? Tatsächlich konnte man mit DNA-Analysen feststellen, dass alle Haushunde einen gemeinsamen Vorfahren haben: Alle sind zahme Nachkommen von Grauwölfen.[6] Rund um die Frage, warum sie domestiziert wurden, gibt es viele Spekulationen, aber offensichtlich keine eindeutige Antwort. Man weiß, dass Hunde als erste Tiere von Menschen gezähmt wurden; vielleicht boten sie Warnungen und Hilfe bei der Jagd im Austausch gegen Futter und Sicherheit, aber im Einzelnen ist der Übergang vom wilden Wolf zum zahmen Haushund schwer greifbar.

Möglicherweise war die Domestikation ein Zufall, der irgendwann geschehen musste und sich im Laufe der Zeit verselbständigte. Vielen Spekulationen nach folgten die

Wölfe vielleicht den Menschen, um deren Abfälle zu fressen. Fügsamere Tiere wären dann immer näher gekommen, wurden gefüttert und überlebten; sie gaben die Gene für Unterwürfigkeit an ihre Nachkommen weiter, und das Endergebnis waren die Haushunde, wie wir sie heute kennen. Auch die Frage, wann oder wo Wölfe im Einzelnen lernten, Menschen zu begleiten oder mit ihnen zu arbeiten, ist nicht geklärt. Es könnte vor 20000 Jahren geschehen sein – oder auch vor 40000 Jahren. Für Pudel und Labradoodle sorgte dann die selektive Züchtung.

Ganz gleich, wann diese unwahrscheinliche, langfristige Partnerschaft begann, ihre Wurzeln hat sie in einer Kombination aus unserer Sehfähigkeit und dem Geruchssinn der Wölfe.[7] Weitere Ursachen sind ihre Fähigkeit, soziale Andeutungen der Menschen zu verstehen – und ein wichtiges Hormon. Offensichtlich sind Hunde in der Lage, unseren eigenen Bindungsmechanismus in Form des Hormons Oxytocin zu nutzen, der Substanz, die enge emotionale Bindungen zwischen Mutter und Baby sowie andere Vertrauensverhältnisse auslöst. Nach heutiger Kenntnis wird es ausgeschüttet, wenn Menschen – insbesondere Mutter und Baby – einander ansehen. Einer Studie zufolge haben Hunde sich diesen Mechanismus zunutze gemacht, um eigene emotionale Bindungen und eine tiefere Anhänglichkeit an Menschen zu erzeugen.[8] Ihr bezaubernder Blick dürfte also einen tieferen Sinn haben.

Einer der ersten Bereiche, in denen die enge Bindung zwischen Wolf und Mensch an Bedeutung gewann, könnte die Jagd gewesen sein, und sie ist bis heute ein entscheidender Aspekt in unserer Partnerschaft mit den domestizierten Hunden.

Vom Einzelfall zur Wissenschaft

Aus meinen eigenen Arbeiten mit Hunden kenne ich einzelne Belege für ihre geradezu gespenstische Fähigkeit, sowohl gesunden als auch verletzten oder sterbenden Tieren nachzuspüren. Wenn sie die Spur eines Hirsches oder den Geruch von Blut aufgenommen haben, gehen sie in eine Richtung, kehren um, laufen im Kreis, halten schnuppernd ihre Nase in die Luft oder nah am Boden und lecken an Oberflächen, um die Quelle anzupeilen. Dass ein Hund eine Duftquelle umkreist, wird von der Forschung bestätigt, allerdings nicht vollkommen einheitlich.

Eine Studie an Haushunden legt beispielsweise die Vermutung nahe, dass Hunde nicht immer zuverlässig in der Lage sind, einer Spur in der richtigen Richtung zu folgen.[9] Die Fähigkeit hängt offenbar mit Alter, Charakter, Geschlecht und Rasse zusammen. Wer aber ist der beste Spürhund? Orientiert man sich an der Zahl der Geruchsrezeptoren, sagt das wahrscheinlich schon der Name: Es ist der bereits erwähnte Bluthund mit seinen 300 Millionen Rezeptoren.

Durch andere Versuche hat sich herausgestellt, dass Hunde tatsächlich einer Spur folgen können, insbesondere wenn sie professionell darauf trainiert wurden. Möglicherweise nehmen sie dabei aber auch Signale von ihrem Ausbilder auf, die ihnen zeigen, in welche Richtung sie sich auf den Weg machen sollen. In jedem Fall ist sicher, dass Hunde einen Duft in der Luft wahrnehmen und ihm folgen können. Sie nehmen dabei Duftmoleküle aus der Luft oder einen Geruch am Boden auf, sprechen aber auch auf Fußabdrücke und deren Nebenprodukte am verformten Erdboden oder eine Kombination aus beidem an – allgemein nennt man dies den Fährtengeruch. Wenn sie an der Quelle herumschnuppern, können sie feststellen, in welcher Richtung der Duft schwächer wird und deshalb nicht mehr interessant ist, während er sie da, wo er stärker wird, näher an die Quelle führt.[10]

Denken wir noch einmal an die unabhängig voneinander beweglichen Nasenöffnungen. Mit ihnen kann der Hund gleichzeitig in verschiedene Richtungen schnuppern, die unterschiedliche Stärke eines Geruchs verfolgen und eine frische Spur von einer alten unterscheiden. Spürhunde nehmen einen Geruch auch aus der Entfernung auf, möglicherweise sogar über mehr als eineinhalb Kilometer (insbesondere, wenn es um eine läufige Hündin geht).[11]

Unverzichtbare Helfer

Arbeitshunde sind in vielen Lebensbereichen zu unersetzlichen Helfern geworden, so bei den Sicherheitsbehörden, bei Militärmanövern, bei Such- und Rettungsaktionen, aber auch in medizinischen und biomedizinischen Anwendungsbereichen sowie zur emotionalen Unterstützung. Sie können sogar Pflanzenkrankheiten erschnuppern.

Ihre Fähigkeit, das Verfolgen einer Spur zu einem Ziel zu erlernen, ist erstaunlich gut und sorgt immer wieder für positive Nachrichtenmeldungen. Sie erzählen von Hunden, die einer über eine Woche alten Spur folgen können, Leichen im Wasser ausfindig machen oder winzigste Duftspuren von Erdbeben- oder Lawinenopfern aufnehmen. Dazu gehören auch Geschichten über Hunde, die winzige Mengen von Sprengstoff aufspüren, aber auch Feuerwaffen, Rauschgift und sogar Computer.

Deshalb ist es kein Wunder, dass sich zahlreiche Wissenschaftler darum bemühen, die Geruchsorgane von Hunden weiter zu analysieren und für uns nutzbar zu machen. Oder sie setzen Hunde noch stärker zur Verbesserung unserer eigenen Überlebensaussichten ein. Derzeit laufen viele biomedizinische Versuche: So stellt man beispielsweise die Frage, ob Hunde Krebstumore bei Menschen erkennen können, indem sie Biomarker, die mit bestimmten Krebsformen assoziiert sind, erschnuppern und erkennen, bevor sie mit anderen Mitteln nachzuweisen sind. Schon heute helfen Hunde vielen Patienten mit Diabetes oder Angststörungen, über ihr Leiden hinwegzukommen oder ihren Alltag besser zu bewältigen. Genauer werden wir uns mit diesem faszinierenden Thema in Kapitel 14 beschäftigen.

KAPITEL 4

Vögel können doch nicht riechen, oder?

Es gab einmal eine Zeit – sie ist noch nicht so lange her –, da hätten viele aus der Welt der Wissenschaft ein Kapitel über Vögel in einem Buch über den Geruchssinn abgelehnt oder sogar lächerlich gemacht. Man glaubte, Vögel seien anosmisch – sie könnten also nicht riechen. Allgemein herrschte die Ansicht, Vögel seien zum Überleben ausschließlich auf ihre visuellen und akustischen Fähigkeiten angewiesen.

Wer schon einmal in der Morgendämmerung vom Chor der Vögel geweckt wurde, hat keinen Zweifel daran, dass der Gesang für das Überleben und die Fortpflanzungsrate jedes Vogels von großer Bedeutung ist. Nichts ist so charakteristisch für den Frühlingsanfang wie der Gesang der Vögel. Und wer schon einmal – vielleicht auch nur auf YouTube – Zeuge geworden ist, wie ein Wanderfalke mit scharfem Blick seine Beute erspäht und aus großer Höhe mit hoher Geschwindigkeit darauf herabstößt, wird nie an der Bedeutung des Scharfblicks für Vögel zweifeln.

Eine naheliegende Bestätigung für das offensichtlich hervorragende Sehvermögen ist das bunte Gefieder vieler Vogelarten. Komplizierte Gesänge und eigenartige Tanzaufführungen bestätigen, wie wichtig die Kombination aus Anblick und Geräuschen für die Revierverteidigung und die Paarungsrituale ist. Dagegen hatte man lange Zeit Zweifel, ob Vögel auch den Geruch zum Überleben nutzen. Es schien einfach nicht in ihr multisensorisches Kommunikationssystem zu passen. Warum eigentlich nicht?

Die Schuld an diesem Unsinn kann man zu großen Teilen einem einzigen Mann zuschreiben: dem Künstler und angesehenen Ornithologen John James Audubon, der 1851 starb. Er behauptete in den 1820er Jahren, er habe den bombensicheren Beweis, dass Truthahngeier (*Cathartes aura*), die am weitesten verbreitete Geierart der Neuen Welt, keinerlei Geruchssinn besitzen. Audubon hatte mit Geiern in ihrem bevorzugten Fressrevier eine Art Versteckspiel mit toten Schweinen gespielt und dabei herausgefunden, dass die Vögel tote Tiere nicht fanden, wenn sie in dichtem Gebüsch ihren Blicken entzogen waren. Es gelang ihnen regelmäßig nicht, auf die verborgenen Leckerbissen zuzugreifen. Dagegen stießen sie stets herab, wenn die toten Tiere ungehindert dalagen. Deshalb erschien Audubon die Schlussfolgerung plausibel, dass die Geier sich ausschließlich nach Sicht orientierten.

Audubons Behauptung war schon damals umstritten. Bevor seine Befunde veröffentlicht wurden, war man allgemein der Ansicht gewesen, Geier seien Aasverwerter, die durch den hässlichen Geruch des Todes und verwesender Leichen angelockt werden. Andere Wissenschaftler stellten nahezu sofort Audubons Schlussfolgerungen in Frage und machten sich mit eigenen Versuchen an die Arbeit, um das Gegenteil zu beweisen. In einem kreativen Experiment wurde ein Ölgemälde eines toten Schafes, in dem das Blut leuchtend rot gemalt war, für Geier gut sichtbar aufgestellt. Daraufhin bot sich ein recht komischer

Anblick: Die Vögel waren ganz versessen auf das Bild und pickten immer wieder darauf ein, bis sie müde wurden. Selbst wenn in der Nähe Aas versteckt war, steuerten die Vögel geradewegs das Gemälde an – anscheinend ließen sie sich also nicht vom Geruch, sondern von dem Anblick leiten.

Die Experimente wurden von John Bachmann organisiert, einem lutherischen Geistlichen und Naturforscher, der in Charleston in den Vereinigten Staaten wohnte. Sie schienen Audubons Befunde zu bestätigen.[1] Zusammengenommen überzeugten sie die Wissenschaftlergemeinde davon, dass Vögel keinen Geruchssinn haben und sich bei der Nahrungssuche ausschließlich von visuellen Anhaltspunkten leiten lassen. Die Folge war ein Mangel an Studien zum Geruchssinn der Vögel. Über ein Jahrhundert musste vergehen, bevor andere Ornithologen Audubons Schlussfolgerungen erneut in Frage stellten und sich wieder mit der Riechfähigkeit der Vögel beschäftigten.

Eine Theorie, die alles veränderte

Zu den Ersten, die ernsthafte Zweifel an Audubons Experimenten hatten, gehörte die Ornithologin Betsy Bang von der US-amerikanischen Johns Hopkins University. Ihre Pionierarbeiten begannen in den 1960er Jahren und bedeuteten für das Fachgebiet eine Umwälzung. Sie vermaß den Riechkolben im Gehirn von über 100 Vogelarten, darunter auch den der Truthahngeier. Audubon wäre peinlich berührt gewesen, wenn er erfahren hätte, dass die Vögel ein großes, gut entwickeltes Riechhirn besitzen. Darin, so Bangs Schlussfolgerung, musste sich die Tatsache widerspiegeln, dass der Geruch in ihrer Welt eine wichtige Rolle spielt. Aber es sollte noch 20 Jahre dauern, bevor ein anderer Experte mit stichhaltigen Belegen nachweisen konnte, dass Truthahngeier ihre Mahlzeiten tatsächlich riechen können.

Den ersten und vielleicht besten Beleg, dass Audubon und die anderen Wissenschaftler sich eines schrecklichen Versäumnisses schuldig gemacht hatten, lieferte der Ornithologe David Houston.[2] In seinen Experimenten, die er in den 1980er Jahren auf der Insel Barro Colorado in Panama ausführte, legte Houston tote Hühner entweder versteckt oder gut sichtbar in Bereichen aus, in denen die Truthahngeier bekanntermaßen nach Aas suchten. Dabei fanden die Vögel die verborgenen Leckerbissen sogar im dichten Wald, aber sie wurden offensichtlich nur von Kadavern angelockt, bei denen die Verwesung gerade eingesetzt hatte. Es gab ein ideales Maß der Verwesung, das für sie am reizvollsten war: nicht allzu frisch und nicht allzu verfault, im Idealfall ungefähr einen Tag alt.

Truthahngeier bevorzugen tatsächlich tote Tiere als Nahrung, aber, so Houstons Erkenntnis, die Kadaver müssen frisch sein. In Audubons Experimenten stanken die Schweine anscheinend bereits zu sehr. Die Geier hatten mitbekommen, dass das Aas sein Haltbarkeitsdatum entschieden überschritten hatte, und ließen es links liegen. Was Audubon für Anosmie gehalten hatte, war in Wirklichkeit nur der Beweis, dass die Raubvögel mit ihrer Nahrung wählerisch sind und sich von ihrem scharfen Geruchssinn zu den schmackhaftesten Brocken leiten lassen.

Mittlerweile konnte man mit höher entwickelten Gerätschaften und fachkundigem Sezieren nachweisen, dass Truthahngeier auf Gerüche sogar empfindlicher reagieren als andere Geierarten. Sie haben eine geräumige Nasenhöhle, und ihr Riechkolben ist ungefähr viermal so groß wie die entsprechende Struktur zum Beispiel beim Rabengeier (*Coragyps atratus*). Er enthält auch doppelt so viele Mitralzellen, die Geruchsinformationen zum Gehirn weiterleiten, und das, obwohl sein Gehirn um 20 Prozent kleiner ist als das des Rabengeiers.[3] Insgesamt ist so dafür gesorgt, dass der Truthahngeier einen überlegenen Geruchssinn hat und flüchtige, von Kadavern ausgehende Geruchsstoffe besser wahrnimmt. Damit ist allerdings noch nicht erklärt, warum er sich entschließt, ein Gemälde eines toten Schafes anzugreifen …

Ein Geier der Meere?

Draußen auf dem Meer gibt eine andere Vogelart sich viel Mühe mit der Nahrungssuche. Der Albatros ist für den Ozean gebaut und gibt eher zur Bewunderung Anlass als zur Abscheu. Mit einer durchschnittlichen Flügelspannweite von über drei Metern kann er über den Ozeanen unglaubliche Entfernungen im Gleitflug zurücklegen und jahrelang in der Luft bleiben, ohne jemals an Land zu gehen. Die Flügel sind aber nicht das einzige Merkmal, durch das sich der Albatros von anderen Vögeln unterscheidet. Ganz ähnlich wie der an Land lebende Truthahngeier verfügt er über einen gut entwickelten Geruchssinn.

Die Albatrosse sind eine von vier Familien der Röhrennasen oder *Procellariiformes* (die drei anderen sind die Sturmvögel und zwei Gruppen der Sturmschwalben). Was die Riechfähigkeit angeht, zählt Betsy Bang diese Ultralangstreckenflieger zu den zwölf Besten ihrer Art. Ihre Nasenöffnungen ragen oben am Schnabel auf beiden Seiten ein wenig heraus und sind einer von mehreren Gründen für den scharfen Geruchssinn. Ein weiterer ist der große Riechkolben. Aber woher wissen wir eigentlich, dass Albatrosse den Fischern auf dem Meer mit der Nase folgen und nicht einfach dem Schiff hinterherfliegen?

Diese Erkenntnis verdanken wir insbesondere einer einflussreichen Wissenschaftlerin: der US-Amerikanerin Gabrielle Nevitt, einer Expertin für Sinnesökologie und den Geruchssinn der Vögel. Sie leitete in den 1990er Jahren mehrere Studien zum Geruchssinn der Albatrosse. Durch einen zunächst unglückseligen Unfall an Bord eines Expeditionsschiffes kam es zu einer glücklichen Begegnung mit einem Wissenschaftler auf einem anderen Schiff und schließlich zu ihren bahnbrechenden Experimenten auf dem Meer.[4] Der Wissenschaftler, auf den sie stieß, erforschte das Dimethylsulfid (DMS). Dieses Gas wird vom Phytoplankton abgegeben, den mikroskopisch kleinen Pflanzen, die unmittelbar unter der Meeresoberfläche leben.

Nevitt wusste, dass Krillkrebse sich von Phytoplankton ernähren, und während sie fressen, wird DMS in die Atmosphäre abgegeben. Außerdem wusste sie, dass Albatrosse eine Vorliebe für Krill haben. Also zählte sie zwei und zwei zusammen: Sie wollte wissen, ob das Gas den Seevogel zu seiner Nahrung lockt. Nachdem sie die Gelegenheit bekam, ihre Hypothese zu überprüfen, konnte sie nachweisen, dass ein Albatros im Flug umkehrt, wenn man hinter ihm über dem Ozean DMS freisetzt; mit anderen Substanzen, die sie zur Kontrolle einsetzte, geschah das nicht. Offensichtlich hilft DMS den Albatrossen, Futter zu finden.

Wenn der scharfe Geruchssinn diesen Seevögeln bei der Nahrungssuche hilft, stellt sich die Frage: Könnte er auch der Grund sein, warum Zugvögel den Heimweg finden? Dass eine Duftfahne über dem Meer zuverlässige Richtungsinformationen liefert, kann man sich bei den Verhältnissen auf hoher See kaum vorstellen – der Wind frischt immer wieder auf und verändert seine Richtung, das Meer ist aufgewühlt, Unwetter toben. Aber wie sonst kann ein Seevogel über einem gesichtslosen, eintönigen Ozean seine Richtung finden? Dass es auf dem Meer keine Landmarken gibt, liegt auf der Hand.

Ist die Landkarte, die diese Vögel besitzen, tatsächlich ganz anders als jene, die wir im Allgemeinen im Kopf haben? Könnten die Vögel eine Landkarte der Gerüche abspeichern, die ihnen sagt, wo sie waren und wohin sie von ihrem Nest aus fliegen müssen, ganz ähnlich wie es die Lachse im Wasser tun (siehe Kapitel 5)? Welche anderen

Navigationshilfsmittel würden unter solchen Bedingungen funktionieren? Dieses Rätsel hat die Wissenschaft bis heute nicht vollständig gelöst.

Navigationshilfsmittel

Könnte das Erdmagnetfeld die Antwort sein? Manche Vögel entscheiden tatsächlich anhand magnetischer Anhaltspunkte, welche Richtung sie einschlagen sollen, in Studien hat sich aber gezeigt, dass die Röhrennasen sich nicht oder zumindest nicht ausschließlich auf solche Informationen verlassen. Stört man ihren Magnetsinn (zum Beispiel indem man oben auf dem Kopf des Vogels eine magnetische Vorrichtung anbringt), findet der Albatros seinen Heimweg immer noch, und das auch ohne visuelle Anhaltspunkte, Landmarken oder Hinweise vom Sternenhimmel.[5] Das Magnetfeld allein kann also nicht die Antwort sein.

Also beschäftigten sich Wissenschaftler wieder mit der Theorie, der Geruch könne für die Navigation eine größere Rolle spielen und dafür sorgen, dass der Albatros nach Hause findet. In Studien mit Sturmvögeln, die wie die Albatrosse zu den Röhrennasen gehören, fanden Vögel, die man an andere Orte gebracht hatte, den Heimweg am besten, wenn der Geruchssinn intakt war.[6] Möglicherweise erinnern sie sich an Gerüche als eine Art Wegweiser, und dann machen sie sich in Richtung des Geruchs auf den Weg, an den sie sich erinnern. Solche Vögel folgen aber nicht einfach einem Geruch, sondern sie müssen wissen, wo sie sind und wohin sie sich im Flug von den Gerüchen und den unterschiedlich intensiven Duftfahnen leiten lassen.

In ersten Experimenten wurde die Sinneswahrnehmung – oftmals vorübergehend – in irgendeiner Form unterdrückt. In weniger invasiven Forschungsarbeiten nutzte man mathematische Analysen der Flugwege von Sturmvögeln; die Befunde legten die Vermutung nahe, dass die Vögel sich bei der Navigation tatsächlich auf olfaktorische Anhaltspunkte verlassen und so den Rückweg zu ihren Nistplätzen finden.[7]

Als Ausgleich für die fehlenden Landmarken können diese Vögel auf ihren Flügen über dem Ozean eine olfaktorische Meereslandschaft aufbauen, die sie in die Lage versetzt, den unregelmäßigen Duftfahnen ihrer nächsten Mahlzeit zu folgen. Oder aber zurück zum Nistplatz zu fliegen. Andere Forschungsarbeiten fanden an Nistplätzen statt und zeigen offenbar, dass Albatrosse auf multimodale Sinnesmechanismen mit Sehen und Riechen angewiesen sind, um zu überleben.[8] Zwar spricht vieles dafür, dass sie ihre Nahrung anhand des Geruchs finden, offensichtlich gibt es bisher aber keinen schlüssigen Beweis, dass Zugvögel auch den Heimweg ausschließlich mit Hilfe des Geruchssinns finden.

Überzeugende Untersuchungen gibt es aber vielleicht von Tauben.

Die ursprünglichen Standvögel

Wer nicht gern aus dem Haus geht, wird als »Standvogel« bezeichnet. Der englische Begriff *home bird* geht nach Angaben des Collins-Onlinewörterbuches darauf zurück, dass Brieftauben (engl. *homing pigeons*) gern in ihrer Heimat bleiben und auch über eine bemerkenswerte natürliche Fähigkeit verfügen, den Weg nach Hause über große Entfernungen zu finden. Brieftauben finden nach Hause, aber sie sind keine Zugvögel. Die Zugvögel dagegen können nur überleben, wenn sie von ihrem Winterquartier für die Paarungssaison zu ihren bevorzugten Nistplätzen wandern. Brieftauben werden von uns Menschen eher dazu gezwungen, zu unserem eigenen Nutzen große Entfernungen zurückzulegen.

In manchen Fällen nutzen wir ihren eigenartigen Instinkt, mit dem sie nach Hause finden, ausschließlich zu unserem Vergnügen. In Großbritannien und in geringerem Ausmaß auch in Deutschland sind Brieftaubenwettbewerbe ein ernsthafter Sport, der allerdings bei weitem nicht mehr so populär ist wie bei der Arbeiterklasse nach dem Zweiten Weltkrieg. Die Zeitschriften *Racing Pigeon*, die erstmals 1898 in Großbritannien erschien, und die bereits seit 1883 in Deutschland erscheinende *Die Brieftaube* sind heute noch im Druck. Auch Königin Elizabeth II. war offensichtlich lange Zeit eine Brieftaubenliebhaberin.

Bevor wir uns die Forschungsergebnisse ansehen, lohnt es sich, die vielfältigen Rollen der Taube in unserer Gesellschaft zu betrachten. In den meisten Städten gelten Tauben als Belästigung oder Ungeziefer, als »Ratten der Lüfte«. Jonathan Noel wird von einer einzigen Taube in eine existenzielle Krise gestürzt, weil sie sich eines Tages vor seiner Zimmertür herumtreibt. (Zugegeben: Noel ist nur eine Gestalt in der Novelle *Die Taube* des Schriftstellers Patrick Süskind, aber es ist ein faszinierender Blick auf den Einfluss eines solchen Vogels.) Auch wenn sie in der Luft allgegenwärtig scheinen, freiwillig fliegen sie anscheinend selbst unter den unangenehmsten Umständen nie sehr weit. Während des Großen Brandes in London im Jahr 1666 beobachtete Samuel Pepys: »Die armen Tauben … waren unwillig, ihre Häuser zu verlassen.« Menschen und andere Tiere dagegen ergriffen um sie herum die Flucht.[9]

Aber Tauben sind intelligent. Zunächst einmal gehören sie (zusammen mit Menschenaffen und Elefanten) zu den wenigen, die den Spiegelselbsterkennungstest bestehen. Nimmt man zu dieser Intelligenz noch den Instinkt hinzu, nach Hause zu finden, werden sie zu sehr nützlichen Tieren.

Tauben werden schon spätestens seit der Zeit des Römischen Reiches zur Übermittlung von Nachrichten zwischen verschiedenen Orten benutzt. Die Nachrichtenagentur Reuters nahm in den 1850er Jahren einen Service in Betrieb, bei dem Aktienkurse von Brieftauben zwischen Aachen und Brüssel übermittelt wurden.[10] Im Ersten und Zweiten Weltkrieg wurden die Vögel genutzt, um Nachrichten hinter die Linien des Feindes zu transportieren und Piloten, deren Flugzeuge über feindlichem Territorium abgeschossen worden waren, teilten mit ihrer Hilfe ihren Aufenthaltsort mit. Falls der Pilot überlebt hatte, konnte er Nachrichten über seine Position an der Taube befestigen und den Vogel freilassen. Dabei konnte er sicher sein, dass sie gute Chancen hatte, ihren Taubenschlag in dem heimatlichen Militärstützpunkt zu erreichen. Über weitere faszinierende Details aus dem Zweiten Weltkrieg berichtet Gordon Corera in seinem Buch *Operation Columba – The Secret Pigeon Service. The Untold Story of World War II Resistance in Europe.*[11]

Beim Militär wusste man, dass Brieftauben – Felsentauben der Spezies *Columba livia* – sich am Himmel gut zurechtfinden, allerdings wusste man nicht, wie sie es bewerkstelligen. Das herauszufinden überließ man den Wissenschaftlern. Eine wichtige Frage bei der Erforschung von Tauben war: Was gehört zum Werkzeugarsenal dieser Vögel? Offensichtlich gehört der Geruch dazu.

Unsere Kenntnisse über die Fähigkeit der Tauben, den Geruch zu Orientierungszwecken zu nutzen, haben ihren Ausgangspunkt zu einem großen Teil in Italien. Floriano Papi, ein Wissenschaftler an der Scuola Normale Superiore in Pisa, war ganz allgemein von der Orientierungsfähigkeit der Tiere fasziniert, vor allem aber vom Richtungssinn der Brieftauben. Er formulierte die »olfaktorische Navigationshypothese«, wonach die Tauben sich auf dem Heimweg an Gerüchen orientieren.

Bevor Papi seine Hypothese aufstellte, hatten andere Wissenschaftler sich auf die Frage konzentriert, wie die Vögel das Erdmagnetfeld, den Sternenhimmel oder die

Sonne nutzen, um die Himmelsrichtung festzustellen.[12] Den Geruchssinn der Vögel erforschte man nur selten, auch das war eine Folge von Audubons überzeugenden Berichten.

Papi stellte mit Tauben eine Reihe raffinierter Experimente an. In mehreren Fällen durchtrennte er dabei die Geruchsnerven, um den scharfen Geruchssinn der Vögel zu zerstören. Die Tauben, die ihrer olfaktorischen Fähigkeiten beraubt waren, fanden den Weg nach Hause entweder überhaupt nicht mehr, oder sie brauchten länger als Vögel, deren Nerven noch intakt waren. Dabei beließ Papi es aber nicht: Im weiteren Verlauf überprüfte er mit einer Reihe scharfsinniger Experimente, wo die Grenzen des Geruchssinns und der Orientierungsfähigkeit der Tauben liegen.

Seine Forschungsarbeiten zeigten immer wieder, dass die Tauben in großem Umfang auf ihren Geruchssinn angewiesen sind, um nach Hause zu finden. Er glaubte, die Vögel würden an ihrem Taubenschlag eine olfaktorische Landkarte konstruieren, in der sie die Gerüche, die der Wind aus der Umwelt herantrug, mit ihrer Herkunftsrichtung in Verbindung brachten. Demnach konnten die Tauben mit Hilfe solcher Karten den Heimweg finden, wenn man sie freiließ. Aber obwohl Papis Experimente umfangreich und breit angelegt waren, hatten manche Wissenschaftler immer noch Zweifel, ob der Geruch die beherrschende Kraft ist, mit der Tauben sich im Flug orientieren.[13] Vielleicht waren die Vögel ja auch nur durch die vielen invasiven Manipulationen und chirurgischen Eingriffe traumatisiert.

Seither standen den Wissenschaftlern durch moderne Technologie und weniger invasive Methoden neue Möglichkeiten zur Verfügung, die Sinneswahrnehmung der Tauben noch weitergehend und zuverlässiger zu erforschen. Mit GPS / GMS-Sendern kann man heute die Flugwege von Vögeln genauer verfolgen, und wenn man die Tauben mit Zinksulfat behandelt, verlieren sie den Geruchssinn nur vorübergehend – was definitiv humaner ist.

In einer Studie konnte man mit solchen technischen Mitteln und Methoden einen Vergleich zwischen drei Taubengruppen anstellen. Bei der ersten waren alle Sinnesorgane während des gesamten Experiments intakt, bei der zweiten wurde der Geruchssinn unmittelbar vor der Freilassung ausgeschaltet, so dass sie während der gesamten Reise zum Abflugort noch riechen konnten, bei einer dritten wurde der Geruchssinn schon betäubt, bevor man sie an die gleiche Stelle transportierte wie die anderen Vögel und dort ebenfalls freiließ.

Ganz ähnlich wie in den Studien mit den Sturmvögeln stellte sich heraus, dass die dritte Gruppe, die schon vor dem Transport nichts mehr riechen konnte, beim Heimflug am schlechtesten abschnitt. Die Vögel fanden zwar den Rückweg, waren aber zu Beginn offensichtlich orientierungsloser und machten sich zunächst in der falschen Richtung auf den Weg. Außerdem brauchten sie auf dem Rückflug mehr Pausen, möglicherweise um sich zu orientieren. Insgesamt dauerte die Heimreise länger und war mit mehr Umwegen verbunden. Diese Studie liefert einen eindeutigen Beleg dafür, dass Tauben den Heimweg besser finden, wenn sie Gerüche aus der Umwelt sowohl im heimatlichen Taubenschlag als auch unterwegs wahrnehmen können.[14] Damit will ich nicht sagen, dass es ihr einziges Hilfsmittel wäre, aber sie nutzen es in jedem Fall.

Um Nahrung und den Heimweg zu finden, nutzen Vögel also ihren Geruchssinn. Wie sieht es bei der Partnersuche aus?

Paarungssaison

Die richtige Partnerwahl bestimmt über den Fortpflanzungserfolg eines Individuums. In der Evolution mancher Vogelarten hat sich die Monogamie entwickelt; insbesondere geschah das in Regionen, in denen die Eltern große Entfernungen zurücklegen müssen (mit »groß« meine ich Tausende von Kilometern in Wochen oder Monaten), um Nahrung zu finden, während der andere Partner zu Hause bei den Jungen bleibt oder brütet. Eine solche Spezies sind die Pinguine. Sie sind monomorph (beide Geschlechter sind sich in Größe und Aussehen sehr ähnlich), monogam und leben in riesigen Kolonien mit Tausenden von gleich aussehenden Artgenossen zusammen. Wie wählen sie unter diesen Bedingungen einen Partner, und wie finden sie auch nur den Rückweg zum richtigen Partner und den eigenen Jungen?

Um den eigenen Partner in der Kolonie wiederzufinden, bedienen sich die Pinguine mit Sicherheit akustischer Anhaltspunkte, denn visuelle Eindrücke sind in der Masse nicht sonderlich hilfreich. Das wissen wir aus einer Reihe von Forschungsarbeiten, insbesondere von Thierry Aubin, einem Spezialisten für stimmliche Kommunikationsprozesse von Tieren in lautstarker Umgebung[15], der als leitender Wissenschaftler am französischen Centre national de la recherche scientifique (CNRS) tätig ist. Aber anscheinend spielt auch der Geruchssinn eine Rolle.

In einer Studie mit Humboldt-Pinguinen aus dem Brookfield Zoo in Chicago zeigte sich, dass diese Vögel ihre Verwandten mit einem Geruchstest identifizieren; vermutlich wenden sie diese Methode an, um Inzucht zu vermeiden und auch um ihre Nistpartner in der Kolonie ausfindig zu machen. In der Studie zeichneten Wissenschaftler das Verhalten der Pinguine auf, nachdem man sie mit Geruchsstoffen aus den Bürzeldrüsen anderer Vögel aus ihrer Kolonie in Kontakt gebracht hatte. Die Zooleitung wusste, welche Vögel miteinander verwandt waren, so dass man der Frage nachgehen konnte, ob die Verwandtschaftsverhältnisse bei den Pinguinen über unterschiedliche Reaktionen auf den Geruch bestimmen.

In der Studie stellte sich etwas Interessantes heraus: Pinguine, die Partner hatten, trieben sich länger an der Stelle herum, an der sie den Geruch des Partners oder einen ähnlichen Duft wahrnahmen. Bei einem unbekannten Duft taten sie das nicht. Pinguine ohne Partner dagegen hielten sich länger in der Nähe auf, wenn ihnen der Geruch unbekannt war, das heißt, wenn er nicht von einem nahen Verwandten oder aus der eigenen Familie stammte. Dieses Verhalten legt die Vermutung nahe, dass die Vögel sich für Gerüche interessierten, die zu einem geeigneten Partner führen konnten, aber nicht für solche, die einen engen Vetter signalisierten.[16]

Erkennung von Verwandten

Pinguine sind nicht die Einzigen, die offensichtlich den Geruch als Anhaltspunkt nutzen, um Inzucht zu vermeiden und Verwandte zu erkennen. Wie sich in Studien gezeigt hat, sind anscheinend auch Zebrafinken – kleine Singvögel, die bekanntermaßen durch erlernte Stimmäußerungen kommunizieren – in der Lage, ihre Verwandten am Geruch zu erkennen. Eingehend erforscht wurde das Phänomen von Barbara Caspers, Professorin für Verhaltensökologie an der Universität Bielefeld und Expertin in diesem Fachgebiet. Die Ergebnisse einer ihrer Studien legen die Vermutung nahe, dass Zebrafinken ihre Verwandten allein am Geruch erkennen.[17]

In den Experimenten wurden junge Finken unmittelbar nach dem Schlüpfen in eine andere Brut gesetzt, und nach 20 bis 23 Tagen sollten sie zwischen zwei Duftproben unterscheiden. Die eine stammte von den biologischen Eltern, die andere von der »Ersatzfamilie«. Die jungen Zebrafinken entschieden sich stets für die eigenen Gene und gegen ihre aktuelle Umwelt. Nach Ansicht des Wissenschaftlerteams deutet dies darauf hin, dass die Singvögel solche chemischen Anhaltspunkte nutzen, um Inzucht zu vermeiden – und um ihre Verwandten zu erkennen.

Eine neuere Studie legt die Vermutung nahe, dass der Duft der Eltern den Zebrafinken schon in den ersten Stadien der Embryonalentwicklung eingeprägt wird.[18] Selbst wenn die Eier Ersatzeltern untergeschoben wurden, so dass die Jungvögel im Augenblick des Schlüpfens keinen Kontakt mit ihren biologischen Eltern hatten, erkannten sie den elterlichen Duft (insbesondere den der Mutter) im Unterschied zu dem der Ersatzfamilie und bevorzugten ihn. Die Wissenschaftler vertreten deshalb die Ansicht, der charakteristische Geruch werde während der Embryonalentwicklung aufgenommen, wenn der elterliche Duft die poröse Eierschale durchdringen und die Jungvögel prägen kann. Dabei scheint der Duft der Mutter eine besonders starke Wirkung zu haben.

Es gibt aber noch eine andere Möglichkeit, die von den Wissenschaftlern zwar ebenfalls in Betracht gezogen, aber nicht eingehend untersucht wurde. Die Ausscheidungen der Bürzeldrüse bestimmen auch mit darüber, welcher Duft im Nest während des Schlüpfens aufgenommen wird; auch dies könnte bei der Erkennung von Verwandten eine Rolle spielen.

Putz- und Paarungsrituale

Dass Vögel sich das Gefieder putzen, damit sie besser fliegen können, ist gut dokumentiert. Die Putz- oder Bürzeldrüse, wie sie offiziell genannt wird, liegt in der Nähe des Schwanzes und gibt ein öliges Sekret ab, mit dem der

Vogel sein Gefieder reinigt und wasserabweisend macht. Sie ist sozusagen für den Vogel die einzige persönliche, private und scheinbar unbegrenzte Quelle für Haarpomade. Heute weiß man, dass das Bürzelöl bei vielen Vogelarten eine ganz bestimmte Geruchsmischung enthält. Dieser Duft dürfte vom Mikrobiom des Vogels beeinflusst werden – von den Pilzen und Bakterien, die auf ihm leben.

Forschungsarbeiten an Winterammern, einer in Nordamerika weitverbreiteten Art von Singvögeln, legen die Vermutung nahe, dass Mikroorganismen, die auf den Bürzeldrüsen der Vögel leben, entscheidend an der Produktion der persönlichen Duftmoleküle des einzelnen Vogels beteiligt sind. Nach den Befunden der Wissenschaftler beeinflusst das Mikrobiom des Vogels sowohl den Geruch als auch das Verhalten, das er bei anderen Vögeln auslöst.[19]

In der Studie entnahm man zuerst Bakterienproben von der Bürzeldrüse, und dann wurde ein Antibiotikum in die Drüsen gespritzt. Im Vorher-nachher-Vergleich des so produzierten Bürzelöls wurde klar, dass der Geruch sich nach der Antibiotikabehandlung verändert hatte und dass diese Veränderung auf die fehlenden Bakterien zurückzuführen war. Der fehlende Bestandteil hatte offenbar Einfluss auf den Fortpflanzungserfolg der Singvögel. Man weiß, dass Winterammern sich aufgrund ihrer Evolution ausschließlich mit Vögeln paaren, die in der gleichen Region zu Hause sind. Singvögel, die in einem städtischen Umfeld leben, paaren sich nicht mehr mit solchen derselben Spezies, die im Wald wohnen. Möglicherweise, so die Vermutung der Wissenschaftler, wird die Entscheidung auf der Grundlage des Duftes getroffen: Die Stadtvögel mögen offenbar den Duft ihrer Vettern vom Lande nicht.

In manchen Fällen lockt süßer Mandarinenduft die richtige Partnerin an. Der Schopfalk (*Aethia cristatella*) sieht aus wie ein fröhlicher kleiner Punkpinguin mit leuchtend orangefarbenem Schnabel und einem schwarzen Federschopf oben auf seinem winzigen Kopf. Er gehört aber zur Gruppe der Alkenvögel (*Alcidae*). Diese Vögel leben auf abgelegenen Felseninseln im Nordpazifik, bilden wie die Pinguine große, lautstarke, stinkende Kolonien und legen auf der Nahrungssuche riesige Entfernungen über dem Meer zurück. In einem ganz besonderen Aspekt unterscheiden sie sich aber von den Pinguinen. Während der Paarungssaison geben sie einen zitrusartigen Mandarinenduft ab.

Man konnte auf dem Körper der kleinen Alke genau den Bereich abgrenzen, von dem der Zitrusduft ausgeht: Er entstammt einem Abschnitt mit besonderen »Dochtfedern« auf der Halsrückseite. Dieses Areal liebkosen die Vögel beim Paarungsritual, ein Vorgang, den Wissenschaftler als »Halskrausenschnuppern« bezeichnet haben.[20] Der Duft, der dort offenbar freigesetzt wird, enthält Aldehyde als beherrschenden Bestandteil und bringt noch einen zusätzlichen Nutzen mit sich.

Der Geruch erfüllt wahrscheinlich auch die Funktion eines Insektenabwehrmittels, was in einem Revier, in dem es von Zecken und Parasiten wimmelt, wichtig sein dürfte. Partner, die den stärksten Duft abgeben, sind möglicherweise am gesündesten und deshalb für potenzielle Partnerinnen attraktiv. Solche stark duftenden Männchen sind wahrscheinlich zeckenfrei und bieten der Partnerin mehr Schutz vor den Insekten, weil sie einerseits die Substanz während des Paarungsrituals weitergeben und andererseits keine Parasiten ins Nest einschleppen. Bei Experimenten wurden Vogelattrappen mit einem stark duftenden synthetischen Aldehydgemisch ausgestattet – damit konnte man nachweisen, dass die kleinen Alke von den am stärksten riechenden Attrappen auch am stärksten angezogen wurden, womit wieder einmal der alte Glaube widerlegt war, Vögel könnten nicht riechen.

Es liegt in den Genen

Während viele Wissenschaftler den Blick eher auf die Oberfläche des Geruchssinns von Vögeln richteten, wählte Silke Steiger vom Max-Planck-Institut für Ornithologie (MPIO) einen ganz anderen Ansatz. Ihre Forschungsarbeiten konzentrierten sich auf die Gene für die Geruchsrezeptoren (olfaktorische Rezeptoren, OR) der Vögel.[21] Die Zahl solcher Gene in einem Genom ist höchstwahrscheinlich ein Hinweis darauf, wie viele verschiedene Düfte ein Tier wahrnehmen oder unterscheiden kann. Zumindest erlaubt sie eine sehr gute erste Schätzung.

Die Wissenschaftler des MPIO verglichen die OR-Gene von neun Vogelarten und stellten dabei fest, dass die Gene für die Geruchsrezeptoren in ihrer Mehrzahl wahrscheinlich funktionsfähig waren; was ihre Anzahl angeht, gibt es aber bei den Arten beträchtliche Unterschiede. Die höchste Zahl an OR-Genen stand interessanterweise im Zusammenhang mit der relativen Größe des Riechkolbens im Gehirn. Der Kiwi zum Beispiel, der im Verhältnis zur Körpergröße den zweitgrößten Riechkolben aller Vögel hat, besitzt auch eine große Zahl von OR-Genen. Das ist angesichts der Lebensweise und des Reviers dieser Vögel nicht verwunderlich. Nach Ansicht der Fachleute könnte ein solches ökologisches Umfeld das Repertoire der OR-Gene auf ganz ähnliche Weise geprägt haben, wie es auch während der Evolution der Säugetiere geschehen ist.

Die nachtaktiven, am Boden lebenden Vögel tragen die Nasenöffnungen an der Spitze des langen Schnabels. Das ist unverzichtbar, wenn sie am Boden unter dem Sternenhimmel nach Nahrung suchen. Angesichts ihres sehr kleinen Gesichtsfeldes – es ist eines der kleinsten, die jemals bei Vögeln gemessen wurden – scheint es nur logisch, dass der Geruchssinn sich in der Evolution entwickelt hat, um diesen Mangel auszugleichen. Wenn Kiwis nachts im Waldboden nach Regenwürmern, Insektenlarven und anderen wirbellosen Tieren stochern, die um diese Zeit an die Oberfläche kommen, deutet ihr lautstarkes Schniefen und Schnüffeln darauf hin, dass sie sich nicht vom Sehsinn, sondern vom Geruch leiten lassen. Außerdem ist der Schnabel auch sehr berührungsempfindlich. Sie schwenken ihn gern wie einen Zauberstab durch die Luft und atmen dabei lautstark ein.

Geier und ihr Nutzen für uns

Kiwis, Alke, Zebrafinken, Winterammern, Pinguine, Tauben – sie alle sind der lebende Beweis, dass Audubons Behauptung, Vögel könnten nicht riechen, falsch war. Aber was hat das mit uns Menschen zu tun?

Betrachten wir noch einmal die Geier. Man könnte meinen, sie seien für uns Menschen eine Art Randprogramm, in Wirklichkeit erfüllen sie aber auf unserem Planeten eine wichtige, zentrale ökologische Funktion. Als Aasverwerter tragen sie mit ihren (für Menschen) abstoßenden Gewohnheiten dazu bei, die Ausbreitung von Insekten und Krankheitserregern auf andere Tiere zu verhindern, und das wiederum vermindert letztlich die Wahrscheinlichkeit, dass Menschen sich unangenehme Krankheiten zuziehen. Die Übertragung von Krankheitserregern ist bei den aasfressenden Geiern zu Ende – sie jagen keine lebenden Beutetiere, sondern ernähren sich ausschließlich von Kadavern. Wenn Geier in ihrem gewöhnlichen Revier fehlen, können Erreger und Krankheiten offensichtlich ungehinderter zirkulieren. In Indien beispielsweise führte ein massiver Rückgang von Geiern der Gattung *Gyps* in den 1990er Jahren zu einer zunehmenden Übertragung der Tollwut auf Menschen. Wie hängt beides zusammen?

Zunächst einmal ist das Wort »massiv« keine Übertreibung: Der Geierbestand sank um 90 Prozent. Wie man feststellen konnte, ist der nichtsteroidale, entzündungshemmende Arzneiwirkstoff Diclofenac, der zunehmend bei Nutztieren eingesetzt wurde, für die Geier auf dem indischen Subkontinent tödlich.[22] Wenn Geier tote Rinder fraßen, die man mit dem Medikament behandelt hatte, starben sie, da ihre Nieren nicht mehr richtig funktionierten. Als die Geier auszusterben drohten, blieben immer mehr tote Tiere liegen, verwesten und verseuchten das Trinkwasser. Für die Aasverwertung sorgten nun verwilderte Hunde, so dass deren Zahl zunahm, aber Hunde können die Kadaver nicht effizient beseitigen. Geier picken ein totes Tier bis auf das Skelett ab, die Hunde dagegen ließen saftige Stücke zurück und mit ihnen auch eine Menge Mikroorganismen, was sich negativ auf die Umwelt auswirkte. Außerdem zogen sich die Hunde Tollwut und andere Krankheiten zu und gaben sie an Menschen weiter.

Als schlüssig nachgewiesen war, dass Diclofenac die Geierpopulation vernichtete, wurde die indische Regierung tätig. Man fand ein anderes Medikament, das keine Auswirkungen auf die Greifvögel hatte, und die Verwendung von Diclofenac bei Nutztieren wurde im ganzen Land verboten. Paradoxerweise hatte man den Wirkstoff in vielen Fällen in bester Absicht verwendet. Kühe gelten den Hindus als heiliges Symbol des Lebens, und sie zu schlachten ist tabu. Um den Rindern ihre letzten Tage weniger schmerzhaft zu machen, hatte man ihnen das Medikament zur Schmerzlinderung verabreicht. Mittlerweile erholt sich der Geierbestand, aber die Krise scheint noch nicht vorüber zu sein, da ähnliche Wirkstoffe nach wie vor in Gebrauch sind.

Das Gleichgewicht wird durcheinandergebracht

Diese Geschichte macht auf eindringliche Weise deutlich, wie Entscheidungen und Maßnahmen, die in einem Bereich der Gesellschaft getroffen werden, am Ende das Gleichgewicht in einem ganz anderen Teil der Natur durcheinanderbringen können. Sie zeigt aber auch, dass es Lösungen gibt und dass man die Verluste ausgleichen kann. Geier sehen vielleicht nicht hübsch aus und haben entsetzliche Tischmanieren, aber zumindest helfen sie, das Ökosystem in einer Art Gleichgewicht zu halten. Und dazu brauchen sie ihren scharfen Geruchssinn.

Die Erkenntnis eines anderen Zusammenhangs zwischen dem Verhalten der Menschen und dem scharfen Geruchssinn von Vögeln hat bisher noch keine positiven Folgen nach sich gezogen. Die wunderschönen Albatrosse und ihre empfindliche Wahrnehmung des Geruchs von DMS haben in einer Welt, die zunehmend mit Plastik verschmutzt ist, mit Nachteilen zu kämpfen. Wenn Plastik lange genug im Ozean verbleibt, nimmt es offensichtlich den Geruch von DMS auf und hält ihn fest – das ist möglicherweise nur eine Frage weniger Monate. Das duftende Plastik veranlasst dann die nahrungssuchenden Seevögel, die tödliche Mahlzeit anstelle des Krills zu sich zu nehmen.[23] In einer idealen Welt würde diese Erkenntnis in Forschungsarbeiten zur Entwicklung von Materialien einfließen, die den Duft nicht annehmen – nur für den Fall, dass sie ins Meer gelangen. Noch besser wäre weniger Müll in den Ozeanen, wie ich es in Kapitel 1 dargelegt habe.

Seevögel und Geier verdienen gleichermaßen unseren Respekt. Ihr scharfer Geruchssinn hat ihnen in ihren Ökosystemen einen evolutionären Vorteil verschafft. Wenn wir darin herumpfuschen, kann sich das Geschenk nur allzu leicht in einen Nachteil verwandeln.

KAPITEL 5

Wer riecht den Fisch?

Einige der bizarrsten Lebewesen unseres Planeten finden sich in Ozeanen, Flüssen und anderen Gewässern. Unter Wasser stoßen wir auf aufopferungsvolle, parasitische Partner und vampirähnliche räuberische Sauger, aber auch auf gefügige und weniger gefügige Meister der zielgerichteten Navigation. Zwar ist die Evolution jeder Spezies anders verlaufen, aber alle nutzen zum Überleben in ihrer jeweiligen Umgebung einen scharfen Geruchssinn.

Menschen können Gerüche nur deshalb wahrnehmen, weil flüchtige Duftmoleküle in die Nase schweben. Dort lösen sie sich im Nasenschleim, dem dünnen, feuchten Belag auf unseren Geruchsrezeptoren, die nur darauf warten, Nervensignale auszulösen. Wenn eine feuchte Atmosphäre uns hilft, einen Geruch zu erkennen, sollte eine wässrige Umgebung für das Riechen günstig sein. Wenn wir aber versuchen, unter Wasser zu schnuppern, schnappen wir nach Luft, bevor wir uns an den Düften des Meeres erfreuen können. Beim Schnuppern atmen wir nämlich Luft direkt in die Lunge; diese Funktion können wir nicht unterbinden. Beim weiteren Versuch würde sich die Lunge mit Wasser füllen und schnell unser Tod eintreten.

Amphibien können die Trennung vollziehen. Im Verlaufe unserer Evolution für das Leben an Land wurde unsere Nase so abgewandelt, dass sie Gerüche nur mit der Luft aufnehmen kann. Frösche, Kröten und andere

Amphibien sind im Gegensatz zu Menschen mit einer Nase ausgestattet, die aus zwei Kammern besteht. Mit der einen können sie die Luft einsaugen und diese Kammer unter Wasser verschließen, während sie mit der anderen Gerüche wahrnehmen, ohne zu ertrinken. In der Luftkammer befinden sich Geruchsrezeptoren, die auf flüchtige Moleküle in der Luft ansprechen, die Wasserkammer dagegen ist mit olfaktorischen Sinneszellen angefüllt, die nur mit wasserlöslichen Molekülen funktionieren.

Aber nicht alle Säugetiere gehen das Risiko des Ertrinkens ein, wenn sie tauchen und etwas riechen wollen. Ein halb im Wasser lebendes Säugetier, der praktisch blinde Sternmull, kann unter Wasser riechen, ohne Wasser einzuatmen. Die Schnauze dieses Tieres ist so seltsam, wie man es sich nur vorstellen kann. Mit ihren 22 rosafarbenen Tentakeln ähnelt sie einem Stern. An Land ist die Schnauze extrem berührungsempfindlich, unter Wasser wird sie zum außergewöhnlichen Riechorgan. Der Mull stößt aus den Nasenöffnungen winzige Blasen aus, die er umgehend wieder einatmet, und mit ihnen nimmt er auch alle Duftmoleküle auf, die sie unterwegs eingefangen haben. Experimente mit Zeitlupenaufnahmen zeigen, dass der Mull mit dieser Methode sein Futter erschnuppern kann.[1] Ähnlicher Methoden bedienen sich vermutlich auch Wasserspitzmäuse und manche Otter, aber bevor man darüber eine verlässliche Aussage machen kann, braucht es noch weitere Forschungsarbeiten.

Die Sternmulle bleiben jeweils nur für einige Sekunden unter Wasser. Wie steht es aber mit Tieren, die viel länger untertauchen? Wie schaffen sie es, zu riechen und unter Wasser zu überleben? Wie funktioniert ihr Geruchssinn?

Geruchsanatomie der Fische

Jeder gute Fischer weiß, dass Fische Gerüche unter Wasser schon aus der Ferne wahrnehmen können. Aber die Wassertiere sind unglaublich vielgestaltig, und ihre Geruchsorgane haben nicht bei allen die gleiche Anatomie.

Viele Arten besitzen Nasenöffnungen oder Nasengruben, die mit Cilien besetzt sind. Die mit den Cilien verbundenen Nerven führen von dem Geruchsorgan unmittelbar zum Gehirn. Die von ihnen ausgesandten elektrischen Impulse übertragen lebenswichtige Informationen. Jede Fischlarve kann bereits Gerüche aufnehmen. Zebrafischlarven besitzen im Alter von vier Tagen bewegliche Cilien. Ihre Bewegung verläuft aber offenbar nicht zufällig. Die Cilien pulsieren vielmehr in rhythmischen Schlägen und werden so zu mikroskopisch kleinen Turbinen.[2] Dabei verstärken sie die Strömung und den Austausch der Duftmoleküle über dem Riechepithel und seitlich davon. Solche »Cilienturbinen« verbessern bei Fischen die Empfindlichkeit des Geruchssinns und damit die Fähigkeit, Gerüche wahrzunehmen und zu verarbeiten. Besonders nützlich, so scheint es, sind sie in stehendem Wasser.[3]

Aber wie nutzen die Fische ihren empfindlichen Geruchssinn zum Überleben?

Pheromone und die Kommunikation der Fische

Wie wir aus neueren Untersuchungen am Geruchssinn der Fische wissen, haben sich bei diesen Tieren drei parallele, aber unterschiedliche, vom Riechepithel ausgehende Nervenbahnen entwickelt. Jede davon übermittelt spezifische Informationen, die als Reaktion auf Gerüche bestimmte Überlebensmechanismen auslösen. Eine davon befasst sich mit sozialen Hinweisen (darunter solche, die vor natürlichen Feinden warnen), die zweite mit Geschlechtspheromonen und die dritte mit dem Geruch von Nahrung.[4]

Goldfische, eine der am häufigsten untersuchten Fischarten, setzen Hormone und Stoffwechselprodukte frei und lösen damit bei ihren Artgenossen bestimmte Verhaltensweisen aus. Man hat fünf Hormonprodukte nachgewiesen, die dabei offensichtlich eine spezifische Funktion haben. Elektrophysiologische Aufzeichnungen aus dem Riechepithel von mehr als 100 Fischarten zeigen, dass die meisten dieser Tiere Hormonprodukte wahrnehmen – wie Fische die jeweiligen Düfte nutzen, ist allerdings nicht ganz geklärt. Es scheint so, als steuerten sie das Fortpflanzungsverhalten. Wenn Goldfischmännchen den Geruch der Pheromone wahrnehmen, die ein Weibchen nach dem Eisprung produziert, steigt automatisch das Volumen ihrer Fischmilch (und damit die Spermienproduktion). Interessanterweise stellt sich die gleiche Reaktion auch bei bestimmten chemischen Reizen ein, die von männlichen Konkurrenten in der Nachbarschaft ausgehen.[5] Bei dieser

Spezies entscheidet sich das Überleben der Stärksten offensichtlich durch eine heftige Konkurrenz zwischen den Spermien. Aber wie sieht es in tieferen Gewässern aus?

Aufopferungsvolle parasitische Partner

Wenn wir tief in unsere Ozeane hinabtauchen, eröffnet sich eine Welt, die auf den ersten Blick wie die tote Zone unseres Planeten aussieht. In Wirklichkeit ist sie jedoch das genaue Gegenteil.

In ungefähr 1000 Metern Wassertiefe und tiefer – in der mesopelagischen Zone (Zwielichtzone) und im Bathypelagial (Mitternachtszone) des Ozeans – gibt es Hunderte von unglaublich vielgestaltigen Tiefseebewohnern. Einer davon ist der Anglerfisch; ein großer, buckliger, beängstigend aussehender Bewohner der großen Meerestiefen. Mit ihrem beinahe gespenstischen Erscheinungsbild sehen diese Fische aus wie die Bösewichte des Meeresbodens. Am furchterregendsten sind die Weibchen. Sie sind in der Regel größer als die Männchen und vielfach mit »Fischleinen« ausgestattet, die oben auf dem Kopf entspringen und im Dunkeln zu glühen scheinen. Solche Biolumineszenz erzeugende Vorrichtungen ahmen in den lichtlosen Tiefen der Ozeane die Bewegungen heller, lebender Köder nach und locken damit ihre Beute vermutlich zu den Reihen nadelspitzer Zähne, die der zutreffend benannte Fisch besitzt.

Der Mund kann sich oftmals so weit öffnen, dass er

Beute fängt, die größer ist als der Räuber selbst. Wenn ein Tier dort hineingelockt wurde, werden die Zähne zu den Gitterstäben eines Todesgefängnisses. Der elastische Magen erweitert sich und nimmt jede Beute auf, die dem Anglerfischweibchen in die Quere kommt. In den Tiefen des Ozeans kann man nicht vorhersehen, wann ein Leckerbissen vorüberschwimmt. Wenn sich die Gelegenheit ergibt, muss das Weibchen in der Lage sein, ihn anzulocken und kräftig festzuhalten – ganz gleich, wie groß das Opfer ist.

Die Evolution des weiblichen Anglerfisches ist offensichtlich so verlaufen, dass er in einer unwirtlichen Umgebung überleben kann. Aber wie steht es mit den Männchen? Diese Spezies zeigt einen extremen Geschlechtsdimorphismus, insbesondere wenn es um die Signal- und Sinnesorgane geht. Von außen betrachtet, sind die Weibchen größer, aber die Männchen haben im Verhältnis zur Körpergröße in ihrem Inneren die größeren Riechorgane. Das deutet darauf hin, dass sie eine Pheromonspur aufnehmen und das Weibchen ausfindig machen können.

Studien zufolge lassen die Weibchen sich mit der Strömung treiben und setzen unterwegs Pheromone frei. Im Idealfall bleiben sie in den Tiefen des Ozeans so lange wie möglich an einer Stelle, denn dann steigen die Chancen, dass sie wahrgenommen werden. Die Männchen dagegen schwimmen vertikal und horizontal nach dem Zufallsprinzip gegen die Strömung, bis sie die Pheromonspur eines Weibchens wahrnehmen. Hat ein männlicher Fisch die Fährte aufgenommen, schwimmt er waagerecht und folgt ihr. Bemerkt er, dass der Duft sich abschwächt, bewegt er sich in zufälligen Richtungen im Zickzack, bis er wieder auf das Pheromon trifft.[6] Das Ganze ähnelt stark einem Versteckspiel, nur ist hier die Fortpflanzung das eigentliche Ziel. Visuelle Hinweise sind in solchen Tiefen nur aus nächster Nähe nützlich, nachdem die chemischen Spuren aus der Distanz ihren Zweck erfüllt haben.

In den dunklen Tiefen der Ozeane eine Partnerin zu finden, ist sicher nicht einfach. Hat das winzige Männchen einmal ein Weibchen entdeckt, beißt es kräftig zu und lässt im wahrsten Sinne des Wortes nie mehr los. Oder zumindest lässt es nicht los, bis der Laichvorgang stattgefunden hat. Das Ganze kann sich erstaunlicherweise jedoch in der Tat zu einer lebenslangen parasitischen Vereinigung entwickeln.

Das Anglerfischmännchen klammert sich mit den Zähnen am Weibchen fest; nach und nach verschmilzt das Paar, bis Haut und Kreislauf zu einem einzigen System verbunden sind. Je länger das Männchen bis zum Laichen wartet, desto enger wird die Verschmelzung.[7] Das Männchen verliert dabei die Augen und alle inneren Organe; auch die Geruchsorgane verkümmern.[8] Eine Ausnahme machen nur die Hoden: Sie werden noch gebraucht, denn die einzige Funktion des Männchens besteht darin, Samenzellen für seine Wirtin zu produzieren. Man kann es sich als tragbare Samenbank vorstellen. Er ist ein entschlossener sexueller Parasit, aber oftmals ist er nicht allein. Die promiskuitiven Weibchen dieser Spezies tragen bis zu sechs Männchen gleichzeitig mit sich herum.

Das arme Männchen muss uns aber nicht leidtun: Wenn er keine Partnerin findet, stirbt er in der Regel wahrscheinlich ohnehin – wie bereits erwähnt, gibt es in solchen Tiefen nicht viele potenzielle Partnerinnen. Sein Geruchssinn ist zwar beispielhaft, die Verdauungsorgane lassen aber zu wünschen übrig. Sie sind so verstümmelt, dass er nur als Parasit, der an einer Partnerin hängt, überleben kann. Was für ein Paar! Was für ein Schnorrer!

Vampirähnliche Räuberschmarotzer

Ein anderer wasserbewohnender Blutsauger ist das Meerneunauge (*Petromyzon marinus*). Wie die Goldfische, so sind auch die Neunaugen zum Überleben auf die Kommunikation mit Pheromonen angewiesen. Und wie das Anglerfischmännchen haben sie parasitische Gewohnheiten. Auf den ersten Blick könnte man ein Neunauge mit einem Aal verwechseln – jedenfalls bis einem der Mund auffällt. Denken wir außerdem daran, dass Neunaugen die ältesten heute noch lebenden Wirbeltiere sind (auch wenn sie keine Knochen, sondern nur Knorpel besitzen) und dass vermutlich schätzungsweise 300 Millionen Jahre der Evolution zwischen ihnen und den Aalen liegen.

Neurobiologisch ist das Meerneunauge ein Wirbeltiervorläufer. Dieses Lebewesen ist so primitiv, dass es noch nicht einmal einen Kieferknochen besitzt und deshalb nicht beißen kann. Sein Mund ist dauerhaft in einer offenen Position fixiert. Er ähnelt einem Saugnapf und ist mit vielen Reihen rasiermesserscharfer Zähne besetzt; im Inneren befindet sich eine mit Zähnen besetzte, meißelähnliche Zunge, die sich ideal dafür eignet, ein Loch in den potenziellen Wirt zu schlagen. Neunaugen sind saugende Geschöpfe. Sie heften sich durch einen Biss an ihre arglosen Opfer an und saugen Flüssigkeiten und Blut heraus, um zu überleben – wobei der Wirt in der Regel stirbt. Da die Kiemenöffnungen unmittelbar in den Rachen führen, können sie sich beim Saugen festhalten und gleichzeitig weiteratmen. Ein einziges Neunauge kann nach Schätzungen jedes Jahr circa 18 Kilo Fische töten, seine bevorzugten Wirte.[9]

Meerneunaugen haben eine unpaare Nase, das heißt, sie haben nur ein Nasenloch, durch das sie das duftende Wasser mit jedem Atemzug in die Riechkapsel hinein- und wieder hinausbewegen.[10] Der Atmungszyklus wird durch das Velum gesteuert, eine Muskelstruktur, die mit ihrer Kontraktion eine Wasserströmung durch den Rachen erzeugt und damit sowohl die Nahrungsaufnahme als auch die Atmung ermöglicht. Im Gegensatz zu den Anglerfischmännchen, die den Duft des Weibchens derselben Spezies wahrnehmen und verfolgen, scheidet bei den Meerneunaugen das Männchen den Geruch aus – und die Weibchen sind diejenigen, die das Männchen ausfindig machen.

Ganz ähnlich wie die Lachse (mehr über sie in Kürze) schwimmen auch die Meerneunaugen zum Laichen stromaufwärts. Verhaltensuntersuchungen haben bestätigt, dass spermienproduzierende Meerneunaugenmännchen eine Gallensäure ausscheiden, die als starkes Geschlechtspheromon wirkt: Sie signalisiert dem zur Eiablage bereiten Weibchen die Fortpflanzungsbereitschaft und den Aufenthaltsort des Männchens.[11] Das Geschlechtspheromon wirkt über große Entfernungen – in manchen Fällen bis zu zwei Kilometer – und lockt die Weibchen an den gewünschten Ort.

Solche Entdeckungen gaben den Anlass zu Experimenten, bei denen man die Pheromone in Regionen, in denen Neunaugen unerwünscht sind, als Falle eingesetzt hat. Die Vorrichtungen sind so konstruiert, dass sie eine biologisch abbaubare, synthetische Form des geeigneten Geschlechtspheromons abgeben, wenn sich das betreffende Gebiet nicht zum Laichen eignet. Die Versuche sind derzeit noch im Frühstadium, aber dahinter steht der Gedanke, dass die Weibchen sich von dem vorgetäuschten Geruch anlocken lassen, um am Ende allein dazustehen und nicht wie sonst Tausende von Eiern ablegen zu können. In Gebieten wie dem kanadischen Ontariosee, in denen diese invasive Spezies die einheimische Artenvielfalt, die Fischgesellschaften und die Ökosysteme schädigt, wären solche ökologisch verträglichen Lösungen willkommen. Mehr darüber in Kapitel 14.

Gefügige Meister der gezielten Navigation

Während Meerneunaugen mit jedem beliebigen Wasserlauf vorliebnehmen, solange er sich zur Paarung eignet, steuern Lachse zum Laichen immer den Süßwasserlauf an, in dem sie »geboren« wurden. An diesem Ort haben sie je nach Spezies unter Umständen nur einige Tage oder wenige Jahre verbracht. Um den Rückweg zu finden, nutzen sie vermutlich eine Kombination aus visuellen Reizen, elektromagnetischen Anhaltspunkten und ihrem feinen Geruchssinn. Ihre Fähigkeit, nach Hause zu finden, ist außergewöhnlich.

Das Leben eines Lachses beginnt in einem Süßwasserlauf. Dort lebt auch er einige Tage oder wenige Jahre. Ganz gleich, wie lange es vom Schlüpfen bis zur Smoltifizierung (der physiologischen Veränderung, die sie durchlaufen müssen, um sich an das Leben im Meerwasser anzupassen) dauert. Die Lachse nutzen diese Zeit, um ihrem Gehirn eine chemische Landkarte ihrer Heimat einzuprägen, auf die sie zurückgreifen, wenn die Zeit zum Laichen gekommen ist. Das kann von dem Augenblick an, in dem sie zum ersten Mal ins salzige Meerwasser wandern, zwischen zwei und acht Jahren dauern, und je nach Spezies legen sie dabei Hunderte oder Tausende von Kilometern zurück. Dass die Rückkehr für sie eine große Herausforderung darstellt, braucht nicht besonders betont zu werden. Aber wie schaffen sie das?

Nach heutiger Kenntnis nutzen Lachse das Erdmagnetfeld, um die Himmelsrichtung zu ihrem heimatlichen

Wasserlauf zu finden. Solche geomagnetischen Hinweise könnten als Leitfaden für die Orientierung dienen. Lachse müssen aber auch visuelle Anhaltspunkte erkennen. Vielleicht verfolgen sie auch den zeitlichen Ablauf. Aber um den genauen Ort in ihrem heimatlichen Flussbett anzusteuern, bedienen sich Lachse ihres Geruchssinns. Wie empfindlich er im Einzelnen ist, weiß man nicht genau – vielleicht können Lachse Duftmoleküle noch in Konzentrationen von bis zu einem Teil je Million oder sogar einem Teil je Billion erkennen –, bekannt ist aber, dass sie genau die Duftmoleküle wahrnehmen, die zu dem Fluss passen, in dem sie aus dem Ei geschlüpft sind.

Wie man aus Experimenten weiß, prägen sich Lachse die Gerüche ihres Geburtsflusses im olfaktorischen Gedächtnis ein, während sie stromabwärts wandern. Ihre Heimat besitzt zweifellos eine einzigartige Kombination aus Wasserpflanzen, Tieren und Boden, die gemeinsam einen ebenso einzigartigen Duft erzeugen. Bei der Rückkehr erinnern sich die Fische an diesen besonderen Geruch ihrer Heimat und erkennen, welche Route sie auf der Wanderung stromaufwärts zum Laichplatz einschlagen müssen. Lachse verfügen tatsächlich über eine chemische Landkarte ihres Heimatflusses.[12] Wie nehmen sie die chemischen Hinweise wahr und entschlüsseln sie?

Die Nasenhöhlen, die bei Lachsen auf beiden Seiten des Kopfes unterhalb der Augen liegen, enthalten rund eine Million dicht an dicht liegende Riechzellen. Diese sind anders als bei den Neunaugen mit Cilien besetzt, haarähnlichen Strukturen mit Geruchsrezeptoren. Die Cilien nehmen im Wasser die Geruchsmoleküle wahr, für deren Erkennung sie sich in der Evolution entwickelt haben. Jedes Geruchsmolekül hat eine eigene Form und Zusammensetzung, so dass es nur zu einem Rezeptortyp passt. Hat sich eine solche Paarung gefunden wie Schlüssel und Schloss, wird ein chemischer Impuls ausgelöst und wandert aus der Nasenhöhle in den Riechkolben des Gehirns; dort wird die Information über die Umgebung des Lachses verarbeitet. Neuronen in dem Kolben organisieren die eintreffenden Daten und leiten sie im Gehirn an diejenigen Areale weiter, die mit solchen Auslösern etwas anfangen können.

Der Geruchssinn der Lachse ist nicht nur für die Zielführung nützlich. Offensichtlich eignet er sich schon bei jungen Fischen auch gut dazu, natürliche Feinde wahrzunehmen und zu meiden. Wie sich in Laborexperimenten gezeigt hat, können Lachse eine potenzielle Gefahr am Geruch erkennen. In Wassertanks meiden junge Lachse ein Areal, wenn dies vorher mit verdünnten Otterexkrementen versetzt wurde. Die Fische mieden solche Bereiche aber nur dann, wenn der fragliche Otter vorher einen Lachs gefressen hatte. Stammten die Exkremente von einem Otter, der sich nicht an ihrer Spezies gütlich getan hatte, mieden die Lachse auch den betreffenden Teil des Wassertanks nicht. Man kann also annehmen, dass der Geruch der Nahrung des Otters und nicht der Geruch des Otters selbst für den Fisch eine frühzeitige Warnung darstellte. Demnach kommt es nicht darauf an, von was für einem Tier die Gefahr ausgeht; wichtig ist nur, dass es die Familienangehörigen und Verwandten des Lachses gefressen hat – ganz gleich, wie weit sie entfernt waren![13]

Interessanterweise gehen manche Tiere sogar noch weiter, um natürliche Feinde zu meiden. Sie überleben mit Hilfe einer chemischen Tarnung. Dass Feilenfische sich zwischen Korallen visuell tarnen, indem sie Korallen ähnlich sehen und mit dem Hintergrund verschmelzen, ist allgemein bekannt. Ihre Strategie zur Vermeidung natürlicher Feinde schließt aber auch die chemische Täuschung ein. Im Rahmen ihrer chemischen Krypsis – der Fähigkeit, die Erkennung durch einen natürlichen Feind zu vermeiden – scheiden Feilenfische auch den Geruch der von ihnen verzehrten Korallen aus. Damit maskieren sie sich gegenüber den Räubern, die keinerlei Interesse daran haben, Korallen zu fressen.[14]

Weniger gefügige Meister der Zielführung

Beutetiere können also mit Hilfe des Geruchs natürliche Feinde meiden. Wie nutzen aber Räuber den Geruch, um ihre Beute anzusteuern? Wie steht es mit den Wasserbewohnern, die am oberen Ende der Nahrungskette stehen und den schlechtesten Ruf genießen? Wie steht es mit den Haien?

Insgesamt gibt es mehr als 500 Haiarten. Die meisten von ihnen leben im Meer. Viele wandern jedes Jahr ganz ähnlich wie manche Lachsarten Tausende von Kilometern, um in die Region ihrer Geburt zurückzukehren. Oftmals legen sie dabei riesige Strecken durch die Ozeane zurück, wobei sie Strömungen ausnutzen, darunter auch den Golfstrom, der ihnen hilft, im Uhrzeigersinn durch den Atlantik zu reisen. Unterwegs bedienen sich die einzelnen Arten auch visueller Hinweise und der Elektrorezeption (Wahrnehmung elektrischer Felder, Ströme oder Pulse); je nach der Umgebung nutzen sie in unterschiedlichem Ausmaß auch den Geruchssinn. Haie sind Meister des Überlebens – in der Tiefsee ebenso wie in flachen Meeren und sogar in Flussläufen.

Man hat Haie mit Sendern ausgestattet und so faszinierende Erkenntnisse darüber gewonnen, wie weit verschiedene Haiarten wandern – und welche Sinne sie benutzen, um den Rückweg zu finden. Mit Überwachungsprojekten vor der Küste Floridas konnte man beispielsweise feststellen, dass Schwarzspitzenhaie (*Carcharhinus limbatus*) auf eine Kombination mehrerer Sinnesorgane angewiesen sind – auch auf den Geruch. Blockiert man ihre Nasenöffnungen, fällt es ihnen schwer, den Heimweg zu finden.[15] Wenn olfaktorische Hinweise fehlten, fanden manche Haie überhaupt nicht mehr nach Hause, und diejenigen, denen es gelang, brauchten für die Strecke länger als Artgenossen, die man zur gleichen Zeit mit intaktem Geruchssinn freigelassen hatte. Auch nach ihrer Rückkehr zeigten sich Veränderungen des normalen Verhaltens. Sie blieben weniger häufig in ihrer Heimatregion.

Allerdings ist nicht geklärt, welche chemischen Anhaltspunkte diese Haie auf ihrem Weg unter normalen Umständen genutzt hätten. Vielleicht waren sie nicht in der Lage, den charakteristischen Geruch ihrer Heimatregion eindeutig zu erkennen. Möglicherweise ist diese chemische Landkarte ähnlich wie bei Lachsen in ihrem Gehirn eingeprägt, aber sie konnten den Geruch wegen der blockierten Nasenöffnungen nicht wahrnehmen. Vielleicht nahmen sie auch die Pheromone ihrer Artgenossen nicht auf und waren deshalb verwirrt. Diese Forschungsarbeiten haben also gezeigt, dass Geruchsmerkmale zwar wichtig sind, aber nicht als einziges Sinnessignal an der Zielführung mitwirken. Geomagnetische Orientierung dürfte ebenfalls eine Rolle spielen, und auch Gezeitenströmungen könnten wichtige Hinweise liefern und die Wanderung in einer bestimmten Richtung begünstigen. Vielleicht waren die Haie auch verwirrt, weil der charakteristische Geruch ihrer Heimatregion in der Strömung fehlte. Genaue Aussagen darüber zu machen ist schwierig.

Unmissverständlich ist aber, dass die Haie sich wegen ihrer Ausstattung mit körpereigenen, leistungsfähigen Sensoren ideal für die Nahrungssuche im tiefen Wasser eignen. Tatsächlich bevorzugen sie – wiederum je nach Spezies – oftmals solche Lebensräume. Oft sind die Sensoren erstaunlich gut darauf eingestellt, Beute bei schlechten Lichtverhältnissen zu finden. Der Schlüssel zu ihrem einzigartig spezialisierten System der Elektrorezeption sind die Lorenzinischen Ampullen, Hohlräume an der Schnauze, die mit einer gallertartigen Substanz gefüllt sind. Sie nehmen noch die kleinsten Muskelkontraktionen von Beutetieren wahr, die sich bewegen und flüchten wollen. Das System hilft den Haien, Beute selbst in einer

Umgebung aufzuspüren, in der sie überhaupt nichts sehen können. Außerdem nehmen sie damit die Vibrationen bedrängter oder verletzter Tiere wahr.

Schallwellen verbreiten sich unter Wasser sehr gut und machen sich im Seitenlinienorgan der Haie bemerkbar, einem empfindlichen Netzwerk flüssigkeitsgefüllter Röhren, das an der Schnauze beginnt und sich unmittelbar unter der Haut auf beiden Körperseiten nach hinten erstreckt. Durch seine Poren kann Wasser in die Röhren fließen, und diese sind mit haarähnlichen Strukturen besetzt, die empfindlich auf Schwingungen im Wasser reagieren. Das Organ leitet den Hai selbst in der dunkelsten Tiefe des Ozeans ganz grob in die Nähe seiner Beute.

Weiße Haie schwimmen oft in klarem Wasser und können dort entsprechend gut sehen. Sie nehmen uns vermutlich wahr, bevor wir sie wahrnehmen – allerdings meist nur dann, wenn wir weniger als zehn Meter entfernt sind. Können sie uns auch riechen?

Je trüber das Wasser ist, desto größer ist die Wahrscheinlichkeit, dass ihr Geruchssinn in Aktion tritt. Dabei haben wir jetzt zweifellos das Bild im Kopf, dass ein winziges Tröpfchen Blut den Weg in die weit entfernte Nasenöffnungen eines Hais findet und dort einen blutrünstigen Angriff auslöst. Aber das ist ein Mythos. Es gibt keine handfesten Belege dafür, dass Haie aufgrund des Geruchs aktiv Jagd auf Menschen machen. Haiangriffe auf Menschen sind in der Regel auf Verwechslungen zurückzuführen.

Dennoch kann man dramatische Szenen von tatsächlichen Haiangriffen auf Menschen nicht so leicht vergessen. So wurde beispielsweise der australische Surfer Mick Fanning im Jahr 2015 während eines Wettbewerbs in der Jeffreys Bay in Südafrika von einem Weißen Hai angegriffen. Nachdem er dem Fisch einen kräftigen Schlag versetzt hatte, kam er unbeschadet davon, aber das macht den Angriff nicht weniger beängstigend. Aber solche Zwischenfälle sind selten. Unter anderem dürfte es dafür einen einfachen Grund geben:

Haie fressen ganz unterschiedliche Nahrung, von Plankton über Fische und Krebse bis hin zu Robben und Walen, aber sie sind wählerisch. Ihre bevorzugte Nahrung ist fettreich – das ist der Grund, warum Robben so häufig auf ihrem Speisezettel stehen. Wenn sie an etwas knabbern, was ungewöhnlich oder unbekannt schmeckt – wie beispielsweise ein Mensch –, setzen sie ihre Fressorgie oftmals nicht fort. Zugegebenermaßen beruhigt das nicht wirklich, wenn man dabei bedenkt, dass schon ein Biss in der Regel tödlich ist.

Wie aber spüren Haie die Beute auf, die sie tatsächlich fressen wollen? Sie haben ein unglaublich empfindliches Geruchssystem. Während sie schwimmen, fließt ständig Wasser durch ihre Nasenhöhlen, und damit gelangt automatisch ein unablässiger Duftstrom aus der Umgebung in die Riechkanäle und die Nasengruben. Dort fließt er über die Geruchslamellen. Diese dünnen, empfindlichen Gewebefalten sorgen bei Haien dafür, dass der Geruch länger in der Nasengrube bleibt und das Tier damit eine bessere Chance hat, ihn wahrzunehmen. Gerüche, die über die

Geruchslamellen strömen, regen Sinneszellen an, und diese geben die erhaltene Information ans Gehirn weiter.

In der Frage, wie empfindlich die Geruchswahrnehmung der Haie ist, gab es insbesondere im Zusammenhang mit dem Weißen Hai viele Spekulationen, aber bisher wurde durch Forschungsarbeiten nicht sicher bestätigt, dass diese Fische besser riechen können als andere Wasserbewohner. Da das Geruchssystem bei ihnen ungefähr zwei Drittel des Gehirns ausmacht, wurde ihnen eine größere Empfindlichkeit unterstellt. Berechnungen zufolge kann ein Hai manche Gerüche noch in Konzentrationen von einem Teil auf 25 Millionen wahrnehmen. Das entspricht auf dem offenen Meer vermutlich einer Entfernung von ungefähr einem halben Kilometer.[16]

Entscheidend ist, dass Haie bekanntermaßen geschickt darin sind, durch Riechen eine Richtung festzustellen – sie folgen buchstäblich ihrer Nase. Der Richtungssinn hilft ihnen, die Quelle eines Geruchs genauer ausfindig zu machen. Sie finden unglaublich schnell heraus, ob der Geruch von links oder rechts kommt, und setzen sich dann in diese Richtung in Bewegung. Das ist der Grund, warum Haie bei ihrer Bewegung durchs Wasser hin und her zu pendeln scheinen. Die Bewegung hilft ihnen, ihre Beute genau zu lokalisieren.

Am stärksten profitieren offensichtlich die Hammerhaie von dieser Eigenschaft. Sie sind an der Anatomie ihres abgeflachten Kopfes – in Wissenschaftlerkreisen spricht man auch vom »Cephalofoil« – sofort zu erkennen. Er verschafft ihnen wegen der einzigartig weit auseinanderliegenden Nasenöffnungen einen Vorteil gegenüber anderen Haien, wenn es darum geht, Beute zu verfolgen und anzusteuern. Da zwischen den Nasenöffnungen ein größerer Abstand liegt – sie sind nicht beiderseits des Kopfes, sondern fast auf einer Linie mit dem breiten Maul angeordnet –, nehmen sie nach kürzester Zeit wahr, dass ein Geruch aus einer Richtung stärker ist. Sie verfügen sozusagen über einen Stereo-Geruchssinn.

Deshalb nehmen sie nach Ansicht der Fachleute den zeitlichen Unterschied zwischen beiden Seiten noch bei geringeren Winkeln oder größerer Schwimmgeschwindigkeit wahr als andere Haie.[17] Entsprechend können sie mit höherer Geschwindigkeit steuern und angreifen. Sie tauchen ohne Vorwarnung auf, es sei denn, das potenzielle Ziel scheidet einen »Schreckstoff« aus – man könnte auch von einem »Repellent« sprechen. In der Welt der Gerüche bezeichnet der Begriff bei Fischen ein chemisches Warnsignal oder Alarmpheromon.

Der Furcht- und Angstfaktor

Die meisten Fische sind soziale Tiere und schwimmen in Schwärmen. Die Masse verleiht Sicherheit. Das kommt ihnen besonders zugute, wenn der Schreckstoff zu den Abwehrmechanismen der Gruppe gehört. Fische schütten ihn aus, wenn sie verletzt sind – oder gefressen werden –, und offensichtlich warnt er den Rest der Gruppe, damit sie fliehen kann.

Nachdem er einen Fisch in ein Aquarium mit anderen Fischen gesetzt hatte, beobachtete der österreichische Verhaltensforscher Karl von Frisch erstmals die Wirkung des Schreckstoffs. Im Rahmen eines Experiments zum beeinträchtigten Hörvermögen hatte er bei dem Fisch den Sympathikus durchtrennt, und als Nebenwirkung des Eingriffs war auch der Schwanz verletzt. Frisch bemerkte, dass alle anderen Aquarienbewohner sofort Stresssymptome zeigten, wenn der verletzte Fisch zu ihnen in das Becken kam. Also widmete er das Experiment einem neuen Ziel und ging nun der Frage nach, was hinter dieser Reaktion steckte. Für den Auslöser prägte er den Begriff Schreckstoff. Damit meinte er eine chemische Substanz, die eine Gruppe ganz buchstäblich vor einer nahenden Gefahr warnt. Das war im Jahr 1942.

Seither haben viele andere Wissenschaftler das Prinzip weiter erforscht. Vermutlich setzen Fische den Schreckstoff unwillkürlich frei. Er ist wahrscheinlich eine passive Reaktion auf eine körperliche Verletzung, die durch den Angriff eines Räubers verursacht wurde (oder wenn Frisch dem Fisch in den Schwanz schnitt). Der Geruch der Verletzung lockt offenbar andere Räuber an, warnt aber die Gruppe auch vor einer drohenden Gefahr.[18]

Kürzlich berichtete ein Wissenschaftlerteam aus Singapur, man habe bei Zebrafischen den Schreckstoff dingfest gemacht: eine zuckerähnliche Substanz namens Glycosaminoglycan-Chondroitin.[19] Die Verbindung kommt bei Lebewesen in verschiedenen Formen und unter anderem im Knorpel vor. (Man kann sie auch als Nahrungsergänzung in Tablettenform kaufen, wenn der eigene Knorpel Ärger macht.) In Experimenten mit einem Selektionsprozess und verschiedenen chemischen Verbindungen aus zermahlenen Zebrafischen konnten die Wissenschaftler das Glycosaminoglycan-Chondroitin als die Substanz identifizieren, die bei den Fischen das Räubervermeidungsverhalten auslöst; dies zeigte sich daran, dass sie entweder am Boden des Aquariums hin und her schossen oder eine Zeitlang langsam schwammen, um dann wiederholt in verschiedene Richtungen auseinanderzustieben.

Interessant ist dabei, was die Wissenschaftler außerdem nachweisen konnten: Bei den Fischen reagiert ein Teil des Riechkolbens nur auf den Schreckstoff, aber nicht auf andere chemische Reize. Dennoch bleibt die Frage, warum Fische überhaupt ein solches Alarmsignal abgeben. Ist es ein letzter altruistischer Versuch, die mitschwimmenden Artgenossen zu retten? Oder sind diese Artgenossen wahrscheinlich genetisch verwandt, so dass es sich lohnt, sie zu warnen, damit die Gene der Familie weitergegeben werden können? Vielleicht hat sich auch bei allen Fischen die Fähigkeit entwickelt, den Schreckstoff wahrzunehmen und darauf zu reagieren – dann wären sie die wahren Überlebenden ihrer Spezies.

Säugetiere im Wasser

Dass Fische einen hervorragenden Geruchssinn haben und ihn im Wasser nutzen, ist mittlerweile deutlich geworden. Aber wie steht es mit den Säugetieren, die im Laufe ihrer Evolution in das nasse Element zurückgekehrt sind? Im Gegensatz zu Fischen atmen sie nach wie vor Luft. Vom Sternmull und seiner Methode, Duftspuren mit Luftblasen zu verfolgen und auf diese Weise zu überleben, war bereits die Rede. Wie steht es mit Robben und Walen, die ihr Leben vorwiegend oder ausschließlich im Wasser verbringen? In der gesamten Wissenschaftsgeschichte haben viele Studien immer wieder zu der Behauptung geführt, die Meeressäuger hätten keinen oder bestenfalls einen rudimentären Geruchssinn. Der gleiche Eindruck herrscht noch heute bei den Zahnwalen, darunter Delfine, Schwertwale und Pottwale. Es scheint, als hätten sie im Laufe der Evolution ihre neuronale Hardware für das Riechen verloren.

Anders sieht die Sache bei den Bartenwalen aus. Hier wurde kürzlich nachgewiesen, dass sie sowohl die neuronalen als auch die biochemischen Strukturen des Geruchssinns besitzen.[20] Wissenschaftler, die sich Jägern der Inupiat während der alljährlichen Jagd zur Selbstversorgung anschlossen, konnten das Gehirn der Wale sezieren und an Gewebeproben untersuchen, ob Gene für Geruchsrezeptoren vorhanden sind. Im Labor stellte sich heraus, dass das Gehirn eindeutig über Nervenbahnen mit der Nase verbunden war und dass sich dort tatsächlich Gene für Rezeptoren befanden. Ähnliche Beobachtungen machte man auch bei anderen Bartenwalen. Aber warum müssen sie riechen können? Nun, hier besteht vielleicht eine Verbindung zum Albatros und anderen Seevögeln. Sie alle nehmen den Geruch von Schwefelwasserstoff wahr, der nicht nur auf Plankton hindeutet, sondern auch auf Krill, das Lieblingsfutter der Bartenwale.[21]

Ähnliche Fähigkeiten wurden kürzlich auch bei Robben nachgewiesen, von denen man lange Zeit geglaubt hatte, sie besäßen mehr oder weniger überhaupt keinen Geruchssinn. In Experimenten mit Seehunden zeigte sich, dass sie riechen können – und zwar Dimethylsulfid! Wieder begegnet uns dieser für Meerestiere wichtige Geruch. Allerdings ist er offensichtlich nicht der einzige, für den Robben sich interessieren.

Wohl jeder hat schon einmal die niedlichen Fotos gesehen, auf denen Seelöwenweibchen ihre Jungen »küssen«. Was wir als Zuneigung interpretieren, ist in Wirklichkeit ein wichtiger Prozess der gegenseitigen Erkennung – und zwar am Geruch. In den 18 Monaten, in denen Australische Seelöwen (*Neophoca cinerea*) ihre Jungen versorgen, müssen stillende Mütter ihre Nachkommen oft allein lassen, wenn sie auf die Jagd gehen. Wenn sie dann – manchmal erst nach Tagen – von einem Jagdausflug zurückkehren, befinden sich die Jungtiere wahrscheinlich nicht mehr an dem Ort, an dem die Mutter sie zurückgelassen hat. In der Regel streifen sie in der Kolonie herum, erkunden die Buchten und liegen am Ende inmitten einer Gruppe anderer junger Robben. Woran erkennen die Mütter, welche der Kleinen sie säugen oder füttern sollen?

Dabei spielen Sehen und Hören eine Rolle. Das Seelöwenweibchen erkennt seine Jungen anhand visueller und akustischer Hinweise, das heißt an ihren Rufen und am Aussehen, aber anscheinend liefert der Geruch am Ende auf kurzer Entfernung das eigentliche Erkennungssignal. Deshalb sieht es so aus, als würden Mutter und Junges sich beim Wiedersehen »küssen«.[22]

Was erkennen sie dabei genau? In Untersuchungen an Antarktischen Seebären (*Arctocephylus gazella*) stellte sich heraus, dass der Geruch von Müttern und ihren Jungen auf der subantarktischen Insel Südgeorgien ähnliche Eigenschaften hat und demnach vermutlich genetisch codiert ist. Für das Überleben der Spezies ist dies nach Ansicht der Wissenschaftler von großer Bedeutung, denn es trägt dazu bei, Inzucht zu verhindern und die genetische Vielfalt zu verbessern.[23]

Selbst wenn Meeressäuger im Wasser nichts riechen, haben sie sich offenbar in vielen Fällen die Fähigkeit bewahrt, Gerüche aus der Luft aufzunehmen und so in den Weiten des Ozeans reichhaltige Nahrungsquellen aufzuspüren. Warum die Zahnwale einen anderen Evolutionsweg eingeschlagen haben, auf dem der Geruchssinn offensichtlich verlorengegangen ist, bleibt allerdings ein Rätsel.

Nach wie vor arbeiten Wissenschaftler angestrengt daran, diese und andere Geheimnisse der Wasser- und Meerestiere zu lüften. Einiges aber wissen wir bereits: Verschiedene Arten nutzen ihren Geruchssinn, um ihr Ziel zu finden, Beute zu jagen, vor Gefahren zu warnen und einen Partner oder die eigenen Nachkommen aufzuspüren. Und während wir Menschen uns darum bemühen, bestimmte Verhaltensweisen bei diesen faszinierenden Meerestieren zu steuern oder zu hemmen, sind viele von ihnen gleichzeitig durch unser Verhalten in ihrem Überleben bedroht. Das Gleiche gilt, wie wir bereits in Kapitel 4 über die Auswirkungen von Diclofenac bei Geiern in Indien erfahren haben, auch in vielen anderen Fällen.

KAPITEL 6

Für die Maus bedeutet Riechen alles

In ihrer *Geschichte von den beiden bösen Mäusen* lässt die Autorin Beatrix Potter die beiden Mäuse Hunka Munka und Dieter Däumeling (im englischen Original heißen sie Hunca Munca und Tom Thumb) in große Wut ausbrechen, als sie erkennen, dass die Leckerbissen in dem Puppenhaus, in das sie eingedrungen sind, nur aus bemaltem Gips bestehen. Vermutlich war Potter keine Biologin und Mäuseexpertin. Sonst hätte sie gewusst, dass das Aussehen für winzige Mäuse kaum von Bedeutung ist. Was zählt, ist der Geruch. Er zeigt ihnen nicht nur, was essbar ist (in ihrem Fall das meiste …), sondern auch, wer als kräftiger Paarungspartner in Frage kommt, wo man die Zitzen der Mutter findet und wer Freund oder Feind ist.

Mäuse folgen den Menschen mehr oder weniger an jeden Ort der Welt und wurden lästig, als unsere Vorfahren anfingen, Lebensmittel zum späteren Verzehr zu lagern – Mäuse fressen einfach gern die gleichen Dinge wie wir. Die Hausmaus stammt ursprünglich aus Zentralasien und kam um 13 000 v. Chr. in den östlichen Mittelmeerraum. Dann dauerte es ungefähr bis 1000 v. Chr., bevor sie ganz Europa besiedelt hatte.

Eine Hausmaus kann ungefähr zehn Wochen nach ihrer Geburt selbst wieder Junge zur Welt bringen. Die Generationszeit ist also sehr kurz. Und wenn die Maus erst einmal angefangen hat, vermehrt sie sich schnell. Ein Weibchen kann fünf- bis zehnmal im Jahr werfen, und jeder Wurf umfasst sechs bis acht Jungtiere. Aus sechs Mäusen können also in nur drei Monaten 60 werden. Da ist es kein Wunder, dass Mäuse in unseren Häusern leicht zu unerwünschten, zahlreichen Gästen werden, insbesondere wenn der Winter naht und die Nahrungsversorgung draußen knapp wird. Die kurze Generationszeit hat aber auch ihre Vorteile. Sie ist einer der Gründe, warum die Maus für viele Wissenschaftler, die in der Biologie und Medizin arbeiten, zum beliebtesten Modellorganismus geworden ist.

Wenn es darum geht, den Geruchssinn besser zu verstehen, haben zwei Modellsysteme den größten Teil der Informationen geliefert: Fliegen und Mäuse. Beide Systeme haben ihre Vor- und Nachteile und ergänzen sich gegenseitig recht gut. Die Maus hat den Vorteil, dass sie ein Säugetier ist und uns damit recht nahesteht. In diesem Kapitel werden wir etwas über das geruchsabhängige Verhalten der Mäuse und bis zu einem gewissen Grad auch etwas über die dahinterstehenden Mechanismen erfahren. Wissenschaftler auf der ganzen Welt haben ungeheuer viel Zeit, Energie und Mittel darauf verwendet, diese Systeme aufzuklären; deshalb kann hier nur an der Oberfläche gekratzt und ein Eindruck von einigen lebenswichtigen Aspekten im Geruchsleben einer Maus vermittelt werden.

Die wichtigste von vier Nasen

Aus Sicht des Menschen ist die Nase eine Nase, und das war's. Bei den meisten anderen Tieren, ob mit oder ohne Rückgrat, findet die Geruchswahrnehmung an mehreren Stellen statt – dafür ist die Maus ein sehr gutes Beispiel. Sie kann mit vier verschiedenen Organen riechen, und jedes davon hat seine eigene Morphologie und Funktion.[1]

Wie bei uns Menschen, so liegt das wichtigste Geruchsorgan, die Nase, auch bei der Maus oberhalb der Nasenöffnungen im Inneren des Schädels. Sie besteht aus einer stark gefalteten Schleimhaut, die bei der Maus im Verhältnis zur Körpergröße um ein Vielfaches größer ist. In ihr liegen rund zehn Millionen Geruchsneuronen, die auf unterschiedliche flüchtige Moleküle ansprechen. Über die Spezifität jeder einzelnen derartigen Nervenzelle bestimmt jeweils der Geruchsrezeptor, den sie produziert.

Die Maus besitzt rund 1200 verschiedene Typen solcher Proteine[2], ungefähr dreimal so viele wie wir. Jeder Geruchsrezeptor besitzt eine ganz bestimmte molekulare Abstimmungskurve, die darüber bestimmt, auf welche Gerüche er anspricht; bis zu einem bestimmten Grad überlappen sich diese Kurven. Das ist das Geheimnis hinter der ungeheuren Codierungskapazität im olfaktorischen System aller Tiere. Durch Kombination solcher Spektren können viele verschiedene Gerüche mit viel weniger Rezeptortypen wahrgenommen werden. Manche Rezeptoren sind sehr spezifisch und reagieren nur auf einen Geruch oder einige wenige, andere sprechen auf nahezu alles an.

Die Neuronen, die diese Rezeptoren tragen, sind in das wichtigste olfaktorische Epithel eingebettet: die Riechschleimhaut. Dort schwimmen sie in einer Schleimschicht, die wir formlos als Nasenschleim bezeichnen. Die Schleimhaut ist bis zu einem gewissen Grad in Zonen eingeteilt, in denen einzelne Neuronentypen mit unterschiedlicher Häufigkeit vorkommen. Von der Schleimhaut laufen die Axone aller Geruchsneuronen zum Riechkolben. Mein Kollege Peter Mombaerts, Direktor der Max-Planck-Forschungsstelle für Neurogenetik, konnte als Erster mit neurogenetischen Methoden zeigen, dass Neuronen, die den gleichen Rezeptor ausprägen, in der Regel auf zwei bestimmte Stellen (Glomeruli) in dem Kolben zielen. Die auf diesem Weg eintreffende Information wird in einen räumlichen Code zerlegt.[3,4] Grundsätzlich ist die Nase der Maus mit ihrer Schleimhaut und dem Hauptriechkolben also ein sehr ähnliches Spiegelbild unserer eigenen Riechorgane. Aber was genau riecht die Maus mit ihrer normalen Nase? Nun, mehr oder weniger alles, was von Bedeutung ist.

Das Vomeronasale Organ

Das Vomeronasale Organ (VNO), auch Jacobson-Organ genannt, ist die zweite Nase der Maus und vieler anderer Tiere.[5] Bereits in Kapitel 2 wurde beschrieben, dass die

Existenz des VNO bei Menschen umstritten ist. Ursprünglich wurde es schon im 18. Jahrhundert von dem niederländischen Anatomen Frederick Ruysch bei Schlangen entdeckt, aber wiederentdeckt und beschrieben wurde es 1803 von dem dänischen Chirurgen Ludwig Jacobson, dem es auch seinen Namen verdankt. Das VNO liegt unmittelbar oberhalb des Gaumens und besteht aus zwei zylinderförmigen Strukturen. Diese sind mit einer Schleimhaut ausgekleidet, die ungefähr 300000 Rezeptorneuronen enthält und mit drei Haupttypen VNO-spezifischer Rezeptoren ausgestattet ist.[6]

Die VNO-Rezeptoren sind nach heutiger Kenntnis vor allem für die Wahrnehmung von Pheromonen und anderen von Mäusen abgegebenen Gerüchen zuständig, darunter auch solche, die eine Krankheit signalisieren. Zwei Rezeptortypen binden kleine, flüchtige Moleküle, der dritte fängt anscheinend sehr schwere, im Wasser enthaltene Polypeptide ein, darunter die Urinproteine der Maus, auch *major urinary proteins* oder MUPs genannt. Obwohl die VNO-Rezeptoren an der Pheromonwahrnehmung beteiligt sind, werden ihre verschiedenen Typen anscheinend bei Männchen und Weibchen gleichermaßen ausgeprägt, einen Geschlechtsdimorphismus gibt es also nicht. Vom VNO laufen die Axone der Geruchsneuronen in den akzessorischen Riechkolben, einen eigenen Teil des primären, für den Geruch zuständigen Gehirnareals.

Die Zylinder des VNO sind mit Flüssigkeit gefüllt und mit der Nasenhöhle über eine wassergefüllte Röhre verbunden. Das VNO riecht also auf Flüssigkeitsbasis, das heißt, hier wird ein anderes Geruchsspektrum wahrgenommen, oder es muss andere Mechanismen für den Transport zu den Neuronen geben. Manche Gerüche erreichen das Organ und seine Neuronen von selbst, andere müssen an MUPs gebunden sein, damit sie einen Reiz verursachen können und wahrgenommen werden. Manche MUPs wirken anscheinend auch selbst als Geruchsmoleküle.

Das VNO wird durch das Flehmen aktiviert, eine besondere Verhaltensweise, die bei sozialen Interaktionen stattfindet oder auch wenn in der Umgebung sozial bedeutsame Hinweise vorhanden sind. Manch einer hat es vielleicht schon bei Pferden gesehen, wo es sehr offensichtlich ist. Durch das Flehmen öffnet sich das VNO, und die Reize können zu den Neuronen im Inneren des Organs vordringen. Wie Hunde es nutzen, wurde in Kapitel 3 beschrieben.

Das Grüneberg-Ganglion

Ganz an der Spitze der Schnauze, unmittelbar über den Nasenöffnungen, liegt bei der Maus eine Struktur von rund 300 bis 500 Neuronen, die erstmals 1973 von Hans Grüneberg beschrieben wurde. Dieses Organ, Grüneberg-Ganglion genannt, ist ganz anders aufgebaut als die Nase. Die Cilien seiner Geruchsneuronen sind in der Haut eingebettet, aber wasserlösliche Reize können sie erreichen. Die Neuronen produzieren spezifische Rezeptoren, von denen manche denen im VNO ähneln. Die von den Neuronen ausgehenden Axone sammeln sich und laufen gemeinsam als besondere Nervenbahnen zu einem eigenen Teil des Riechkolbens, den *necklace*-Glomeruli.[7]

Die Funktion des Grüneberg-Ganglions war lange umstritten. Viele Wissenschaftler glaubten, es sei von Bedeutung für die Fütterung der Jungen, denn es entwickelt sich sehr früh und liegt an einer geeigneten Stelle in der Nähe der mütterlichen Brustdrüsen. Als aber Marie-Christine Broillet und ihre Kollegen an der Universität im schweizerischen Lausanne genauer untersuchten, welche Gerüche die Neuronen in dem Organ aktivieren, entdeckten sie eine vollkommen andere, ein wenig beängstigende Funktion.[8] Wie alle Wissenschaftler testeten sie zu Beginn viele verschiedene einschlägige Gerüche. Dabei registrierten sie keine Reaktionen auf bekannte Pheromone von Mäusen oder auf den Geruch von Milch oder Urin.

Schnelle Weiterleitung eines Reizes und eine schnelle Reaktion darauf sind natürlich auch dann nützlich, wenn Gefahr besteht. Deshalb probierten die Wissenschaftler es als Nächstes mit verschiedenen Gerüchen, die mit Gefahren für eine Maus zusammenhängen. Dabei fanden sie den Schlüsselreiz für viele Neuronen im Grüneberg-Ganglion: eine ganz bestimmte Substanz, die von sterbenden Mäusen abgegeben wird.[9] Sie ließen Mäuse in CO_2 ersticken; mit der gleichen Methode werden auch Schweine im Schlachthof eingeschläfert – man weiß aber, dass es kein sehr angenehmer Tod ist. (Ich habe keine Ahnung, warum diese Methode für kommerzielle Zwecke eingesetzt wird, wenn man davon absieht, dass Menschen durch sie dem Todeskampf der Schweine nicht zusehen müssen …).

Der von den sterbenden Mäusen ausgehende Geruch enthält eine Reihe ganz bestimmter Moleküle, die weder bei lebenden Mäusen vorhanden sind noch bei Mäusen, die sehr schnell getötet wurden. Es ist eine Art Schreckstoff (siehe auch Kapitel 5). In einer zweiten Studie machten die Wissenschaftler die Identität des Geruchs dingfest; wie sie dabei interessanterweise herausfanden, sind seine Moleküle sehr eng mit Verbindungen verwandt, durch die Mäuse natürliche Feinde wie Katzen oder Füchse wahrnehmen. Vielleicht besteht die Funktion des Organs ganz allgemein in der Wahrnehmung von Substanzen, vor denen eine Maus wirklich Angst haben sollte.

Das Grüneberg-Ganglion nimmt aber offenbar nicht nur beängstigende Gerüche wahr, sondern es ist auch an der Kälteempfindung beteiligt.[10] Ob diese Erkenntnis in irgendeiner Form mit dem Angstgeruch in Verbindung steht, ist nicht genau bekannt. Vielleicht handelt es sich auch um eine unabhängige Sinneswahrnehmung.

Das Septalorgan

Das Masera- oder Septalorgan wurde bereits 1921 entdeckt, aber erst 1943 von Rodolfo Masera erstmals beschrieben. Es ist ein besonderer kleiner Abschnitt des Riechepithels, der vom Hauptteil der Nase durch ein Epithel ohne Geruchsfunktion getrennt ist.[11] Es liegt genau in der Mitte der Nase an der Nasenscheidewand und weit hinten, wo die Nase in den Rachen übergeht. Das Organ enthält ungefähr 20000 Geruchsneuronen, die aber nur etwa zehn Geruchsrezeptoren produzieren.[12,13] Die Hälfte dieser Neuronen exprimiert einen besonderen Rezeptor namens MOR256–3; dieser ist unter allen bisher charakterisierten Rezeptoren der mit dem breitesten Reaktionsspektrum. Er nimmt viele verschiedene Gerüche wahr, aber es scheint, als wären die Neuronen in dem Organ weitaus empfindlicher als die in der normalen Nase. Die Axone von den Neuronen des Septalorgans laufen zu wenigen Nervenknoten des Riechkolbens.

Wofür das Septalorgan gut ist, weiß bisher eigentlich niemand. Einer beliebten Vermutung zufolge signalisiert es dem Gehirn, dass ein bestimmter Geruch vorhanden ist, und bereitet es auf die detaillierteren Informationen aus dem eigentlichen Geruchssinn vor. Einer anderen Vermutung zufolge dient das Septalorgan einfach als Nase im Miniaturformat, die das Hauptsystem ergänzt. Seine Neuronen haben eine interessante Eigenschaft: Anscheinend sind sie bimodal, denn sie sprechen auch auf mechanische Reize an. Die Neuronen könnten also sowohl den Geruch als auch die Strömungsgeschwindigkeit der Luft aufzeichnen und möglicherweise ihre Empfindlichkeit darauf einstellen.

Zusammenfassend lässt sich sagen, dass die Maus also vier verschiedene Organe zur Wahrnehmung von Gerüchen besitzt. Eines liegt wie bei uns in der eigentlichen Nase, die anderen an bestimmten eigenen Stellen. Interessanterweise haben diese Organe eine sehr unterschiedliche Größe. In der Nase liegen zehn Millionen Neuronen, im VNO 300000, im Grüneberg-Ganglion ungefähr 500 und im Septalorgan 20000. Anscheinend wurden also wichtige Aufgaben von der eigentlichen Nase an andere, kleinere Organe »outgesourct«, die besondere Funktionen erfüllen: Wahrnehmung von Pheromonen, Alarm und im Fall des Septalorgans vielleicht ein allgemeines Geruchsbewusstsein. Jedenfalls zeugt die Vielzahl und Vielfalt der Organe, die schlicht der Geruchswahrnehmung dienen, von der ungeheuren Bedeutung des Riechens für die Maus und ihr Leben.

Geruch entscheidet über Leben

Eine Maus hat vier Nasen, und dafür gibt es gute Gründe. Über mehr oder weniger alle Aspekte ihres Lebens entscheidet in dieser oder jener Form der Geruch, seien es Pheromone, der Duft natürlicher Feinde oder das Aroma des Futters. Man hat eine verblüffende Vielzahl von Interaktionen entdeckt, die über Pheromone verlaufen; einige besonders erstaunliche Fälle möchte ich genauer betrachten.

Eine kleine Maus ist mehr oder weniger eine wandelnde Fabrik für Pheromone verschiedener Typen.[14] Diese Substanzen können aus dem Urin stammen, aber auch aus den Genitaldrüsen, der Tränenflüssigkeit und dem Speichel. Es gibt zwei Haupttypen von Pheromonen: auslösende und vorbereitende. Auslösende Pheromone setzen eine unmittelbare Reaktion wie Anziehung oder Aggression in Gang, die vorbereitenden Pheromone dagegen verändern im Laufe der Zeit bestimmte, häufig über Hormone vermittelte Prozesse im Organismus. Sehen wir uns zuerst die auslösenden Pheromone an.

Eine eindeutige Reaktion von Mäusemännchen ist die Aggression gegenüber einem eingedrungenen Geschlechtsgenossen. Betritt ein solcher Neuankömmling das Revier eines ansässigen Männchens, kommt es zu einem echten Kampf. Ein Weibchen oder ein kastriertes Männchen dagegen wird nicht angegriffen, pinselt man den Kastraten aber mit Urin von einem gesunden Männchen ein, wird er genauso aggressiv begrüßt wie der Spender des Geruchs. Offensichtlich teilen also die Geruchsstoffe im männlichen Urin dem ansässigen Männchen mit, dass ein Eindringling sein Revier betreten hat. Auch säugende Mütter zeigen Aggression gegenüber eingedrungenen Männchen, jungfräuliche Weibchen dagegen nicht. Anscheinend ist dies eine Methode, um die Jungtiere vor den manchmal mörderischen Eindringlingen zu schützen. Ein Männchen tötet häufig die Nachkommen eines Geschlechtsgenossen, damit das Weibchen für ihn wieder schneller paarungsbereit ist – grausam, aber sehr wirkungsvoll.

Die Aggression des Männchens wie auch des Weibchens ist sowohl von flüchtigen als auch von nicht flüchtigen Substanzen im männlichen Urin abhängig.[15,16] Diese werden sowohl durch die eigentliche Nase als auch vom Vomeronasalen Organ wahrgenommen. Nur in Gegenwart einer vollständigen Mischung der verschiedenen Verbindungen stellt sich das ausgeprägte Aggressionsverhalten ein, mit dem vielleicht das Revier, die Partnerin oder die Nachkommen vor männlichen Eindringlingen geschützt werden sollen. Ähnliches beobachtet man auch bei vielen anderen Arten, aber Mäuse haben einzigartige Erkenntnisse geliefert.

Lebenswichtig ist auch, dass das Junge nach der Geburt die Zitzen der Mutter findet. Mäusejunge sind bei der Geburt vollkommen blind und zu diesem Zweck ausschließlich auf ihren Geruchssinn angewiesen. Ihr Verhalten ist dabei sehr stereotyp und ähnelt dem eines Insekts, das sich im Zickzack auf ein Ziel zubewegt. Wenn man die Zitzen wäscht oder die eigentliche Nase schädigt, finden die Jungen die Nippel der Mutter nicht und verhungern. An dem ganzen Vorgang ist offenbar ein Lernprozess beteiligt, der schon im Mutterleib beginnt. Die Jungen lernen den Geruch des Fruchtwassers kennen, werden aber dann auch sehr schnell mit dem Geruch von Milch und Speichel der Mutter vertraut.[17] Beim Kaninchen, einem anderen kleinen Säugetier, hat man ein bestimmtes Pheromon nachgewiesen, bei Mäusen scheint das System aber flexibler zu sein – die Vorliebe kann sich durch die Ernährung der Mutter ändern. Damit sind wir wieder bei Vorgängen beim Menschen, die wir bereits in Kapitel 2 kennengelernt haben.

Der bekannteste Auslöseeffekt der Pheromone hat mit Sexualität zu tun. Das gilt auch für Mäuse. Zwischen Männchen und Weibchen findet eine komplizierte, von

Gerüchen getriebene Wechselbeziehung statt. Weiblicher und männlicher Urin ist für das jeweils andere Geschlecht höchst attraktiv. Das liegt sowohl an sehr flüchtigen Verbindungen als auch an den nicht flüchtigen Haupturinproteinen oder MUPs, die im Zusammenhang mit dem VNO bereits erwähnt wurden. Jane Hurst und eine Wissenschaftlergruppe der Universität Liverpool machte im Urin männlicher Mäuse insbesondere ein bestimmtes MUP aus. Es trägt den zutreffenden Namen *Darcin* nach dem liebenswürdigen Mr. Darcy in *Stolz und Vorurteil* von Jane Austen und trägt entscheidend dazu bei, bei Weibchen das sexuelle Verlangen auszulösen.[18]

Mäuse werden also eindeutig vom Geruch des Urins des jeweils anderen Geschlechts angezogen, aber auch von Düften, die von besonderen Drüsen rund um die Geschlechtsorgane ausgehen, sowie durch Speichel und Tränenflüssigkeit. Der Geruch männlicher Tränen versetzt das Weibchen in die richtige Stimmung zur Paarung. Alle diese Gerüche wirken sowohl über die eigentliche Nase als auch über das Vomeronasale Organ auf komplizierte Weise zusammen.

Die beschriebenen Pheromontypen üben ihre Effekte offenbar unabhängig vom einzelnen Tier aus. Sie übermitteln allgemeine Nachrichten über Sexualität, Aggression und so weiter.

Wer ist wer?

Im Leben einer Maus gibt es wie in unserem eigenen einen weiteren wichtigen Aspekt: Man muss nachverfolgen, wer ein Freund ist, wer ein Feind ist, wer zur Familie gehört und wer nicht, und so weiter. Bei Mäusen werden die meisten derartigen Aufgaben durch die Erkennung von Gerüchen bewerkstelligt. Hier lohnt es sich wirklich, noch einmal zum Kapitel 2 zurückzublättern, denn dort wurden ähnliche Vorgänge für die Beziehungen zwischen Menschen beschrieben.

Unter anderem hat die individuelle Erkennung den wichtigen Aspekt, dass man bis zu einem gewissen Grad das Verwandtschaftsverhältnis beurteilen muss. Dabei spielen verschiedene am Immunsystem beteiligte Proteine eine wichtige Rolle. Das Thema haben wir zuvor bereits im Zusammenhang mit dem Verhalten von Menschen kurz angesprochen. Auch diese Proteine sind im Urin der Mäuse enthalten, und das in individuell unterschiedlichen Mengenverhältnissen. Neuronen in der Nase und im VNO nehmen die Proteine wahr, und der Geruch kann für Mäuse als Leitfaden bei der Partnerwahl dienen. Jemanden zu wählen, der einem selbst zu ähnlich ist, wäre nicht gut, aber wenn der Unterschied zu groß ist, wäre es ebenfalls von Nachteil. Auch hier entscheidet der Geruch im Leben einer Maus über wichtige Alternativen.

Von einem anderen wohlbekannten Effekt der individuellen Erkennung von Mäusen müssen wir hoffen, dass er bei Menschen nicht auftritt. Zur sogenannten Schwangerschaftsblockade, dem Bruce-Effekt (manch einer hat vielleicht bemerkt, dass mehrere Organe und Verhaltensweisen von Mäusen nach den Personen benannt sind, die sie entdeckt haben; in diesem Fall war es die britische Zoologin Hilda Margaret Bruce) kommt es, wenn ein trächtiges Weibchen den Urin eines Männchens riecht, das es nicht kennt.[19]

Der Geruch des fremden Urins löst beim Weibchen eine spontane Fehlgeburt aus, und danach steht es ihr frei, sich mit dem neuen, offensichtlich kräftigeren Männchen zu paaren. Warum wird es als kräftiger wahrgenommen? Ganz einfach: Weil es in der Lage war, seine Duftmarke im Revier des früheren Herrschers zu hinterlassen. Wenn das Weibchen einen solchen Neuankömmling erkennt, muss sie eine klare Erinnerung an den Geruch ihres früheren Partners haben. Der Bruce-Effekt scheint auf bestimmten MUPs zu basieren und stellt sich nur bei einem funktionsfähigen VNO ein. Die eigentliche Nase scheint dabei keine Rolle zu spielen.

Der Körper wird vorbereitet

Vorbereitungspheromone verändern Prozesse im Körper so, dass die Aussichten, Gene an die nächste Generation weiterzugeben, steigen. Mehrere derartige Auslöser greifen in den Fortpflanzungszyklus der Weibchen ein. Schon 1956 beschrieb Wesley K. Whitten den nach ihm benannten Whitten-Effekt, bei dem der Geruch männlicher

Mäuse dafür sorgt, dass gemeinsam untergebrachte Weibchen ihren Fruchtbarkeitszyklus synchronisieren.[20] Dadurch sind sie alle zur Paarung bereit, wenn das Männchen anwesend ist (eine erstaunliche Parallele zu den in Kapitel 2 erwähnten und sehr umstrittenen Experimenten von Martha McClintock). Eine weitere vom Geruch angetriebene Abwandlung geht ebenfalls vom männlichen Geruch aus: Er hat zur Folge, dass junge Weibchen in die Pubertät eintreten – der sogenannte Vandenbergh-Effekt (entdeckt von J. G. Vandenbergh).[21] Auch die Weibchen können untereinander den Zyklus beeinflussen. Der Geruch eines Weibchens hat offenbar den umgekehrten Effekt wie der männliche beim Whitten-Effekt; er zögert den Zyklus des Eisprunges hinaus.

Alle diese Effekte sind offenbar stark von Gerüchen abhängig, die vom Urin abgegeben werden. Bei den Geruchsstoffen handelt es sich sowohl um flüchtige Verbindungen als auch um MUPs und andere schwere Substanzen. Mehrere Verhaltensweisen finden ausschließlich mit einem funktionsfähigen VNO statt, der wichtigste Übermittlungsweg zum Gehirn und weiter zu den Hormonsystemen scheint also über die VNO-Rezeptoren zu verlaufen.

Kenne deinen Feind

Im Leben einer Maus gibt es zwei wichtige Aspekte: Fortpflanzung und Überleben – in dieser oder der umgekehrten Reihenfolge. Überleben ist von zentraler Bedeutung, denn eine tote Maus tut wenig für die Fortpflanzung. Auch hier spielt der Geruchssinn die wichtigste Rolle. Sehr spezifische Rezeptoren haben ausschließlich die Aufgabe, den Geruch verschiedener natürlicher Feinde wahrzunehmen, und dabei haben offenbar sowohl die Nase als auch das VNO wichtige Funktionen.

An dieser Stelle sollte man vielleicht noch einmal einige Begriffe im Zusammenhang mit dem Geruch klären. Von den Pheromonen war bereits die Rede: Sie sind spezifische chemische Botenstoffe, die Nachrichten zwischen Individuen derselben Spezies übermitteln. Wie bereits erwähnt, gibt es aber natürlich auch eine Fülle von Botschaften, die von Spezies zu Spezies weitergegeben werden. Die Namen für diese Substanzen deuten darauf hin, wem die artübergreifenden Informationen nützen.

Ist der Empfänger der Information der Nutznießer, bezeichnet man die Geruchssubstanz als **Kairomon**. Ein typisches Beispiel ist das Beutetier, das seine natürlichen Feinde riecht und entkommt. Profitiert der Sender, handelt es sich bei dem Geruch um ein **Allomon**. Beispiele sind hier die typischen Köder, mit denen ein Beutetier getäuscht wird, oder der Gestank zur Abwehr des Feindes. In die dritte Kategorie gehören Substanzen, bei denen beide Parteien von der auf Geruch basierenden Interaktion profitieren. Hier spricht man von einem **Synomon**, und das klassische Beispiel ist der Blütenduft, durch den die Insekten sich Nektar beschaffen, während die Blüte bestäubt wird.

In unserem Fall betrachten wir die Interaktionen aus der Sicht der Maus und ihrer Beziehung zu den natürlichen

Feinden. Da die Maus davon profitiert, wenn sie ihre Feinde riecht, gehören diese Geruchsstoffe zu den Kairomonen. Man hat spezifische Gerüche von Füchsen, Katzen, Ratten (auch sie gehören zu den natürlichen Feinden der Mäuse) und mehreren anderen Tierarten nachgewiesen. Manche werden offenbar in einem allgemeineren Sinn wahrgenommen, andere durch sehr spezifische Teilsysteme. Ein Geruchsstoff namens 2-Phenylethylamin ist ein echter, aber allgemeiner Erkennungsstoff natürlicher Feinde. Der Geruch dieser Substanz sorgt dafür, dass Mäuse verängstigt die Flucht ergreifen.[22]

Ein Beispiel für die gezieltere Geruchswahrnehmung eines natürlichen Feindes liefert eine Studie aus dem Institut des Neurologen Thomas Bozza an der Northwestern University. Seine Arbeitsgruppe beschäftigte sich mit einer kleinen Rezeptorfamilie, deren Funktion man nicht genau kannte. In sehr eleganten Experimenten konnten Bozza und seine Kollegen unter Leitung von Adam Dewan nachweisen, dass man nur einen dieser Rezeptoren genetisch ausschalten muss, damit die Maus den Geruch bestimmter natürlicher Feinde nicht mehr meidet. Wie sich in der Studie zeigte, fungiert ein ganz bestimmter Übertragungsweg im Geruchssinn der Mäuse als Alarmsystem, das vor der Gegenwart natürlicher Feinde warnt. Das einzelne Gen für den Rezeptor, der das Räubervermeidungsverhalten auslöst, heißt TAAR4 (*trace amine-associated receptor*); der Rezeptor spricht auf das bereits erwähnte Phenylethylamin (PEA) an, das beispielsweise im Urin von Katzen vorkommt.[23]

Die Wissenschaft zeigt uns also, dass Mäuse gegenüber dem Urin von Katzen wahrhaft misstrauisch sind. Das Prinzip wird in der Praxis schon seit einiger Zeit genutzt: Katzenbesitzer verteilen gebrauchte Katzenstreu an strategischen Orten und halten Mäuse so davon ab, in ihr Haus einzudringen. Nachbarn wissen diese Methode allerdings nicht immer zu schätzen …

Riechen, um zu überleben

Angesichts aller bisher beschriebenen Befunde bin ich ziemlich sicher, dass weder Hunka Munka noch Dieter Däumeling sich durch bemalten Gips täuschen ließen. Um was für ein Material es sich handelte, wussten sie, lange bevor es in ihr Blickfeld geriet. Eine Maus lebt in einer extremen Welt der Gerüche: Alle Verhaltensweisen und viele Abläufe in ihrem Organismus werden durch den Input der verschiedenen Organe gesteuert, die Gerüche wahrnehmen.

Futter, Mutter, Partner, Freunde, Feinde – alles hat für die Maus einen bestimmten Geruch, und der versetzt sie in die Lage, die richtigen Entscheidungen über ihr Verhalten zu treffen und damit einen möglichst großen Überlebens- und Fortpflanzungserfolg zu erzielen. Genau wie im Fall der Hunde können wir uns eigentlich nicht vorstellen, welche vielfältigen Eindrücke diese winzigen Lebewesen, die auf der ganzen Welt unsere Hausgenossen sind, mit ihren verschiedenen Riechorganen sammeln.

KAPITEL 7

Der beste Riecher von allen –
der Nachtfalter

Nehmen wir einmal ein Kilo Zucker, schütten es in die Ostsee und rühren so lange, bis es sich gleichmäßig verteilt hat. Jetzt probieren wir einen Schluck Wasser. Könnten wir eine derart geringe Konzentrationsveränderung wahrnehmen? Ein Nachtfalter ist genau dazu in der Lage – wenn ein Männchen den Weg zum Weibchen finden möchte, nutzt er in der Regel ihre Duftspur, um sich in ihre offenen Flügel führen zu lassen.

Absolut betrachtet, geht es hier darum, wenige Moleküle in einem Kubikzentimeter Luft zu riechen.[1,2] Um den richtigen Zusammenhang herzustellen: Für uns Menschen liegt die Geruchsschwelle bei ungefähr 200 Millionen Molekülen! Und sosehr wir uns als Menschen auch bemüht haben, es ist uns bisher nicht gelungen, einen Detektor zu konstruieren, der auch nur annähernd die Empfindlichkeit der »Nase« von Nachtfaltern erreicht. Und das, obwohl sie schon seit dem 19. Jahrhundert ein beliebtes Objekt der Geruchsforschung sind.

Bereits 1880 beobachtete Jean-Henri Fabre als einer der ersten Wissenschaftler, wie Nachtfalterweibchen weit entfernte Männchen anlockten. Seine Experimente waren einfach, aber er zog daraus scharfsinnige Folgerungen. Nachdem er Sehen und Hören als naheliegende Sinne ausgeschlossen hatte, gelangte er zu der Erkenntnis, dass der Geruch eine entscheidende Rolle spielen müsse:

> »Es bleibt der Geruchssinn. Im Bereich unserer Sinne würde der Geruch besser als alles andere den Ansturm der Nachtfalter mehr oder weniger erklären, auch wenn sie den Köder, der sie anlockt, erst nach einem gewissen Zögern finden. Gibt es in Wirklichkeit Ausdünstungen ähnlich denen, die wir als Gerüche bezeichnen; Ausdünstungen von äußerster Feinheit, welche für uns selbst absolut nicht wahrnehmbar sind und doch einen Geruchssinn, welcher besser ausgestattet ist als unserer, beeindrucken können?«

Fabre war tatsächlich auf der richtigen Spur. Nachtfalterweibchen erzeugt einen verführerischen Duft und lockt damit das Männchen an. Dieser Duft ist das klassische Beispiel für ein Pheromon. Als Pheromone bezeichnet man chemische Verbindungen, die bei einem anderen Individuum derselben Spezies eine Reaktion von Verhalten oder Physiologie auslösen.[3] In vielerlei Hinsicht sind sie mit Hormonen vergleichbar. Aber während Hormone als chemische Botenstoffe innerhalb eines einzigen Individuums wirken, übertragen Pheromone die Signale zwischen verschiedenen Individuen einer einzigen Spezies.

Das Weibchen finden

Das Nachtfaltermännchen riecht das Pheromon – und alle anderen Gerüche – fast ausschließlich mit den Antennen. Sie sind oben am Kopf angebracht und haben eine große Anzahl – bis zu 100000 – mikroskopisch kleiner Geruchshaare, auch Sensillen genannt. Das gilt sowohl für Männchen als auch für Weibchen. Jedes einzelne Haar oder Sensillum enthält einige Geruchsneuronen, von denen jedes ein ganz bestimmtes Spektrum verschiedener Geruchsmoleküle wahrnehmen kann. Beim Männchen sind diese Neuronen in ihrer überwiegenden Mehrzahl darauf spezialisiert, das weibliche Pheromon ausfindig zu machen.[4]

Man kann sich jedes dieser Haare wie eine winzig kleine Nase vorstellen. Es ist jeweils auf seine eigene Umgebung beschränkt und reguliert die chemischen Vorgänge rund um die in seinem Inneren gelegenen Neuronen. Diese schwimmen in einer zähen Flüssigkeit, die den Transport von Molekülen in die Neuronen begünstigt. Deshalb ist ein Nachtfaltermännchen mindestens eine Million Mal empfindlicher für das Parfüm seines Weibchens als wir für die Gerüche, auf die wir am empfindlichsten ansprechen.

Das Bestreben, den weiblichen Nachtfalter ausfindig zu machen, ist auch die Erklärung für den Aufbau des Gehirns der Männchen. Fast die Hälfte des Geruchszentrums ist dort dem Geschlechtspheromon gewidmet. Dieses Zentrum gliedert sich in mehrere kleine Klumpen, und jeder davon kümmert sich nur um eines der Moleküle, die den Duft des Weibchens ausmachen.[5]

Warum hat die Evolution eine so verblüffende Fähigkeit hervorgebracht, noch geringste Konzentrationen wahrzunehmen? Um Antworten auf diese Frage zu finden, müssen wir uns zunächst in das Thema der sexuellen Selektion vertiefen – und wir müssen sowohl die natürlichen Feinde als auch die Parasiten betrachten, die alle möglichen Signale belauschen und nur darauf warten, ihre Beute oder ihren Wirt zu finden.

Wenn mit wenig viel erreicht wird

Wenn ein Nachtfalterweibchen sein Geschlechtspheromon abgibt, um ein Männchen anzulocken, handelt es sich nur um sehr wenige Duftmoleküle. Pro Stunde würde ihre Menge dem Gewicht eines Punktes auf dieser Seite entsprechen. Indem sie so wenig ausscheidet, erzielt sie zwei unterschiedliche, wünschenswerte Ergebnisse. Da der Geruch so schwach ist, bleibt die Gefahr, dass natürliche Feinde oder Parasiten ihn ausmachen, gering. Die Feinde müssten schon eine extreme Empfindlichkeit entwickeln, um sie zu erschnuppern. Das kann zwar geschehen, ist aber selten.

Ein Feind einer Schmetterlingsart hat seinen Geruchssinn allerdings in tödlichem Ausmaß angepasst. Diesem Eierparasitoid ist es gelungen, für das Pheromon dieser bestimmten Art eine solch sensible Geruchswahrnehmung zu entwickeln, dass er in der Lage ist, die Duftspur eines Weibchens zu finden und sie zu verfolgen. Bei der nächsten Gelegenheit springt er sie an und reist huckepack mit ihr weiter, bis sie ihre Eier ablegt. Genau in diesem Augenblick springt der Parasitoid ab und legt seine Eier in die des

Schmetterlings. Seine Larve schlüpft schneller und ernährt sich von dem organischen Material im Ei – wobei die zukünftige Raupe natürlich stirbt.[6]

Signale entlang der Gene

Vielleicht ein noch wichtigerer Grund, warum die Konzentration der Pheromone weiblicher Nachtfalter auf eine extrem niedrige Menge gedrückt wird, ist die Bedeutung derartiger Signale für die Fortpflanzung und insbesondere als sexuelles Signal. Wenn das Weibchen derart niedrige Konzentrationen abgibt, wird es nur von Männchen mit sehr empfindlicher »Nase« gefunden. Für die Männchen besteht also ein ständiger Evolutionsdruck, immer empfindlicher zu werden. Deshalb haben manche männlichen Nachtfalter riesige Antennen.

Aus aerodynamischer Sicht sind solche riesigen »Windfänger« für ein fliegendes Insekt natürlich nicht ideal. Man kann sie sich vorstellen wie gewaltige Fallschirme an der Spitze eines Düsenflugzeugs. Da sie sich aber in Form des Paarungserfolges auszahlen, lohnen sie sich. Die Antennen ähneln in vielerlei Hinsicht dem Schwanz eines Pfaus. Der geschmückte Schwanz behindert das Pfauenmännchen sicher in seinen Bewegungen, wegen seiner Größe ist es aber für die Weibchen weitaus attraktiver als Männchen mit einem kleineren Schwanz.[7,8]

Da das Weibchen unter den Männchen nur diejenigen auswählt, die am besten riechen können, sichert sie sich für ihre Nachkommen die Gene dieser »Superriecher«. Entsprechend werden wahrscheinlich auch ihre Söhne sehr gut riechen können. Das Prinzip ist als die »Sexy-Son-Hypothesis« (dt. »Sexy-Sohn-Hypothese«) bekannt: Ein Weibchen, das sich mit einem Männchen von überlegener Qualität paart, bekommt Söhne, die ebenfalls die Gene für diese Qualität tragen.[9] Diese Söhne werden sich besser fortpflanzen und überleben, und damit werden sie die Gene der Mütter effizienter an zukünftige Generationen weitergeben. Deshalb begünstigt die Evolution diejenigen Weibchen, die auf das Männchen großen Druck ausüben, sie zu finden und sich im Anschluss mit ihnen zu paaren; Männchen mit einem hochempfindlichen Geruchssinn werden ebenso begünstigt, indem sie sich paaren können, wenn sie die Geruchsspur vor ihren Artgenossen wahrnehmen.

Risikoabwägung

Welche Rolle hat das Männchen? Es nimmt ein großes Risiko auf sich und fliegt den ganzen Weg zu dem verlockenden Weibchen. Während des Fluges ist es sowohl Vögeln als auch Fledermäusen ausgeliefert, die sich darauf spezialisiert haben, fliegende Insekten zu fangen. Um dieser Bedrohung zu begegnen, haben sich beim Nachtfalter mehrere Ohren entwickelt, die das Geräusch von Fledermäusen wahrnehmen. Hört das Männchen, dass eine Fledermaus näher kommt, ergreift es die Flucht.[10] Dabei entscheidet es sich aber auch für einen Tauschhandel: Wenn es spürt, dass sich in seiner Nähe ein Weibchen befindet und vielleicht schon bald Sex haben wird, bricht es seinen Flug mit viel geringerer Wahrscheinlichkeit ab, nur weil eine Fledermaus in der Nähe ist, als wenn das Weibchen noch weiter entfernt ist. Es wägt also ab zwischen der Wahrscheinlichkeit, gefressen zu werden oder sich fortpflanzen zu können.[11]

Seine Feinde sind bestrebt, die Versessenheit des Nachtfalters auf den Duft des Weibchens auszunutzen. So hat unter anderem die Bolaspinne eine besonders heimtückische Jagdmethode entwickelt, die genau auf dieser Versessenheit basiert. Die Spinne produziert eine klebrige kleine Kugel und bestreicht sie mit den gleichen Substanzen, die das Nachtfalterweibchen zum Anlocken des Männchens verwendet. Anschließend setzt sich die Spinne auf einen Zweig und lässt die Kugel an einem seidenen Faden herunterhängen. Nähert sich ein Nachtfaltermännchen in der Überzeugung, weiter oben sitze ein lockendes Weibchen, schwingt die Spinne ihre Kugel in Richtung des Nachtfalters. Dieser bleibt kleben, wird herangezogen und schnell gefressen.[12] Nach der Terminologie, von der in früheren Kapiteln schon die Rede war, ist der Lockstoff der Spinne ein Allomon, denn er nützt dem Produzenten.

Dass die Suche des Männchens nach dem Weibchen gefährlich, zeitaufwendig und energieintensiv ist, liegt auf der Hand. Aber am Ende ist es die Mühe wert. Das Weibchen ist eine seltene, einzigartige Ressource. Wenn das

Männchen Erfolg hat, winkt ihm beträchtlicher Lohn: Seine Gene werden auf alle Eier des Weibchens übertragen.

Jeder für sich

Als Mittel der Kommunikation sind solche Signale offensichtlich ungeheuer effizient. Milliarden Nachtfalterpaare finden jedes Jahr mit ihrer Hilfe zusammen und paaren sich. Aber wie können sich verschiedene Arten gegenseitig auseinanderhalten? Wir wissen, dass es in der Natur Tausende von Nachtfalterarten gibt. Würden sie alle den gleichen Kommunikationskanal nutzen, dann wären die Männchen die meiste Zeit hinter Weibchen der falschen Spezies her. Das ist natürlich nicht der Fall. Die Weibchen jeder Nachtfalterart produzieren ihre eigene, einzigartige Pheromonkombination, und die Geruchsneuronen des Männchens sind ausschließlich genau auf diese Moleküle eingestellt. Man könnte sagen: Jede Spezies hat ihre ganz eigene Geruchssprache.

Als der Nobelpreisträger Adolf Butenandt 1959 das erste Nachtfalterpheromon nachwies, war das eine Sensation.[13] Er brauchte die Pheromondrüsen von 500000 Seidenspinnern, um eine ausreichende Menge zu gewinnen und das Bombykol nachweisen zu können, das artspezifische Pheromon.[14] Damals glaubte man, es gebe so viele chemische Verbindungen, dass jede Spezies ihre eigene haben könne. Später stellte sich heraus, dass dies nicht stimmte. Als flüchtige Botensubstanzen kann nur ein begrenztes Spektrum von Molekülen synthetisiert und genutzt werden. Um Spezifität zu erzielen, haben sich die Weibchen in der Evolution häufig so entwickelt, dass sie charakteristische Mischungen verschiedener Verbindungen herstellen können. Parallel dazu hat sich bei den Männchen ein Informationsverarbeitungssystem herausgebildet, mit dem sie die Weibchen ihrer Spezies auch im chemischen Durcheinander vieler anderer Insekten erkennen können.[15]

Ein typisches Hilfsmittel, wenn man das Verhalten von Nachtfaltern studieren will, sind Windkanäle. In der Regel handelt es sich dabei um Plexiglasröhren, durch die eine langsame Luftströmung fließt. Entgegen der Windrichtung kann man verschiedene synthetische Mischungen von Verbindungen einschleusen, die den weiblichen Geruch nachahmen. Bringt man dann in Windrichtung ein Männchen in den Kanal, zeigt es einen stereotypen Flug. Dieser hat sich in der Evolution zu einem idealen Suchverhalten entwickelt: Das Männchen fliegt dem Wind entgegen und überprüft gleichzeitig, wie es im Verhältnis zum Untergrund vorankommt. Verliert es den Kontakt mit der vom Weibchen ausgehenden Duftspur, geht es zu einem Suchverhalten über, das immer größere Territorien abdeckt, je länger es sich außerhalb des Duftes aufhält. Auf diese Weise besteht die größtmögliche Wahrscheinlichkeit, dass es den Duft wiederfindet. Sobald dies gelungen ist, eilt das Männchen wieder dem Wind entgegen. Diese Verhaltensweisen wiederholen sich immer und immer wieder, bis der Nachtfalter das Weibchen ausfindig gemacht hat, landet und sich paart.[16]

Eine gefährliche Wissenschaft, die Augen öffnet

Mir öffnete die Laborarbeit, bei der ich die Reaktionen einzelner Geruchsneuronen auf den Nachtfalterantennen vermaß, die Augen. Man untersucht etwas, was noch nie jemand zuvor gesehen hat – das ist ein wahrhaft sensationelles Gefühl. Etwas zum ersten Mal zu sehen – das ist eigentlich das Wesen der Wissenschaft. Die Erforschung der Geschlechtspheromone von Nachtfaltern mag sich nach einer gefahrlosen wissenschaftlichen Domäne anhören, aber es ist nicht immer harmlos und eindeutig mit gewissen Risiken verbunden. Insbesondere wenn man im Freiland arbeitet.

Ernst Priesner, ein wahrer Pionier des Fachgebiets, verschwand im Juli 1994 auf rätselhafte Weise. Als begeisterter Freilandforscher war er ständig in ganz Europa unterwegs. Von einer Exkursion, auf der er Insektenfallen in der Alpenregion rund um Garmisch-Partenkirchen aufstellen und überprüfen wollte, kehrte er nicht mehr zurück. Priesner, ein österreichischer Biologe, hatte sich auf Physiologie, Biochemie und Biophysik des Geruchssinns von Insekten sowie auf die Pheromonbiosynthese spezialisiert. Außerdem arbeitete er am Max-Planck-Institut für Verhaltensphysiologie in Seewiesen.

Letztlich trug er dazu bei, die Grundlagen für viele wichtige Fortschritte auf seinem Fachgebiet zu legen. Als Schüler des deutschen Biologen Dietrich Schneider, der eigentlich der Gründervater der Geruchsforschung bei Insekten war und als Erster schon in den 1950er Jahren versuchte, die Mechanismen hinter dem leistungsfähigen Geruchssinn der Insekten zu entschlüsseln.

Als Priesner nicht wie erwartet von seiner Exkursion zurückkam, wurden die örtlichen Bergrettungsdienste alarmiert, und Suchtrupps machten sich auf den Weg. Leider war alles vergeblich. Er wurde nie gefunden.

Asymmetrische Verfolgung und der Druck der Weibchen

In den Zeiträumen der Evolution werden neue biologische Arten geboren. Dies kann unter anderem dadurch geschehen, dass sich das Pheromon verändert. Die Frage dabei ist, wie genau läuft diese Veränderung ab? Normalerweise sollte ein Kommunikationssystem über lange Zeit sehr stabil bleiben. Jedes Männchen oder Weibchen, dessen Duftbouquet oder Vorliebe sich ändert, würde riskieren, keinen Partner mehr zu finden. Und doch können wir Veränderungen beobachten. Eine Theorie, die erklärt, wie sie sich abspielen können, wird als »asymmetrische Verfolgung« (*asymmetric tracking*) bezeichnet. Sie geht davon aus, dass auf jedes Weibchen immer auch ein Männchen kommt.[17]

Selbst wenn eine Mutation also dazu führt, dass ein Weibchen mit seinem Geruch ein wenig von der Norm abweicht, ist das Männchen erpicht darauf, sie zu finden. Entsprechend sind immer einige Männchen bereit, sich auf den neuen Duft einzulassen. Auf diese Weise könnte ein Teil der Population nun ein neues Pheromon produzieren und darauf ansprechen – daraus entwickelt sich im Laufe der Zeit eine neue Spezies.

In Europa haben wir ein Beispiel dafür gefunden, wie solche Veränderungsprozesse innerhalb derselben Spezies zu vielen verschiedenen Geruchssprachen führen können. Als wir schwedische Saateulen (eine Nachtfalterart) mit Exemplaren der gleichen Spezies aus Frankreich oder Bulgarien verglichen, zeigte sich eindeutig, dass sowohl die Männchen als auch die Weibchen unterschiedlich waren. Ein französisches Weibchen konnte höchstwahrscheinlich nicht mit einem bulgarischen Männchen »sprechen« und umgekehrt. Die gleiche Spezies kommt auch südlich der Sahara vor. In Zimbabwe hat sie im Laufe der Evolution einen großen Teil ihres Pheromonbouquets verloren. Solche Veränderungen sind wahrscheinlich unter dem Einfluss geographischer Isolation eingetreten, und neue Dialekte oder Sprachen haben sich gebildet. In manchen Fällen unterscheiden sie sich so stark, dass wir schon von neuen Arten sprechen können.[18]

Bei einigen Nachtfalterarten sind die Rollen von Sender und Empfänger vertauscht. Hier produziert das Männchen den Geruch, und das Weibchen spricht darauf an. Wie man an einigen tropischen Nachtfalterarten beobachten konnte, verbleibt das Risiko dennoch häufig beim Männchen. Die Männchen dieser Arten hängen gruppenweise an Bäumen und bilden auf ihrem Rücken große Strukturen aus, die dann das Pheromon abgeben. Die Weibchen werden von solchen Männergruppen angelockt.[19,20]

Solche Phänomene kann man mit dem Balzverhalten anderer Tiere vergleichen: Die Männchen sammeln sich und präsentieren sich den Weibchen, die durch ihre gemeinschaftliche Aktion angezogen werden. Anschließend wählen die Weibchen aufgrund bestimmter Signale oder Eigenschaften ihre Paarungspartner aus. Bei den Nachtfaltern, die an den Bäumen hängen, könnte dieses Signal die Größe der duftenden Strukturen sein.

Nachtfalter und unser Ökosystem

Die Geschlechtspheromone sind nur ein Aspekt dieser faszinierenden Tiere. Ein anderer hat mit der Rolle der Nachtfalter als Bestäuberinsekten zu tun. Dass Blüten besondere Düfte produzieren, um Bestäuber anzulocken, ist kein Geheimnis. Bei Tabakpflanzen wird die Aufgabe von den Tabakschwärmern übernommen. Wie nimmt ein solcher Nachtfalter den Blütenduft wahr – und wie wirkt sich der Blütenduft auf sein Verhalten sowie auf seine Interaktion mit der Blüte aus? Solche Fragen waren Teil faszinierender Forschungsarbeiten, und die Ergebnisse waren eine Sensation.

Für unsere Untersuchungen mussten wir den Duft einiger Tabakpflanzen genetisch ausschalten. So erzeugten wir Pflanzen, die den Geruch entweder abgaben oder auch nicht.[21] Anschließend ließen wir Tabakschwärmer zwischen nicht duftenden und duftenden Pflanzen wählen, und dabei analysierten wir ihre Flugmuster, die Annäherung und den Kontakt mit den Blüten. Die Untersuchungen liefen in modernen Windkanälen und einem Freiflugzelt ab. Die Schwärmer suchten zwar häufig die nicht duftenden Blüten auf, womit gezeigt war, dass diese für die Insekten nicht unsichtbar waren; sie blieben aber auch nicht so lange, dass sie die Blüten erfolgreich hätten bestäuben können. Die duftlosen Blüten brachten nur sehr wenige Samen hervor, was die unzureichende Bestäubung durch die Nachtfalter widerspiegelt – und das, obwohl diese sie wiederholt aufgesucht hatten.

Wie wir entdeckten, verbrachten die Schwärmer mehr Zeit mit der Suche an den duftenden Blüten, und das stärkte deren Bestäubungserfolg. Gleichzeitig sammelten sie mit jedem Blütenbesuch auch mehr Nektar. Die Experimente zeigten, dass der Duft für Tabakschwärmer ein wichtiges Kriterium ist, wenn sie in die Nähe der Blüten kommen. Möglicherweise liegt das daran, dass der Blütenduft bekanntermaßen ein Spiegelbild der Nektarmenge ist, die in einer Blüte potenziell zur Verfügung steht.

Während unserer Versuchsreihen im Windkanal und Freiflugzelt stellten wir neurophysiologische, anatomische und genetische Untersuchungen an; damit konnten wir zeigen, dass das Mundorgan der Tabakschwärmer (die

Proboscis) den Blütenduft wahrnimmt. Da die lange Proboscis die Geruchsrezeptoren auf den Antennen an ihrer Wahrnehmungsaufgabe hindert, sieht es sogar so aus, als würde die Proboscis eigentlich die Funktionen von Nase und Zunge in sich vereinigen: Sie schnuppert in der Nähe der Pflanze nach dem Duft und saugt als Belohnung den süßen Nektar ein. Um den richtigen Weg in die Blüte zu finden, riecht der Nachtfalter mit der Zunge.[22]

Die Fähigkeit, Blüten aus der Nähe mit der Proboscis zu riechen, hilft den Tabakschwärmern also bei einer effizienten Nahrungssuche, und die wiederum ist in unserem Ökosystem eine entscheidende Dienstleistung.

Arbeit für den Durchbruch

Nachtfalter sind aber nicht nur Bestäuberinsekten, sondern sie gehören auch zu den verheerendsten Schädlingen unserer Nutzpflanzen. Afrika wurde von einem großen Ausbruch des Herbst-Heerwurms (*Spodoptera frugiperda*), einer Art aus der Familie der Eulenfalter, heimgesucht, der bei verschiedene Nutzpflanzen gewaltiges Unheil anrichtete. Das Gleiche gilt für verschiedene Arten, wie beispielsweise den Maiszünsler, den Baumwollkapselbohrer und so weiter. Praktisch jede landwirtschaftlich genutzte Pflanzenart wird von irgendeinem Nachtfalter angegriffen. Ähnlich ergeht es auch unseren Wäldern: Hier berauben Prozessionsspinner und Schwammspinner viele Bäume ihrer Blätter. Vielfach begegnen uns kleine Motten, ebenfalls ein Mitglied dieser großen Familie, auch zu Hause, wo sie trockene Lebensmittel oder unsere Kleidung befallen.

Für all diese Probleme galten Pheromone als Lösung. Das aber hat sich entgegen den Hoffnungen nicht bewahrheitet. Bei manchen Nachtfalterarten hatte man mit Strategien auf der Basis von Pheromonen Erfolg, bei anderen wiederum nicht. Im Mittelpunkt der beliebtesten Methode steht die Störung der Paarung. Riecht eine Umwelt nämlich zu stark nach Pheromonen, werden die Männchen inaktiv, und die Paarung bleibt aus. Entsprechend werden keine Larven produziert und keine Nutzpflanzen geschädigt. Derzeit laufen auch Versuche, die Nutzpflanzen selbst nach Pheromonen riechen zu lassen, damit sie so selbst die Paarung unmöglich machen. Mehr darüber folgt in Kapitel 14.

Die negativen Wirkungen der Nachtfalter sind vorwiegend darauf zurückzuführen, dass die Menschen Monokulturen angelegt und Arten versehentlich in neue Umgebungen eingeschleppt haben. Im Allgemeinen sind Nachtfalter wichtige Bestäuberinsekten und eine wichtige Nahrung für viele Vögel und Säugetiere. Außerdem ist es höchst faszinierend, sie nachts zu beobachten. Wer es mit einem Schwarzlicht und einem weißen Bettlaken versucht, wird viele neue Bekanntschaften machen.

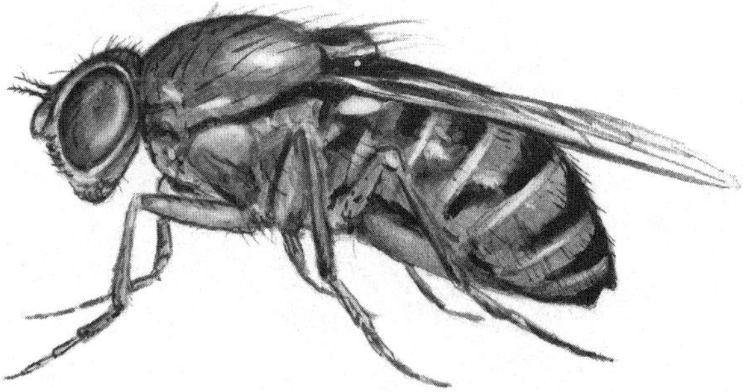

KAPITEL 8

Noch die kleinste Fliege

Der Morgen nach der Party. Überall stehen noch Weingläser herum, und darüber schwebt ein Schwarm lästiger kleiner Essigfliegen. Einige liegen schon tot in den Gläsern, ertrunken im Burgunder. In einem solchen Augenblick mag man es kaum glauben, aber diese winzigen Tiere, die in der Küche herumfliegen und über dem Wein schweben, sind in der Welt der Forschung wahre Riesen. Sie gehören zu den wichtigsten Modellorganismen der Wissenschaft.

Die Essigfliegen, auch Tau- oder Fruchtfliegen genannt, sind die Quelle wichtiger Erkenntnisse über die Grundprinzipien des Geruchssinns, von den molekularen Prozessen bis zum Verhalten in freier Wildbahn. In der Forschung sind sie unter ihrem offiziellen wissenschaftlichen Namen bekannt: *Drosophila melanogaster*.

Aber kehren wir in die Küche und zu den Weingläsern zurück. Welche Vorgänge haben die Fliegen zum Wein gelockt? Und warum? Einen nützlichen Hinweis gibt der Name der Spezies. Diese Insekten und viele ihrer Verwandten sind eigentlich keine Frucht-, sondern Hefefliegen. Sie lassen sich von Gärungsprodukten einer ganz anderen Art anlocken.[1] Essigfliegen bevorzugen Hefe, die auf Früchten wächst. Und da Wein das Produkt vergorener Weintrauben ist, gibt er auch die Moleküle ab, von denen die Fliegen sich anlocken lassen.

Man kann es selbst ausprobieren und eine eigene Essigfliegenfalle bauen, um diese lästigen Fliegen rund um die Obstschale loszuwerden. In vielen Geschäften und online findet man zwar besondere Fliegenfallen, man kann sich aber auch leicht selbst eine bauen:

- In ein kleines Glasgefäß schüttet man zehn Milliliter Balsamessig, 90 Milliliter Wasser und ein bis zwei Tropfen Geschirrspülmittel (je weniger es riecht, desto besser).
- Die Falle stellt man an einer Stelle auf, an der sich die Fliegen herumtreiben.
- Schon nach wenigen Stunden sind die meisten von ihnen tot – ertrunken liegen sie am Boden des Glases.

Wie funktioniert das? Der Geruch des Balsamessigs ist für die Fliegen unwiderstehlich. Normalerweise sind diese Tiere so leicht, dass sie auf der Oberflächenspannung des Wassers landen, balancieren und überleben können. Sobald man zu der Mischung aber etwas Geschirrspülmittel hinzugibt, ist die Oberflächenspannung beseitigt. Nun sinken die kleinen Fliegen in der Flüssigkeit nach unten. Heimtückisch, mag sein, aber äußerst effektiv.

Mit meinen eigenen Forschungsarbeiten bin ich noch ein ganzes Stück weiter gegangen. Nachdem ich analysiert hatte, welche Gerüche die Fliegen anlocken, konnte ich in meinen Studien herausfinden, dass ungefähr fünf Arten von Duftmolekülen für diese Insekten ein nahezu unwiderstehliches Bouquet bilden. Aber sehen wir uns erst einmal an, warum ich mir gerade die Fliegen ausgesucht hatte.

Das ideale Modell

Auch wenn die Fliegen winzig sind, besitzen sie als Lebewesen eine Art einfache Komplexität. Aber was macht sie für Wissenschaftler so attraktiv? Für die Geruchswahrnehmung besitzen die Fliegen ein System, das wir mehr oder weniger bis hin zu den einzelnen Nervenzellen analysieren können. Außerdem studiert man ihre genetischen Eigenschaften schon seit Beginn des 20. Jahrhunderts, und wir verfügen über zahlreiche Hilfsmittel, um das System zu manipulieren.[2] Ein letzter, aber sehr wichtiger Aspekt ist ihre schnelle Fortpflanzung. Sie bringen in wenigen Monaten viele Fliegengenerationen hervor, und damit sind sie die idealen Objekte für die Evolutionsforschung und genetische Eingriffe.[3]

Auch Wissenschaftlern, die sich mit der Geruchswahrnehmung beschäftigen, diente die Essigfliege als Modellorganismus; ihr Geruchssinn wurde häufiger analysiert als der jedes anderen Tieres. Jedes einzelne Geruchsneuron, das an den Antennen und Palpen die Duftmoleküle wahrnimmt, wurde eingehend und bis in alle Einzelheiten studiert. Heute wissen wir, was für Rezeptoren die Neuronen produzieren, welche Moleküle sie wahrnehmen und an welchen Teil des Gehirns sie ihre Informationen übermitteln.[4]

Jede Antenne der Fliege enthält ungefähr 1200 solche Neuronen, und jedes davon produziert einen oder zwei von insgesamt etwa 60 Rezeptortypen. Die dort eintreffenden Informationen werden an den für die Geruchswahrnehmung zuständigen Teil des Gehirns, den Antennalloben, weitergeleitet. Dort bilden die Treffpunkte von Input und Output kleine Gewebekugeln oder Glomeruli. Jeder Glomerulus beteiligt sich als Funktionseinheit an der Verarbeitung eines bestimmten Spektrums von Geruchsmolekülen. Ein solches Spektrum kann nur einen einzigen Typ umfassen oder aber auch eine weitaus größere Gruppe.[5]

Trifft ein Geruchsmolekül auf die Antenne, wird aus der Anordnung der Glomeruli eine funktionelle Landkarte erstellt. Diese Karte kann dann auf höhere Gehirnareale übertragen werden, wo die Erinnerungen gespeichert werden und angeborene Verhaltensweisen codiert sind. Die meisten Düfte werden von mehreren Rezeptoren wahrgenommen, das heißt, die Anordnung der Glomeruli lässt sich ähnlich spielen wie ein Klavier und codiert mit nur 60 Rezeptortypen Tausende und Abertausende von Düften.[6,7]

Wie die Maus, die sich mit ihrer Geruchswahrnehmung nicht nur einer Nase bedient (siehe Kapitel 6), so besitzt auch die Fliege ein zweites, eigenständiges Riechorgan: die Taster oder Palpen, die rund um die Mundwerkzeuge der Fliege angeordnet sind; lange glaubte man, sie hätten eine besondere Funktion für die Beurteilung von Gerüchen aus sehr kurzer Entfernung. In jüngster Zeit konnten wir aber nachweisen, dass die Palpen in Wirklichkeit mehr oder weniger wie eine zweite Antenne funktionieren und auch Gerüche wahrnehmen, die eine Fliege aus großer Entfernung anlocken.[8] Warum der Geruchssinn sich auf zwei verschiedene Organe verteilt, ist bisher eine offene Frage.

Ein Gedächtnis in der Nase

Wenn wir uns ansehen, welche winzigen Proteine in der Nase und Antenne für die Wahrnehmung verschiedener Geruchsmoleküle verantwortlich sind, nehmen die Insekten eine Sonderstellung ein. In den Zeiträumen der Evolution haben sie in dem System einen neuen Bestandteil erfunden. In unserer Nase erkennt der Rezeptor das Molekül und sendet ein Signal durch die Zelle, die daraufhin Ionenkanäle öffnet und damit einen elektrischen Nervenimpuls erzeugt. Bei Insekten ist die Funktion der Kanäle unmittelbar an den Rezeptor gekoppelt, und damit eröffnet sich ein sehr schneller, sicherer Weg für den Übergang vom chemischen zum elektrischen Signal.[9,10]

Faszinierend ist dabei auch, dass dieser besondere Aufbau offensichtlich bereits in der Antenne ein Kurzzeitgedächtnis entstehen lässt. Trifft ein sehr schwacher Geruchsreiz – der zu schwach ist, als dass er ein elektrisches Signal auslösen könnte – nur einmal auf das Geruchsneuron, findet keine weitere Reaktion statt. Kommt es jedoch innerhalb eines gewissen Zeitraumes zu einer zweiten, ähnlichen Stimulation, wird eine Reaktion ausgelöst, und das Signal gelangt ins Gehirn. Ein schwacher Reiz, der ein einziges Mal auftritt, ist offenbar nichts Besorgniserregendes, wiederholt er sich aber, kann das bedeuten, dass es damit etwas auf sich hat. Einmal ist also keinmal, aber zweimal hat etwas zu sagen.[11]

Mehr als ein Laborversuch

Im Rahmen meiner Forschungsarbeiten habe ich mich mit der Geruchsökologie der Fliegen beschäftigt. Mit anderen Worten: Ich möchte die Fliegen als Tiere verstehen – und nicht nur als fliegende Reagenzgläser für genetische Experimente. Dabei habe ich erlebt, wie sich einige interessante neue Prinzipien herauskristallisierten. Am wichtigsten war, dass wir im Zusammenhang mit dem Überleben der Fliege ein Geheimnis lüften konnten.

Wir entdeckten, dass Gerüche, die für Überleben und Fortpflanzung entscheidend sind, nicht in sonderlich vielen Rezeptoren codiert werden. Um den Vergleich mit dem Klavier noch etwas zu erweitern: Die Nutzung vieler Rezeptoren ähnelt dem Spielen von Akkorden. Manche Gerüche werden aber auch von einer einzigen, speziell dafür vorgesehenen Leitungsbahn wahrgenommen – das entspricht der Betätigung einer einzigen Taste auf dem Klavier. Solche Gesetzmäßigkeiten kennen wir bereits von der sexuellen Kommunikation, deren Systeme wir in Kapitel 7 bei Nachtfaltern kennengelernt haben, sonst aber hat man sie eigentlich noch nirgendwo gefunden.

Als erstes auffälliges Beispiel wiesen wir bei den Fliegen das System für die Wahrnehmung von Geosmin nach. Den Begriff Geosmin kennt manch einer vielleicht noch nicht, aber auch wir Menschen sprechen auf diesen Geruch höchst empfindlich an. Bei niedriger Konzentration ist es der angenehme Duft eines frisch gepflügten Feldes. In größeren Mengen erinnert der Geruch an Wein mit

»Korken« oder einen alten, muffigen Keller. Bei den Fliegen fanden wir einen einzigen Rezeptor, der ausschließlich für diesen Geruch spezifisch ist und für sonst nichts. Und das war noch nicht alles: Der Rezeptor nimmt Geosmin auch in äußerst geringer Konzentration wahr.[12] Warum?

Der Auslöser der Überlebenstaktik

Mit einer langen Versuchsreihe konnten wir nachweisen, dass die Fliege das System der Geosminwahrnehmung nutzt, um verdorbene Früchte zu meiden. Wie bereits erwähnt, ernähren sich die Fliegen von der Hefe auf vergärenden Früchten, das heißt, sie suchen ständig nach Früchten, die sich genau im richtigen Grad des Verfalls befinden – sie sollen faulen, aber noch nicht allzu verfault sein. Ist die Fäulnis zu weit fortgeschritten, werden die Früchte von anderen Mikroorganismen befallen, wie beispielsweise von Bakterien und Schimmelpilzen. Damit werden sie sowohl für ausgewachsene Fliegen als auch für ihre Larven zur tödlichen Gefahr. Auf den giftigen Fäulniszustand reagieren die Fliegen ähnlich wie wir, wenn wir den Kühlschrank öffnen und das längst vergessene, einige Wochen alte Abendessen vorfinden. Auch wir Menschen besitzen starke Vermeidungsmechanismen, die uns davon abhalten, verdorbene Lebensmittel zu essen (siehe Kapitel 2).

Aber wie läuft die Vermeidungsreaktion bei der Fliege ab? An dieser Stelle kommt das Geosmin ins Spiel. Es riecht wie Wein mit Korken, hat aber auch den Geruch giftiger Bakterien und Schimmelpilze. Nehmen die Neuronen auf der Antenne der Fliege den schlechten Geruch war, läuft ein Signal ins Gehirn und dort unmittelbar in einen Kanal, der ausschließlich für diese Situation vorgesehen ist: eine Leitungsbahn mit ökologischem Etikett. Die Information wird so gut wie gar nicht mit anderen ankommenden Reizen zusammengeführt, sondern bleibt isoliert und übermittelt ein einzigartiges Alarmsignal, das sagt: »Fliege dort nicht hin! Halte dich fern!«

In unseren Experimenten schleusten wir licht- oder temperaturempfindliche Ionenkanäle in die auf Geosmin spezialisierten Neuronen ein; damit konnten wir nachweisen, dass die Fliegen sich nicht mehr von ansonsten höchst attraktiven Nahrungsquellen angezogen fühlten, wenn wir die Neuronen künstlich mit Licht oder Wärme aktivierten. Umgekehrt konnten wir mit mutierten Fliegen, denen der spezifische Geosminrezeptor fehlte, oder auch mit Hefe, in der wir das Enzym für die Geosminproduktion ausgeschaltet hatten, das Haltesignal unwirksam machen. Die Folge: Die Fliegen fraßen die verdorbene Nahrung und starben.

Verdammt oder nicht verdammt?

Eine weitere tödliche Gefahr für die Fliegen (oder vielmehr für ihre Larven) sind parasitische Wespen. Diese winzigen Insekten legen ihre Eier in der Fliegenlarve ab, die damit zu einem lebenden Futterspeicher für die heranwachsende Wespenlarve wird. Da die Wespenlarve die Fliegenlarve am Ende tötet, ist sie genau genommen kein Parasit, denn der würde vom Wirt leben, ohne ihn umzubringen. Eigentlich ist sie ein Parasitoid, denn sie sorgt eindeutig dafür, dass der Wirt stirbt.

In der Natur werden bis zu 80 Prozent der Fliegenlarven von Parasitoiden infiziert und sind damit zum Untergang verdammt. Wie man sich vorstellen kann, stehen die Fliegen deshalb unter gewaltigem Druck, Gegenmaßnahmen zu entwickeln. Einen solchen Mechanismus entdeckten wir bei unseren Versuchen – er basiert auf dem Geruch. In den Geruchsorganen der Fliege hat sich noch eine weitere Leitungsbahn mit ökologischem Etikett entwickelt, die spezifisch das Geschlechtspheromon des Parasitoiden wahrnimmt. Wenn die Fliege den Geruch des Feindes bemerkt, fliegt sie davon. Die gleiche Reaktion zeigt verblüffenderweise auch die Larve. Nimmt ihr winziges Geruchsorgan den betreffenden Duft wahr, bewegt sie sich unter Winden und Wenden davon, womit sie es dem Weibchen des Parasitoiden schwer macht, das Ei abzulegen.

Der hergebrachten Weisheit zufolge produzieren die olfaktorischen Neuronen in den Antennen und Nasen jeweils nur einen einzigen Rezeptor für die Geruchswahrnehmung. Bei der ausgewachsenen Fliege hat die Parasitoidwahrnehmung diese Regel gebrochen. Wie wir entdeckten, finden sich in ein und demselben Neuron zwei verschiedene Rezeptoren, die jeweils den Pheromongeruch eines gefürchteten Feindes wahrnehmen. Das deutet auf eine interessante Tatsache hin. Ein und derselbe Sinneskanal kann zur Wahrnehmung von Gerüchen dienen, die für die Fliege die gleiche negative Bedeutung haben. Welche Spezies – A oder B – ihre Larven tötet, kümmert die Fliege nicht. Sie weiß nur, dass sie schnell davonschwirren sollte.[13]

Die weibliche Seite

Haben sich alle besonders gekennzeichneten Leitungsbahnen in der Evolution zur Wahrnehmung schlechter Gerüche entwickelt? Keineswegs. Bei Fliegenweibchen zum Beispiel entdeckten wir einen besonderen Übertragungsweg für einen ganz anderen, aber ebenfalls lebenswichtigen Geruch. Neben der ungeheuer wichtigen Fähigkeit, Gefahren zu riechen und damit das Überleben zu sichern, gibt es auch eine andere unentbehrliche Funktion: die Fortpflanzung. Für die weibliche Fliege bedeutet das, dass sie einen geeigneten Platz für die Eiablage finden muss. Da die Larven sich nicht weit fortbewegen können, sind sie mit ihrem Überleben ganz und gar darauf angewiesen, dass die Mutter ihre Eier am richtigen Ort platziert.

Für diese besondere Situation hat sich nach unseren Feststellungen ein eigener Übertragungsweg entwickelt, der den Geruch von Zitrusfrüchten wahrnimmt. Zitrusfrüchte sind für Essigfliegen insgesamt höchst attraktiv (was man in der Küche leicht selbst feststellen kann), insbesondere gilt das aber für Weibchen, die Eier tragen. Bei den aktiven Geruchssubstanzen handelt es sich in diesem Fall um das Limonen der Zitronen und das Valencen der Orangen.[14]

Die letzten bestätigenden Befunde erzielten wir durch einige unerwartete glückliche Zufallsereignisse in unserem Institut. Eine Studentin hatte sich im Rahmen eines allgemeinen Projekts mit der Attraktivität von Düften beschäftigt und dazu eine Apparatur verwendet, in der die Fliegen sich in kleinen Röhren entgegen der Windrichtung bewegten. Eines Tages kam sie im Labor mit einer ungewöhnlichen Bitte zu einem der Arbeitsgruppenleiter. Sie bat oder vielmehr bettelte geradezu, man solle ihr erlauben, kein Limonen mehr zu testen. Sie klagte, die Röhre sei immer voller Eier von den Weibchen, und sie zu reinigen, sei mühsamer Zeitaufwand. Natürlich gab es dafür eine Erklärung: Das Limonen hatte bei den Weibchen in der Röhre die Leitungsbahn für die Ablage von Eiern aktiviert – und daraufhin hatten sie sofort all ihre Eier abgelegt.

Die Evolution fließt in die Rechnung ein

Bei solchen Untersuchungen ist es wichtig, stets den Evolutionsaspekt im Auge zu behalten. Im Fall des Zitrus-spezifischen Geruchskanals fragten wir uns zunächst, ob er unter solchen Gesichtspunkten sinnvoll erscheint. Die Essigfliege hat sich in der afrikanischen Landschaft entwickelt. Zitrusfrüchte stammen aus Asien. Für die Fliegen wäre es sehr schwierig gewesen, in der Evolution ein System zur Wahrnehmung von Dingen hervorzubringen, die in ihrer eigenen Umgebung zu jener Zeit nicht existierten.

Solche Überlegungen waren für uns der Anlass, in größerem Umfang afrikanische Früchte zu importieren – die eine immer seltsamer als die andere. Von allen sammelten wir die Gerüche. Am Ende fanden wir eine afrikanische Frucht, die wie eine Orange aussieht und riecht, ansonsten aber mit ihr überhaupt nicht verwandt ist: die Afrikanische Muskatnuss *(Monodora tenuifolia)*. Es ist durchaus möglich, dass sich die Vorliebe der Fliegen für Zitrusdüfte in der Evolution wegen dieser Frucht entwickelte. Demnach waren die Insekten schon an alle möglichen Zitrusfrüchte angepasst, als sie in Begleitung der Menschen die restliche Welt besiedelten.

Mehrere andere spezialisierte Wahrnehmungswege helfen der Fliege, sich in der Geruchslandschaft zu orientieren, das Benötigte zu finden und sowohl Feinde als auch Giftstoffe zu meiden. Wie bereits erwähnt, sind spezielle spezifische Geruchskanäle auch häufig an der sexuellen Kommunikation beteiligt. Wenn man den Partner inmitten der eigenen Spezies finden will, bevor ein anderer ihn oder sie wegschnappt, müssen solche Übertragungskanäle sowohl empfindlich als auch spezifisch sein. Das gilt für viele Insektenarten. Bei der Essigfliege gibt es solche paarungsspezifischen Wahrnehmungskanäle ebenfalls, und sie sind für die Interaktion zwischen den Geschlechtern unentbehrlich.

Bei den Männchen hat sich eine besonders effiziente Methode entwickelt, mit der sichergestellt ist, dass es auch der Vater der nach der Paarung produzierten Larven ist. Während des Aktes überträgt es einen ganz bestimmten Duft an das Weibchen. Dieser ist für andere Männchen abstoßend – und gewährleistet, dass kein Konkurrent sich zu früh mit dem Weibchen paart. »Zu früh« wäre es, wenn der Samen eines anderen Männchens den des ersten Partners verdrängen könnte, bevor dieser seine Aufgabe erfüllt hat.[15]

Solche Beispiele zeigen, dass Gerüche vom olfaktorischen System auf unterschiedlichen Wegen wahrgenommen und codiert werden können. Die meisten allgemeinen Gerüche werden durch mehrere Kanäle aufgenommen und bilden in dem System ein kombinatorisches Muster. Einige aber – oft solche, die für das Überleben und / oder die Fortpflanzung von sehr großer Bedeutung sind – werden von ausschließlich darauf spezialisierten, ökologisch gekennzeichneten Kanälen wahrgenommen und verarbeitet.

Tieferes Verständnis

Wenn man die Evolution verstehen will, und insbesondere wenn man wissen will, wie ein Tier sich an seine besondere Lebensweise angepasst hat, sollte man viele verwandte Arten mit einer anderen Lebensweise studieren. Die Taufliegen (zu denen auch die Essigfliege gehört) bieten eine solche Möglichkeit: Von ihnen gibt es mehr als 1000 mehr oder weniger eng verwandte Arten. Viele davon werden wie die Essigfliege von faulendem Obst angelockt, andere besetzen aber in der Natur auch viele weitere ökologische Nischen.

Wir finden sie bei einem breiten Spektrum verschiedener Obst- und Gemüsesorten, aber auch in den Kiemen landlebender Krebse und sogar in den Exkrementen von Vampirfledermäusen. Aus meiner eigenen Laufbahn kenne ich zwei besonders interessante Fälle. Die eine Spezies lebt in einer Frucht, die andere Fliegen abtötet, die zweite bevorzugt nicht verfaultes, sondern frisches Obst.

Auf den Seychellen, einem Inselstaat im Indischen Ozean rund 1800 Kilometer vor der Küste Tansanias, findet man eine ganz besondere Spezies von Taufliegen: die zutreffend benannte *Drosophila sechellia.* Sie weckte unser Interesse wegen ihrer Ernährung. *Drosophila sechellia* verzehrt fast ausschließlich eine ganz bestimmte Nahrung: die Frucht des Nonibaumes, die auf Büschen und kleinen Bäumen wächst. Ihr Duft ist sehr interessant; sie riecht nach einer Mischung aus Ananas und Gorgonzola. Der Geruch entsteht durch die von der Pflanze produzierten, spezifischen Ester und einen noch höheren Gehalt an Säuren. Seltsamerweise ist der Säuregehalt so hoch, dass die meisten anderen Fliegenarten daran sterben. *Drosophila sechellia* hat sich dagegen zu einem Spezialisten entwickelt, der auf diese für andere Tiere giftige Nahrung angewiesen ist. Nebenbei bemerkt: Die Frucht und ihr Saft gelten auch für Menschen bei verschiedenen Krankheiten als höchst nützlich.

Interessant war, was uns bei einem näheren Blick auf die Antennen der *Drosophila sechellia* auffiel: Die Neuronen für die Wahrnehmung der Substanzen, die spezifisch von den Nonifrüchten ausgehen, waren nicht nur zahlreicher als bei Essigfliegen, sondern auch ihre Spezifität hatte sich ein wenig verändert. Darüber hinaus lief im Gehirn noch etwas anderes ab. Die Größe der Glomeruli, die sich um die Informationen über diese Gerüche kümmerten, hatte zugenommen. Die ganze Geruchswahrnehmung konzentrierte sich darauf, die einzige Nahrung der Fliege wahrzunehmen – Nase und Gehirn waren zu einem Ananas-Gorgonzola-Superdetektor geworden.[16,17]

Wie konnte es zu einer solchen Spezialisierung kommen? Erstens sind die Nonifrüchte auf den Seychellen sehr verbreitet und stehen als Nahrung rund ums Jahr zur Verfügung. Und wie wir zweitens feststellten, ist die *Drosophila sechellia* vollkommen auf den Verzehr der Früchte angewiesen, um Eier zu produzieren. Als wir das System weiter untersuchten, stellte sich heraus, dass diese Fliegen eine parkinsonartige Mutation besitzen, die dazu führt, dass sie den Neurotransmitter Dopamin nur in sehr geringen Mengen produzieren.[18]

Auf die Eiproduktion hat das große Auswirkungen. Fliegen, die mit synthetischer Nahrung gezüchtet wurden, produzieren kaum Eier. Nonifrüchte enthalten dagegen große Mengen an L-Dopa, einer Verbindung, die der schlechten, das Dopamin hemmenden Mutation entgegenwirkt. Fliegen, denen man mit Nonifrüchten angereichertes Futter verabreicht, produzieren viele Eier. Die Fliegen haben also im Laufe der Evolution gelernt, selbst etwas gegen ihre Unfruchtbarkeit zu tun, indem sie Nonifrüchte fraßen und so den Mangel in einem lebenswichtigen System bekämpften. Und damit die Fliegen auch Früchte fressen können, die eigentlich giftig sind, hat sich bei ihnen parallel dazu eine starke Säuretoleranz entwickelt. Wie diese verschiedenen Prozesse zusammenhängen und welcher die Ursache des anderen ist, wurde bisher nicht geklärt.

Neue Entwicklungen, neue Gefahren

Eine andere Taufliegenart machte kürzlich Schlagzeilen und weckte auf der ganzen Welt große Besorgnis: die Kirschessigfliege (*Drosophila suzukii*). Warum erregt sie heute so großes Aufsehen? Die Antwort: Sie ist in eine neue ökologische Nische vorgedrungen und macht uns Menschen dort unmittelbar Konkurrenz.

Die Kirschessigfliege ist ursprünglich in Südostasien zu Hause, hat sich aber mittlerweile durch den globalen Früchtehandel auch auf Nord- und Südamerika, Afrika und Europa ausgebreitet und befällt auf der ganzen Welt hochwertige Nutzpflanzen. Auch in die Weinberge ist sie vorgedrungen. Problematisch ist sie, weil ihre Weibchen im Gegensatz zu ihren Verwandten nicht von verfaulenden, sondern von frischen Früchten angelockt werden. Außerdem hat sie eine Schwäche für weiches Obst, und zwar nicht nur für Kirschen, sondern auch für Erdbeeren, Heidelbeeren und Himbeeren.[19,20]

Die weibliche Fliege legt in solchen Beeren ihre Eier ab. Damit sie die Früchte finden kann, hat sich auch bei ihr ein besonderer Geruchssinn entwickelt. Sie nimmt gezielt Verbindungen wahr, die von nicht vergorenem Obst ausgehen, und auch von den grünen Blättern, von denen Beeren und andere Früchte umgeben sind. Das wissen wir, weil die Fliegen sie angreifen, wenn sie sich noch am Busch oder Baum befinden. Wegen dieses Verhaltens sind Kirschessigfliegen für Nutzpflanzen besonders schädlich. Andere Arten dagegen legen ihre winzigen Eier bevorzugt in Früchte ab, die bereits verfaulen und deshalb für die Lebensmittelindustrie keinen Wert mehr haben.

Wie kommt es dazu, dass die Kirschessigfliege als einzige Spezies reifende Früchte erschnuppert? Sie ist auch die Einzige, die bei derartigen Früchten den kräftigeren Widerstand beim Einstich überwinden kann – dieser Widerstand ist bei heranreifenden Früchten viel größer, als wenn die Früchte bereits überreif sind und verfaulen. Ihre Geheimwaffe liegt in einem Organ, das auf solche Situationen spezialisiert ist. Der Eiablageapparat (Ovipositor) der Weibchen ähnelt bei dieser Spezies bemerkenswert stark einer kleinen Säge. Die Fliege kann damit die Außenhaut der Frucht durchtrennen und anschließend ihre Eier ablegen.[21] Für die Obstindustrie hatte der invasive, sägeschwingende Schädling bisher verheerende wirtschaftliche Auswirkungen. Er richtete auf Beeren- und in anderen Obstplantagen bereits milliardenschwere Schäden an.

Dies waren nur einige Beispiele für die vielen Lebensweisen, die uns begegnen, wenn wir verschiedene Taufliegenarten studieren. Ihre spezifischen Anpassungen bieten einzigartige Möglichkeiten, wenn wir verstehen wollen, wie bestimmte Umweltverhältnisse und bevorzugte Nahrung ganz bestimmte Anforderungen an den Geruchssinn stellen, so dass dessen Evolution unterschiedliche Richtungen einschlägt. Wenn man von Hefe lebt, muss die Nase den charakteristischen Gärgeruch aufnehmen können. Lebt man von Nonifrüchten, muss man deren spezifischen Duft erkennen. Und wenn man die Exkremente von Vampirfledermäusen frisst, können wir uns nur mit Mühe ausmalen, worauf die Nase eingestellt sein sollte …

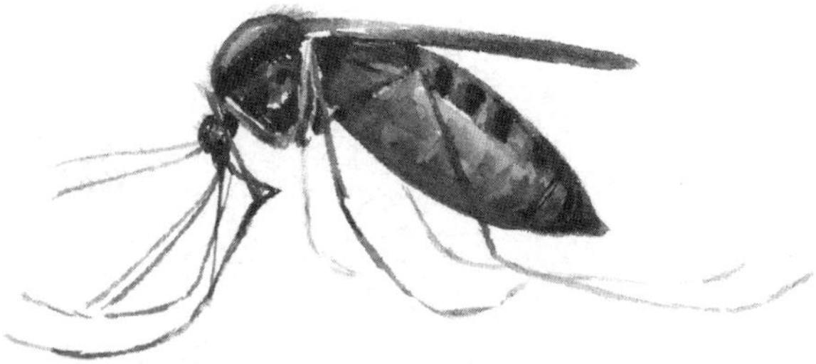

KAPITEL 9

Mücken und der Geruch von Blut

Es gibt auf unserer Erde viele gefährliche Tiere. In der Regel denken wir dabei an Tiger, Haie, Krokodile und andere große Raubtiere. Der größte Menschenmörder ist aber ein winzig kleines Insekt: die Malariamücke oder eigentlich sogar der noch kleinere einzellige Parasit *Plasmodium,* der von den Mücken übertragen wird und Malaria verursacht.

Nach Angaben der Weltgesundheitsorganisation litten 2018 schätzungsweise 230 Millionen Menschen an Malaria. Mehr als 400000 davon starben. Und leider handelte es sich bei zwei Dritteln der Todesopfer um Kinder unter fünf Jahren.[1] Andere von Mücken übertragene Krankheiten wie Gelbfieber, Denguefieber, das Chikungunya-Virus und das Zikavirus fordern weitere 300000 Opfer. Um die Zahlen richtig einzuordnen: Das tödlichste landlebende, große Wildtier ist das Flusspferd, dem in Afrika jedes Jahr rund 500 Menschen zum Opfer fallen. Auf lange Sicht, seit Anbeginn der Menschheit, haben von Mücken übertragene Krankheiten vermutlich rund 54 Milliarden Menschen das Leben gekostet, das heißt ungefähr die Hälfte aller Männer und Frauen, die jemals auf Erden gelebt haben!

Die Malariamücken – es sind mehrere, denn die Krankheit wird in verschiedenen Regionen von unterschiedlichen Arten übertragen – gehören alle zur Gattung *Ano-*

pheles. In meiner Ausführung über den Geruchssinn von Mücken werde ich mich auf diese Arten und ihre tödliche, raffinierte Funktion in der Krankheitskette konzentrieren.

Eine Kette von Ereignissen

Wenn wir verstehen wollen, wie Malaria abläuft, brauchen wir ein paar Hintergrundinformationen.[2] Der Malariaparasit hat zwei Wirtsorganismen und macht in beiden seinen Entwicklungszyklus durch: in der *Anopheles*-Mücke und im Menschen. Ist er im Blut des Menschen angekommen, wandert der *Plasmodium*-Parasit in einem bestimmten Entwicklungsstadium, das man Sporozoit nennt, in die Leber. Die Parasiten dringen zunächst in die Leberzellen ein, wachsen und vermehren sich und befallen dann rote Blutzellen; dort machen sie wiederum mehrere Stadien durch und setzen Nachkommen frei, die dann ihrerseits weitere rote Blutzellen infizieren und eine neue Runde im Kreislauf beginnen. Diese Parasiten im Blut sind der Grund, warum sich die Malariasymptome beim Menschen bemerkbar machen.

Während des Zyklus tauchen in den roten Blutzellen bestimmte Formen des Parasiten auf, die Gametozyten. Von ihnen gibt es eine männliche und eine weibliche Form. Gelangen sie in ein Mückenweibchen, nachdem dieses beim Menschen eine Blutmahlzeit eingenommen hat, paaren sie sich im Magen des Insekts. Dort beginnt wiederum ein Zyklus, in dessen Verlauf sie wachsen und sich vermehren. Nach ungefähr 10 bis 18 Tagen wandert der *Plasmodium*-Parasit in Form von Sporozoiten in die Speicheldrüsen der Mücke. Sticht die weibliche Mücke nun den nächsten Menschen, um Blut zu saugen, injiziert sie ihren Speichel, damit das Blut nicht gerinnt und am Ende ihre Mundwerkzeuge verstopft. Mit dem Speichel dringen die Sporozoiten ins Blut vor, wandern in die Leber, und der Kreislauf beginnt von vorn.

Die Mücke leidet also ebenfalls an einer Parasitenlast und hat zu deren Bekämpfung verschiedene Gegenmaßnahmen entwickelt, aber das ist eine andere Geschichte.

Gelegenheiten werden optimiert

Aus der Sicht der Mücke ist das Leben kurz und muss auf unterschiedliche Weise optimiert werden. Das Männchen hat drei Lebensziele: Überleben, Fressen und Paarung. Das Gleiche gilt für das Weibchen, es muss aber außerdem einen geeigneten Platz für die Eiablage finden. Wie sich herausgestellt hat, sind viele dieser Tätigkeiten von Informationen über Gerüche abhängig und hängen deshalb untrennbar mit dem Geruchssinn der Mücken zusammen. In diesem Kapitel wollen wir uns das Leben einer Malariamücke und alle Aspekte ihrer Geruchswahrnehmung genauer ansehen.

Wie bei mehr oder weniger allen Insekten, so dienen auch bei der Mücke die Antennen zum Riechen. Außerdem nimmt sie CO_2 war, und ganz ähnlich wie bei den

Nachtfaltern aus Kapitel 7 liegen einige Geruchsneuronen auch in den eigentlichen Mundwerkzeugen, den Palpen. Die Mücken und insbesondere die Männchen nutzen die Antennen außerdem zum Hören – darauf werden wir später zurückkommen.

Blütenduft

Wenn wir an Mücken denken, fallen uns blutsaugende, lästige kleine Insekten ein. In Wirklichkeit ernähren sich Mücken aber größtenteils von anderen Quellen. Die Männchen fressen ausschließlich Blütennektar, und die Weibchen tun das Gleiche, um sich vor und nach einer Blutmahlzeit ausreichend Energie zu verschaffen. Die Nahrungsaufnahme in Blüten erfolgt sehr spezifisch und hängt vom Duft der Blüte ab. Bis vor kurzer Zeit wusste man nicht genau, welche Blütenarten die Mücken im Einzelnen aufsuchen.[3]

Mit einer sehr intelligenten Strategie konnten meine Kollegen vom International Centre for Insect Physiology and Ecology (icipe) im kenianischen Nairobi erstmals stichhaltig nachweisen, in was für Blüten die Mücken ihre Nahrung suchen. Sie sammelten Mücken im Freiland und wiesen in einem einfachen ersten Test zunächst nach, dass die untersuchten Insekten Fructose enthielten, das heißt, sie hatten Nektar gefressen. Anschließend unterzogen die Wissenschaftler den Mageninhalt der Mücken einer DNA-Analyse und konnten so genau feststellen, von welchen

Pflanzen der Nektar stammte. Aber auch damit gaben sie sich noch nicht zufrieden.[4]

Nun sammelten sie die Duftstoffe aller Blüten, die sie in den DNA-Analysen identifiziert hatten, und stellten damit elektrophysiologische Experimente an den Mückenantennen an; auf diese Weise konnten sie genau feststellen, welche Moleküle – oder mit anderen Worten: welche Duftstoffe – die Mücken bei der Nahrungssuche nutzten. Wie sich herausstellte, waren zwei Düfte in allen Proben vorhanden und schienen als Lockstoffe für die Mücken unentbehrlich zu sein. Außerdem fanden sich einige weitere Düfte, die genau darauf hindeuteten, von welchen Pflanzenarten der Nektar stammte. Bei den Mücken hat sich also offensichtlich ein allgemeines Gespür für den Duft von Blüten entwickelt, die eine gute Mahlzeit bereitstellen. Wie wir im weiteren Verlauf des Kapitels noch erfahren werden, tauchen die gleichen Verbindungen auch in anderen Zusammenhängen wieder auf.

Wie bereits erwähnt, leiden auch die Mücken unter der Infektion mit dem Malariaparasiten. Können sie dagegen etwas tun? Wie es aussieht, betreiben manche Arten gewissermaßen Selbstmedikation: Sie wechseln bei der Nektarsuche zu Blüten, die Substanzen mit malariahemmender Wirkung enthalten. Indem sie den richtigen Nektar fressen, vermindern sie ihre Parasitenbelastung und können mehr Nachkommen hervorbringen.[5]

Allgemein gesagt, hat sich bei den Malariamücken ein sehr scharfer Geruchssinn entwickelt, mit dem sie erkennen, welche Blüten reichen Lohn in Form von Nektar bieten oder Nektar mit medizinischen Eigenschaften liefern. Diese Blüten haben anscheinend einige Geruchseigenschaften gemeinsam, die den Mücken ganz allgemein die Nachricht »Nektar« übermitteln.

Der Geruch von Blut

Viele Mückenarten haben sich in der Evolution so entwickelt, dass sie sich vom Blut verschiedener Tiere ernähren können. Wahrscheinlich handelt es sich dabei um eine Anpassung, mit der sie sich Proteine und insbesondere Stickstoff in einer Umgebung verschaffen, die sehr arm an diesen Nährstoffen ist. Blut ist außerdem leicht verdaulich und liefert einen sofortigen Energieschub. Die Malariamücke ist dabei mehr oder weniger auf Menschen spezialisiert. Andere Mückenarten haben es auf Vögel, Kühe, Reptilien und so weiter abgesehen; die Auswahl hängt dabei eindeutig vom Geruch ab.

Nur Mückenweibchen nehmen Blutmahlzeiten ein, was der Vorbereitung auf die Eiablage dient. Die Nährstoffe aus dem Blut sind notwendig, damit die Eier vollständig produziert werden können, sie verlängern aber auch die Lebensdauer und steigern allgemein die Energiemenge, die zum Fliegen zur Verfügung steht. Aber wie findet das Weibchen den Menschen für den entscheidenden Stich? Wie wir in Kapitel 2 bereits erfahren haben, geben wir Menschen mit unserer Haut eine Fülle von Molekülen ab, die entweder von uns selbst stammen oder den Mikroorganismen auf unserer Körperoberfläche zu verdanken sind. Außerdem setzen wir auch mit jedem Atemzug charakteristische Moleküle frei.[6]

Sehen wir uns einmal diese vielen verschiedenen Gerüche an. Vor einigen Jahren erkannten niederländische Wissenschaftler, dass Malariamücken sich durch den Geruch von Schweißfüßen anlocken lassen. Lecker, diese Carbonsäuren! Mit Windkanalexperimenten konnten sie zeigen, dass die Mücken diesen Geruch von Menschen wirklich mögen. Als sie ihn mit etwas von ähnlichem Kaliber vergleichen wollten, fiel ihnen der Geruch von Limburger Käse ein, der tatsächlich sofort an alte Socken erinnert. Und siehe da, die Mücken ließen sich von dem Käse genauso anlocken wie von den Füßen der Versuchsleiter.[7]

Allerdings stellte sich heraus, dass die Schweißfüße nur ein kleiner Teil der Geschichte waren; dabei zeigte sich, wie wichtig es ist, natürliche Konzentrationen und Mengenverhältnisse zu berücksichtigen, wenn man geruchsabhängige Verhaltensweisen erforscht.

Rickard Ignell und seine Kollegen in Schweden wollten herausfinden, wie der natürliche Geruch, der Malariamücken zu Menschen lockt, im Einzelnen aussieht. Mit einer Kombination aus Chemie, Verhaltensforschung, Physiologie und Freilandarbeit konnten sie eine komplexe Mischung zusammenstellen, die einen Menschen und seine natürliche Duftkonzentration nachahmt. Sie enthält alte Verdächtige wie 1-Octen-3-ol (*Octenol*; der Geruch von Pilzen) sowie mehrere Aldehyde und Monoterpene. Interessanterweise tauchten auch einige Geruchssubstanzen, die man in den zuvor erwähnten, anziehenden Blüten identifiziert hatte, im Geruch der Menschen wieder auf.

Zusätzlich zu diesen von der Haut produzierten Gerüchen enthält auch die Atemluft bestimmte Moleküle, die offensichtlich die Attraktivität weiter steigern. Jedes Mal, wenn wir ausatmen, geben wir eine Wolke aus CO_2 und auch aus Aceton ab. Beide Verbindungen verstärken den Lockeffekt für die Mücken. Dass Aceton ein solches Lockmittel ist, erklärt vielleicht auch die Beobachtung, dass Diabetiker offensichtlich für Mücken höchst attraktiv sind.[8] Die Atemluft solcher Menschen enthält Aceton oftmals in höherer Konzentration.

Nimmt man all diese Fallstudien zusammen, ergibt sich ein ziemlich kompliziertes Bild von den Gerüchen, anhand derer eine weibliche Malariamücke einen Menschen findet: Carbonsäuren (die Füße …), Ammoniak, Aldehyde, Monoterpene und Pilzgeruch von der Haut sowie CO_2 und Aceton aus der Atemluft; und alles muss in den richtigen Konzentrationen und Mengenverhältnissen vorliegen.

Sind wir unterschiedlich?

Wie wir in Kapitel 2 erfahren haben, wird der unterschiedliche Geruch einzelner Menschen einerseits von genetischen Faktoren bestimmt, andererseits aber auch vom Mikrobiom auf der Haut und von der Ernährung. Vermutlich hängen diese Faktoren auch zusammen. Parallel dazu kennen wir alle die Geschichten von Menschen, die für Mücken besonders anziehend sind, während beispielsweise der Ehemann oder die Freundin überhaupt nicht gestochen werden. Haben solche Behauptungen einen wissenschaftlichen Hintergrund?

Willem Takken und seine Arbeitsgruppe in den Niederlanden stellten eine Probandengruppe zusammen und verglichen die Attraktivität der von ihnen abgegebenen Gerüche für Malariamücken. Zwischen den 27 Personen, die an der Studie teilnahmen, gab es deutliche Unterschiede. Manche waren signifikant attraktiver als andere. Welche Geruchsstoffe im Einzelnen für die Unterschiede verantwortlich sind, bleibt noch zu klären.

Da es solche Unterschiede zwischen einzelnen Menschen gibt, kann man davon ausgehen, dass sie erblich sind – dass eine genetische Komponente mitspielt. Um solche Beziehungen aufzuklären, verglichen James Logan und John Pickett in einer Studie eineiige und zweieiige Zwillinge. Dabei zeigte sich, dass es tatsächlich eine erbliche, auf Gerüchen basierende Tendenz gibt, von Mücken gestochen zu werden.[9] Die Zahl der Probanden war nicht sehr groß – es waren 18 eineiige und 19 zweieiige Zwillingspaare –, aber die Ergebnisse sind eindeutig. Offensichtlich gibt es im Geruchsprofil von Menschen eine genetische Komponente, deren Erblichkeit sich mit der für die Körpergröße oder den IQ vergleichen lässt.

Was die Attraktivität der Menschen für Mücken angeht, gibt es also eindeutige individuelle Unterschiede. Könnten auch andere Faktoren einen Einfluss darauf haben, mit welcher Wahrscheinlichkeit wir gestochen werden? Zuvor habe ich erwähnt, dass der Geruch von Diabetikern für Mücken in der Regel attraktiver ist. In einer anderen Studie zeigte sich, dass auch schwangere Frauen, die in Gambia unter Moskitonetzen schliefen, für die Malariamücken ungefähr doppelt so attraktiv waren wie diejenigen, die nicht schwanger waren. Auch hier weiß man nicht, welche Duftstoffe im Einzelnen für die Unterschiede sorgen.[10]

Einen anderen, wirklich interessanten Unterschied in der Attraktivität für Mücken fanden Wissenschaftler, die Malariakranke und gesunde Menschen untersuchten.[11] An einem sehr gut durchdachten Experiment nahmen zwölf Gruppen mit jeweils drei Kindern aus dem Westen Kenias teil. Diese Region ist als Malariabrennpunkt bekannt. In jeder Gruppe war eines der drei Kinder nicht mit *Plasmodium* infiziert, ein zweites war von Natur aus mit Parasiten im nicht infektiösen, geschlechtslosen Stadium infiziert, und eines trug die sexuellen Gametozyten, von denen die Krankheit weitergetragen wird. Bei dem Vergleich der drei Zustände stellte sich heraus, dass der Geruch von Kindern, die sich im infektiösen Stadium befanden, für andere Malariamücken ungefähr doppelt so attraktiv ist wie der Duft der anderen. Nach dem ersten Experiment erhielten die infizierten Kinder ein Malariamedikament; daraufhin verschwanden die Unterschiede in den Vorlieben der Mücken völlig. Das Ergebnis zeigt, dass tatsächlich die Parasiten im infektiösen Stadium die Kinder für Mücken attraktiver machten.[12]

Wie sich in mehreren Studien gezeigt hat, verstärkt sich

bei Menschen, die das Gametozytenstadium des Malariaparasiten in sich tragen, die Ausscheidung bestimmter stark riechender Aldehyde und Terpene an der Körperoberfläche und in der Atemluft. Mein Kollege Rickard Ignell und seine Kollegen konnten außerdem zeigen, dass die Gametozyten eine bestimmte Verbindung namens HMBPP (der Name ist so lang, dass ich ihn hier nicht ausschreiben kann …) produzieren. Dieses Stoffwechselprodukt wirkt bei Mückenweibchen als starkes Fressstimulans, lässt aber auch die Produktion attraktiver Geruchsstoffe in roten Blutzellen ansteigen.[13]

Das ist ein höchst interessanter Befund: Er zeigt, dass der Parasit seinen Wirt dazu veranlasst, seine Ausbreitung zu erleichtern. Er sorgt dafür, dass Menschen, die den »Samen« neuer Infektionen in sich tragen, für die Mücken attraktiver werden, und damit steigt die Übertragungswahrscheinlichkeit drastisch an.

Ein anderer häufig diskutierter Faktor, der sich auf die unterschiedliche Wahrscheinlichkeit gestochen zu werden auswirkt, ist die Ernährung. Dazu sind viele Empfehlungen im Umlauf: »Iss Knoblauch, dann wirst du nicht gestochen!« oder »Nimm Vitamin B«. Die wohlmeinenden Freunde, die solche Ratschläge erteilen, verwechseln vielleicht Mücken mit Vampiren, denn weder der Verzehr von Knoblauch noch das Vitamin haben auch nur die geringste Wirkung.

Dagegen hat sich (leider) gezeigt, dass Männer die Bier trinken, für die Mücken attraktiver sind. In Experimenten in Burkina Faso nahmen rund 40 Männer entweder einen

Liter des einheimischen Bieres *Dolo* oder einen Liter Wasser zu sich. Nach 15 Minuten maßen Thierry Lefèvre und seine Kollegen, wie viele Mücken von den Versuchspersonen angelockt wurden.[14] Obwohl ihre Körpertemperatur und die ausgeatmete CO_2-Menge ähnlich waren, erwiesen sich die Biertrinker eindeutig als attraktiver. Der Unterschied musste also in den abgegebenen Gerüchen liegen. Die Wissenschaftler gelangten zu dem Schluss:

> »Die Mücken haben möglicherweise auch über einen zufälligen Nebeneffekt des Bierkonsums hinaus eine Vorliebe für Menschen entwickelt, die kurz zuvor Bier getrunken haben – was vielleicht an dem verminderten Abwehrverhalten des Wirtes oder einer besonders nährstoffreichen Blutmahlzeit liegt. Diese Hypothese ist reizvoll, erfordert aber weitere Forschungsarbeiten.«

Mit der Zunge riechen

Das winzige Mückenweibchen steht vor einer gewaltigen Aufgabe. Zuerst muss es durch die Luft zu dem attraktiven Opfer schwirren und dabei Vögeln, Fledermäusen und den Händen von Menschen aus dem Weg gehen. Aber selbst wenn es ihm gelingt, auf der Haut zu landen, ohne Verdacht zu erwecken, muss es immer noch ein geeignetes Blutgefäß finden.

In Zusammenarbeit mit dem Institut von Hyung Wook Kwon im koreanischen Seoul entdeckten wir eine neue olfaktorische Leitungsbahn, die offensichtlich an den letzten Schritten der Suche nach Blut beteiligt ist. Wenn das Mückenweibchen gelandet ist, durchsticht es die Haut mit dem Stilett, einer Struktur, die mehr oder weniger wie eine winzige Injektionskanüle aussieht. Wie wir feststellen konnten, liegen an der Spitze dieser kleinen Nadel einige winzige Gebilde, die an die Geruchshaare oder Sensillen auf den Antennen erinnern. Als wir dann analysierten, welche Gene in der Struktur ausgeprägt werden, stießen wir auf zwei Geruchsrezeptoren. Wir testeten, welche Geruchsmoleküle von den Rezeptoren erkannt werden, und fanden mehrere Inhaltsstoffe des Blutes, darunter der zuvor bereits erwähnte Pilzgeruch.[15]

Mit Eingriffen in die RNA-Transkription konnten wir die kleinen Nasen auf dem Stilett funktionsunfähig machen. Daraufhin brauchten die Weibchen sehr viel länger, um unter der Haut einer Maus ein geeignetes Blutgefäß zu finden. Anscheinend hilft die winzige Nase auf der Spitze des Stiletts dem Weibchen in den letzten Stadien der Blutsuche. Das Ganze ist eine hübsche Parallele zu der in Kapitel 7 beschriebenen langen Zunge des Nachtfalters: Auch sie trägt an der Spitze kleine Geruchshaare, die dazu beitragen, dass sie den Weg zu den verborgenen Nektarvorräten der Blüten findet.

Wo soll man die Eier ablegen?

Viele der bisher beschriebenen Vorgänge dienen vor allem dazu, die besten Stellen zum Fressen zu finden. Nach dem Fressen und der Paarung bleibt für das Weibchen noch eine wichtige Aufgabe: Sie muss einen geeigneten Ort für die Ablage ihrer Eier finden. Da die Larven von Malariamücken in der Regel in kleinen Wassertümpeln leben, ist die Entscheidung des Weibchens von größter Bedeutung – sie entscheidet vollständig über das Schicksal der Nachkommen.

Die Larven ernähren sich von organischem Material, das aus verschiedenen Teilen der Umwelt stammt. Das können Abbauprodukte von Pflanzen, Insekten und Krebstieren sein, aber auch Mikroorganismen wie Algen, Protozoen und Bakterien. Insbesondere das Weibchen sucht offensichtlich auch nach Pollen von Mais und Zuckerrohr.[16] Die zuvor erwähnte Nahrung enthält sehr wenig Stickstoff. Im Pollen dagegen finden die Larven eine ausgezeichnete Quelle für diesen nur begrenzt verfügbaren Nährstoff. In Äthiopien konnte man einen Zusammenhang zwischen der Anlage von Maisfeldern und einer Zunahme der Zahl von Malariainfektionen nachweisen.

Alle Nahrungsquellen der Larven riechen. Der Duft faulenden Grases und seines Pollens lockt nachgewiesenermaßen Weibchen vor der Eiablage an. Auch die spezifischen Gerüche von Mais- und Zuckerrohrpollen sind sehr angenehm. Kürzlich konnte man sogar die ersten Gerüche von Mikroorganismen identifizieren, die für eierlegende

Weibchen interessant sind. Alle diese Düfte sind natürlich von großem praktischem Interesse: Auf ihrer Grundlage könnte man Fallen konstruieren, mit denen sich die mit Eiern beladenen Weibchen einfangen lassen.

Neben den positiven Gerüchen kann das Mückenweibchen höchstwahrscheinlich auch den Geruch bereits vorhandener Larven und natürlicher Feinde wahrnehmen. Bei den Signalen, die Gedränge vermeiden helfen, handelt es sich wahrscheinlich um Schwefelverbindungen, wie wir sie in ähnlicher Form schon in Kapitel 4 im Zusammenhang mit Seevögeln und ihrer Nahrungssuche kennengelernt haben. In Kapitel 13 werden wir ihnen bei Blumen, die sich ohne Belohnung bestäuben lassen, nochmals begegnen. Die Weibchen manch anderer Mückenarten geben ein Pheromon ab, das andere Weibchen anlockt – bei der Malariamücke wurde dies allerdings nie beobachtet.

Ein vom Geruch getriebener Blutsauger

All diese Beispiele machen deutlich, dass der Geruch für Mücken als Triebkraft des Verhaltens und für die Wahl zwischen Alternativen absolut entscheidend ist. Sobald einige charakteristische Moleküle aus menschlichem Blut auf die Antenne treffen, wird das Weibchen sich in die Luft erheben und sich darum bemühen, die Haut des betreffenden Menschen zu erreichen. Wenn der Geruch die Moleküle in anderen Mengenverhältnissen enthält oder wenn noch weitere Moleküle hinzukommen, ist dies unter Umständen ein Hinweis auf einen ungeeigneten Wirt, und das Weibchen bricht seinen Anflug ab. Wir wissen also schon ziemlich viel darüber, wie Mücken sich von uns Menschen anlocken lassen, aber unsere Kenntnisse reichen noch nicht aus, um es zu verhindern. In den meisten Fällen greifen wir auf einen künstlichen Wirkstoff zurück, der in den 1950er Jahren entdeckt wurde. Von der Forschung bis zur Anwendung ist es ein weiter Weg. Mehr darüber folgt in Kapitel 14.

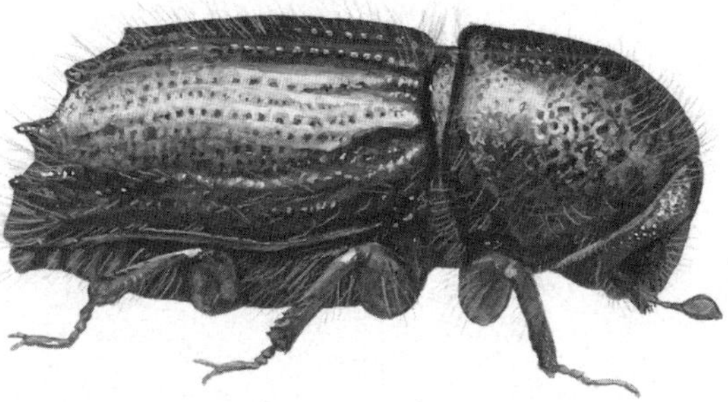

KAPITEL 10

Borkenkäfer: die Dinosaurier-Killer

Ist es möglich, dass ein nur wenige Millimeter langes und einige Milligramm schweres Tier einen Organismus von den Ausmaßen eines großen Dinosauriers tötet? Das hört sich wenig plausibel an, aber genau das geschieht, wenn Borkenkäfer die Bäume in unseren Wäldern dahinraffen. Durch den koordinierten Angriff von Zehntausenden Käfern sterben hundertjährige Kiefern, Fichten, Ulmen und andere Baumarten innerhalb weniger Wochen, und es bleiben nur Geisterwälder zurück.

Solche Angriffe sind keine Einzelfälle. Wir beobachten sie in der gesamten nördlichen Hemisphäre, und das in beispiellosem Ausmaß. Die zerstörten Flächen mit toten Kiefern in Kanada sind sogar vom Mond aus zu sehen – sie bilden einen breiten braunen Gürtel, der sich von der Westküste landeinwärts erstreckt. Millionen Kubikmeter Holz wurden bereits zerstört, und uralte Ökosysteme haben sich für alle Zeiten verändert.[1] Die Ulmen wurden in großen Teilen der Welt durch das Ulmensterben mehr oder weniger ausgerottet; eine Pilzinfektion, die von Ulmensplintkäfern übertragen wird.[2] In Europa stehen die Fichten heute vor einem ähnlichen Schicksal: Millionen Bäume sterben durch den Befall mit wachsenden Populationen von Fichtenborkenkäfern[3], und das, obwohl Fichten erheblich größere Widerstandskräfte besitzen als die Ulmen.

So viele und doch einzigartig

Borkenkäfer aller Art – und es gibt Tausende von Arten, mindestens eine für jede Baumart – lassen sich vorwiegend vom Geruch leiten.[4] Sie finden ihre Artgenossen und ihre Wirtsbäume, indem sie mit ihren winzigen Antennen verschiedene Molekültypen wahrnehmen. Diese kleinen Strukturen machen deutlich, wie stark der Aufbau der »Nase« eines Insekts von der Lebensweise beeinflusst wird. Das ist der Grund, warum Nachtfalter die riesigen, federförmigen Antennen besitzen, von denen in Kapitel 7 die Rede war. Sie werden nur möglich, weil Nachtfalter im Gegensatz zu Borkenkäfern, was die Größe der Geruchsorgane angeht, kaum Beschränkungen unterliegen. Da sie meist in der freien Luft schweben, müssen sie nur in der Lage sein, mit den Antennen zu fliegen.

Borkenkäfer dagegen bohren sich, wie der Name schon sagt, in die Rinde von Bäumen und graben sich dort enge Tunnel. Das macht nachtfalterähnliche Antennen unmöglich. Entsprechend hat die Evolution die Borkenkäfer mit kleinen, kolbenförmigen Antennen ausgestattet, die beiderseits des Kopfes in Vertiefungen eingeklappt werden können. Diese erfindungsreiche Lösung sorgt für den Schutz der Antennen, während der Käfer durch enge Hohlräume kriecht, während sie andererseits leicht ausgebreitet werden können und sich in leistungsfähige Wahrnehmungsorgane verwandeln, sobald der Käfer ins Freie gelangt. Der ausklappbare Typ ist nur eine von vielen Antennenformen, die sich im Reich der Insekten entwickelt haben. Wie jeder aufmerksame Beobachter der äußeren Morphologie von Insekten bestätigen wird, ist es verblüffend, wie viele solche Formen es gibt.

Wenn ein einzelner Borkenkäfer versuchen würde, einen aufrecht stehenden Baum anzugreifen, würde das tatsächlich dem Versuch einer Ameise ähneln, einen Elefanten zu töten. Nadelbäume verfügen über äußerst leistungsfähige Abwehrmechanismen. Sobald ein Insekt versucht, in ihre Rinde einzudringen, geben sie einen Strom tödlicher Harze ab. Die bernsteinfarbige, klebrige Flüssigkeit voller Giftsubstanzen fängt den Angreifer ab und wirkt wie ein tödlicher Sirup.[5] Das ist der Grund, warum wir so viele vorzeitliche Insektenfossilien finden. Diese Tiere wurden vor Jahrmillionen in dem Abwehrharz eingeschlossen und sind als Momentaufnahme des Lebens jener Zeit hervorragend erhalten geblieben. Ob wir jemals in der Lage sein werden, daraus genetisches Material zu gewinnen und zu klonen, ist eine ganz andere Frage – trotz allem, was *Jurassic Park* uns vielleicht glauben macht.

Wie lässt sich das Verteidigungsharz der Bäume überwinden? Die Käfer haben dafür drei Hauptstrategien gefunden. Erstens hat sich bei ihnen ein chemisches Kommunikationssystem entwickelt, mit dessen Hilfe sie ihre Angriffe zeitlich und räumlich koordinieren können. Zweitens verfügen sie über die Fähigkeit, anfällige Bäume auszusuchen – Bäume, die etwas weniger gut in der Lage sind, große Harzmengen zu produzieren. Und drittens trägt der

Käfer eine biologische »Geheimwaffe« bei sich.[6] Sehen wir uns die drei Angriffsmechanismen einmal nacheinander an.

Kommunikation der großen Zahl

Wie koordinieren Borkenkäfer ihren Angriff auf einen großen Baum, und – noch wichtiger – woher wissen sie, wann der Baum vollständig erobert ist? Um solche Fragen zu beantworten, müssen wir uns zunächst den Verlauf eines Angriffs und die beteiligten chemischen Signale – die Pheromone – ansehen. Zuerst wird ein Baum von einem männlichen Käferpionier angegriffen. Dieser bohrt ein kleines Loch in die Rinde und ruft dann nach einem Weibchen. Sein wichtigstes Signal ist dabei eine Kombination aus zwei Duftbestandteilen, die mehr oder weniger sagen: »Komm, paare dich mit mir und hilf mir, diesen Baum zu erobern.«[7,8]

Wenn das Männchen Glück hat und nicht von dem strömenden Harz weggespült und getötet wird, findet sich vielleicht ein Weibchen. Die beiden paaren sich und scheiden gemeinsam weitere Versammlungspheromone aus, das heißt Pheromone, die andere ihrer Art anlocken. Mehr Käfer kommen hinzu, bohren sich in die Rinde und paaren sich dort ebenfalls. So setzt sich der Kreislauf fort. Am Ende wird die Käferpopulation so groß, dass der Baum sich gegen den Massenangriff nicht mehr verteidigen kann. Damit ist er zum Untergang verdammt.

Nachdem die Käfer sich gepaart haben, fangen die Weibchen an, Kanäle durch das energiereiche Phloem des Baumes zu bohren. Diese Faserschicht liegt unmittelbar unter der Rinde und ist im Wesentlichen ein komplexes Transportsystem für Nährstoffe. Damit ist es für Wachstum und Überleben des Baumes unentbehrlich. An den Wänden des Kanals legt ein einziges Weibchen bis zu 80 Eier ab. Währenddessen verändert das Männchen seine Pheromonproduktion und erzeugt nun zwei andere Geruchsstoffe. Diese sind in niedriger Konzentration ebenfalls attraktiv, aber von einer gewissen Schwellenkonzentration an verwandeln sie sich in ein Haltesignal. In den letzten Stadien der Besiedelung senden die Käfer auch ein direktes Stoppsignal aus: »Kommt nicht mehr her, hier ist alles besetzt. Geht zum nächsten Baum!«[9]

Die winzigen Larven, die aus den Eiern schlüpfen, fressen sich im rechten Winkel zu dem Kanal der Mutter in den Baum. Ihre Wege lassen die eleganten, aber tödlichen Muster entstehen, die dem europäischen Fichtenborkenkäfer seine lateinischen und deutschen Namen gegeben haben: *Ips typographus* oder *Buchdrucker*.

Zusammenfassend kann man sagen: Die chemische Kommunikation läuft in vier Stadien ab. Zuerst sendet das Männchen einen Lockstoff oder ein Versammlungspheromon aus; dieses dient vor allem dazu, Weibchen anzulocken, zieht aber auch ganz allgemein weitere Käfer an. Zweitens senden Männchen und Weibchen die gleichen Signale aus, die gemeinsam noch stärker werden. Drittens beginnt der männliche Käfer nach der Eiablage mit der Produktion eines Pheromons, das eine Doppelfunktion erfüllt – es wirkt anziehend, bis es eine gewisse Konzentration erreicht. Anschließend wird es zum Stoppsignal. Das vierte Stadium beginnt, wenn der Baum voll besetzt ist: Jetzt geben die Käfer das letzte Stoppsignal ab, um weitere Angriffe zu verhindern.[10] Woher die Käfer wissen, wann ein Baum voll besetzt ist, bleibt ein Rätsel.

Eine verletzliche Beute

Sich Bäume mit schwächeren Verteidigungsmechanismen auszusuchen, ist eine entscheidende Fähigkeit der Borkenkäfer. Hat die Käferpopulation nur eine geringe Dichte, spielt dieses Verhalten wahrscheinlich eine wichtige Rolle, weil weniger Komplizen zur Verfügung stehen. Hat die Dichte ihren Höhepunkt erreicht, vernichten die Insekten alles, was ihnen in die Quere kommt; dabei spielt die Qualität und manchmal sogar die Spezies keine Rolle mehr. Wenn aber eine Auswahl stattfindet, nutzt ein Käfer seinen Geruchs- und Geschmackssinn, um die Eignung und Vitalität eines Baumes zu beurteilen. Er vergleicht die Konzentrationen verschiedener von Bäumen abgegebener Geruchsstoffe, und damit können diese winzigen Insekten höchstwahrscheinlich feststellen, wie gut ein Baum sich verteidigen kann.

Aber wovon hängt die Vitalität eines Baumes ab? Jeder Baum hat seinen eigenen Genotyp. Vor dem Hintergrund dieser Individualität schwankt auch die Verteidigungsfähigkeit. Manche Exemplare sind kräftiger und produzieren einen stärkeren Harzfluss mit intensiverer Abwehrwirkung. Wichtig ist auch der allgemeine physiologische Zustand eines Baumes.[11] Wassermangel und steigende Temperaturen können ihn schwächen. Leidet er außerdem nach einer besonders heftigen Dürreperiode an Hitzestress, vermindert sich seine Fähigkeit, eine starke Abwehr in Gang zu setzen, noch weiter. Das ist der Grund, warum ein langer, heißer, trockener Sommer die Bäume anfälliger machen kann, womit sie zu einem Lieblingsziel der Käfer werden.[12]

Mächtige Waffen

Da der Fichtenborkenkäfer unter die Baumrinde vordringt, bringt er auch eine besondere Waffe mit, um sich gegen die Widerstandskraft des Baumes zur Wehr zu setzen. Jeder Käfer trägt Sporen oder Hyphen besonderer Pilze bei sich, die er ins Baumgewebe einschleppt. Am bekanntesten sind die Schlauchpilze. Wenn die Käfer sie beim Angriff mitbringen, färben sie das Fichtenholz schwarzblau (was seinen Marktwert beträchtlich vermindert).

Diese Pilzarten haben ein charakteristisches Geruchsprofil, das die Käfer sehr genau wahrnehmen, um dann mit seiner Hilfe den Pilz zu finden und mitzunehmen.[13] Solche Angriffe durch Mikroorganismen schwächen den Baum noch weiter und tragen dazu bei, dass der Pilz ihn letztlich durch Verstopfen der Wassertransportwege töten kann. Der Pilz könnte durchaus auch auf dem Speisezettel der Käfer stehen und vielleicht als Futter für die Larven dienen. Manche Studien legen die Vermutung nahe, dass er sogar eine bessere Nahrung ist als das Phloem des Baumes.

Ein weiteres berüchtigtes Beispiel für die »Zusammenarbeit« zwischen Käfer und Pilz findet sich bei der Ursache des weitverbreiteten Ulmensterbens.[14] Mehrere Borkenkäferarten greifen große Ulmen an, bohren sich in deren Rinde und legen ihre Eier ab. Die ausgewachsenen Käfer finden ihre Nahrung aber auch in Astgabeln. Höchstwahrscheinlich schleppen sie beim Fressen den tödlichen Pilz in den Baum ein. Es sind also nur wenige Käfer notwendig, damit der Pilz sich auf viele Bäume verbreitet; so kann ein großer Wald in kürzester Zeit vernichtet werden. Genau das geschah in dem größten Ulmenwald in Südschweden. Innerhalb weniger Jahre standen von dem ganzen Wald nur noch Reihen von Baumskeletten. Insgesamt ist die Ulme als Baumart in großen Teilen der Welt heute nahezu ausgestorben. Und alles, weil ein winziger Käfer noch winzigere Sporen und Hyphen eines äußerst aggressiven Pilzes in sich trägt.

Vermeidungstaktik

Den richtigen Baum zu finden ist das eine. Etwas anderes ist die Vermeidung von Bäumen, die man nicht fressen kann. Wie wir bereits im Zusammenhang mit Fliegen und

Nachtfaltern erfahren haben, enthält der Geruchssinn besondere Informationskanäle für »schlecht« riechende Substanzen. Auch beim Fichtenborkenkäfer haben sich solche Detektoren entwickelt – und dienen ihm insbesondere zum Vermeiden eines bestimmten Duftes, der von Birken ausgeht.[15]

Mischt sich der Birkenantilockstoff mit dem Duft von Fichten oder Kiefern, der normalerweise anziehend auf die Käfer wirkt, lässt auch die Attraktivität der ganzen Mischung deutlich nach. Das zu wissen ist für unsere Forstwirtschaft sehr wichtig: Es zeigt, dass Mischwälder widerstandsfähiger gegen Angriffe sind und dem Borkenkäferbefall weniger leicht zum Opfer fallen als Monokulturen. Die strategische Mischung der Gerüche von Wirtsbäumen und anderen Arten, mit denen die gefährlichsten Baumschädlinge abgeschreckt werden und die Widerstandskraft des Waldes steigt, wird als semiochemische Vielseitigkeit bezeichnet.

Die Jäger werden gejagt

Die Borkenkäfer sind ihrerseits für viele andere Tiere eine wichtige Nahrungsquelle. Bei mehreren Insekten hat sich die Fähigkeit entwickelt, das Pheromon der Borkenkäfer wahrzunehmen und damit ihren Aufenthaltsort ausfindig zu machen. Ein Beispiel ist der Ameisenbuntkäfer (*Thanasimus formicarius*): Er besitzt beispielsweise Rezeptoren, die das von den Borkenkäfern produzierte Pheromon genau wahrnehmen können; auf diese Weise kann er ihnen nachstellen, wenn sie über die Baumoberfläche krabbeln.[16,17]

Andere Feinde der Borkenkäfer verbinden die chemische Wahrnehmung mit Detektoren für Vibrationen und lokalisieren damit unter der Rinde die Käferlarven, um ihnen anschließend als Parasitoide ihre Eier zu injizieren. Andere leistungsfähige natürliche Feinde der Borkenkäfer sind natürlich die Spechte. Diese Vögel ziehen mit ihrem schmalen Schnabel die Käfer und deren Larven unter der Rinde hervor. Ein weiterer interessanter, von Gerüchen getriebener Käferfresser ist das Wildschwein. In meinem eigenen Wald in Schweden habe ich oft gesehen, wie diese Tiere um bestimmte Bäume geradezu herumtanzten.

Wie sich herausstellte, hatten sich die Schweine von Bäumen anlocken lassen, die stark von Borkenkäfern befallen waren. Die neue Käfergeneration hatte sich zum Überwintern zu Boden fallen lassen – aber die Schweine hatten andere Pläne. Sie schnupperten mit ihrer empfindlichen Schnauze und spazierten um die Bäume herum, um dann mehr oder weniger den Boden einschließlich aller darin enthaltenen Borkenkäfer zu verzehren. Damit tun die Wildschweine vielen Waldbesitzern einen großen Gefallen.

Die Käfer und das Ökosystem

Borkenkäfer spielen zwar im Ökosystem eine wichtige Rolle, klar ist aber, dass diese Schadinsekten überall auf der Welt verheerende Auswirkungen auf die Wälder haben. In den am schlimmsten betroffenen Regionen zerstören sie jedes Jahr viele Millionen Kubikmeter bestes Holz. Da beim derzeitigen Stand des Klimawandels für die Käfer äußerst günstige Voraussetzungen herrschen, erleben wir bei diesen Schädlingen eine Bevölkerungsexplosion und immer häufigere Ausbrüche.[18] Außerdem beeinträchtigt der Klimawandel mit seinem Dominoeffekt zunehmend die natürlichen Abwehrmechanismen der Wälder – davon war bereits in Kapitel 1 die Rede.

Beunruhigend ist, dass eine tödliche Kombination aus Dürre, Waldbränden und wahrscheinlich einer bestimmten Art von Borkenkäfern (*Phloeosinus punctatus*) für den Tod der über 3000 Jahre alten Mammutbäume in Kalifornien verantwortlich sein könnte.[19] Diese Sequoien sind heute vielleicht die größten Lebewesen der Erde – die Borkenkäfer sind also wahrlich hinter den Dinosauriern unserer Zeit her.

Um solchen Schwierigkeiten zu begegnen, beschäftigen sich viele Waldbesitzer mit einer duftbasierten Bewirtschaftung. Näheres dazu werden wir in Kapitel 14 erfahren.

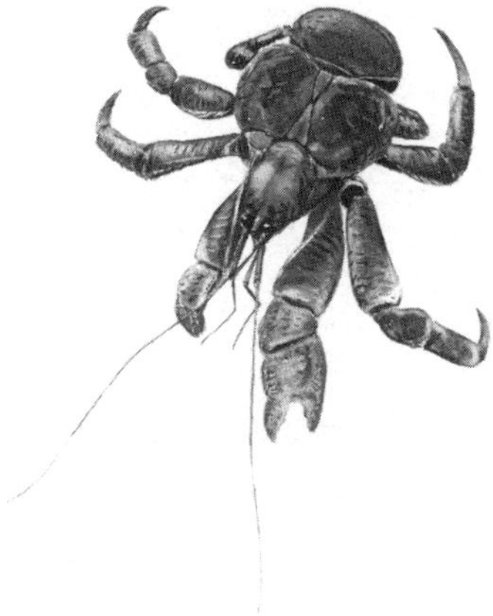

KAPITEL 11

Die Krebse von der Weihnachtsinsel

Manche Tiere sind faszinierender und erstaunlicher als andere. Das Gleiche kann man auch über bestimmte Orte sagen. Nachdem ich die afrikanische Savanne und das Great Barrier Reef erlebt hatte, glaubte ich, ich hätte alle wahren Naturwunder der Welt gesehen. Aber die Weihnachtsinsel und ihre ursprünglichen Bewohner straften mich Lügen. Machen wir einmal einen Sprung in die Vergangenheit und erfahren wir, wie die Erforschung des Geruchssinns und glückliche Zufälle diese kleine Insel für meine Familie und mich zur zweiten Heimat machten.

Im Jahr 2002 kam mein Doktorand Marcus Stensmyr mit einem faszinierenden populärwissenschaftlichen Artikel über den größten landlebenden Gliederfüßer der Welt zu mir (zu den Gliederfüßern gehören Insekten, Krebstiere und Spinnen): Der Palmendieb ist eine Krebsart. Er heißt so, weil er auf Palmen klettern und Kokosnüsse ernten kann; sein wissenschaftlicher Name lautet *Birgus latro*.[1] Da wir gerade an der Evolution des Geruchssinns von Insekten arbeiteten, machte Marcus den Vorschlag, auch einige landlebende Krebstiere in den Vergleich einzubeziehen.

Die größte Population von Palmendieben findet sich heute auf der Weihnachtsinsel, einem 135 Quadratkilometer großen Eiland, das ungefähr 350 Kilometer südlich der indonesischen Insel Java und 2600 Kilometer nordwestlich der australischen Stadt Perth im Indischen Ozean liegt. Trotz der Entfernung gehört die Insel zum australischen Staatsgebiet. Heutzutage ist sie wahrscheinlich vor allem durch die Medienberichterstattung über Internierungslager für Flüchtlinge bekannt und leider auch, weil ein Flüchtlingsschiff dort 2010 kenterte.

Mit ihrer einsamen Lage entging die Insel während des größten Teils ihrer Geschichte einem großen Teil der meist verheerenden Wirkungen, die Menschen oder andere Säugetiere mit sich bringen. Sie war vorwiegend von Vögeln, Insekten und Krebsen bewohnt. Für die Krebse wurde sie zu einem einzigartigen ökologischen Experiment, denn Tiere dieser Gruppe besetzten auf der Insel viele ökologische Nischen, die anderenorts von Säugetieren eingenommen werden. Eine Population von über 100 Millionen Roten Krabben (auch Weihnachtsinsel-Krabbe genannt) baut totes Laub ab und hält den Boden des dichten Regenwaldes sauber. Quadratkrabben übernehmen die Rolle spezialisierter Raubtiere, und am oberen Ende der Nahrungskette stehen die Palmendiebe.[2]

Ein Objekt der Evolutionsforschung

Interessanterweise besiedelten die landlebenden Krebse, in den Zeiträumen der Evolution gemessen, erst vor relativ kurzer Zeit ihren Lebensraum. Erst vor fünf Millionen Jahren wurden sie erstmals in Wäldern und an Stränden heimisch. Zum Vergleich: Ihre engsten Verwandten, die

Insekten, können auf eine beeindruckende Vergangenheit von 400 Millionen Jahren als Landtiere zurückblicken. Aber warum ist diese Information für uns als Geruchsforscher interessant?

Nun, die Insekten hatten sehr lange Zeit, sich auf das Riechen an der Luft einzustellen. Den landlebenden Krebsen dagegen standen dafür nur fünf Millionen Jahre zur Verfügung. Deshalb stellte sich für uns eine ganz bestimmte Frage: Verfügen diese Tiere über ein Geruchssystem? Und wenn ja: Wie sieht es im Vergleich zu dem System aus, das wir von den Insekten kennen? Als chemisch orientierte Ökologen interessierten wir uns natürlich auch dafür, das Verhalten dieser großen Gliederfüßer zu beobachten.[3]

Als größter landlebender Gliederfüßer der Welt kann der Palmendieb bis zu fünf Kilo schwer werden und hat dann mit seinen längsten Beinen eine Spannweite von fast einem Meter. Vorn trägt er zwei eindrucksvolle Scheren, mit denen er auf raffinierte Weise die Augen der Kokosnuss anbohrt und sie damit öffnet (weshalb der Krebs in manchen Kreisen auch als Kokosnusskrebs bezeichnet wird). Er kann mit seinen Scheren einen doppelt so großen Druck ausüben wie wir mit unseren Kiefern.[4]

Beim Palmendieb haben sich für das Leben an Land sehr interessante Lösungen entwickelt. Zum Atmen besitzt er unter seinem Panzer eine von vielen Blutgefäßen durchzogene Hautschicht, die sogenannte branchiostegale Lunge. Parallel dazu wurde das hinterste Beinpaar zu winzig kleinen »Flaschenbürsten« umgestaltet, die ständig die Oberfläche der Lunge reinigen. Die früheren Kiemen haben eine nierenähnliche Funktion übernommen. Da sich eine solche Lunge zum Atmen von Luft entwickelt hat, ist der ausgewachsene Palmendieb ausschließlich ein Landtier – taucht man ihn im Wasser unter, ertrinkt er.[5]

Ein seltsames Leben

Das Leben eines Palmendiebes beginnt im Ozean, denn die Eier müssen sich im Meerwasser entwickeln. In einer bestimmten Nacht – häufig bei Vollmond – wandern die Weibchen an die Felsstrände und lassen ihre Eier ins Meer fallen. Das ist für die Krebsdamen eine riskante Angelegenheit, denn wenn sie selbst ins Wasser fallen, ertrinken sie. Nach ungefähr vier Wochen schlüpfen winzige Krebslarven, und die sind darauf angewiesen, dass Strömungen und Gezeiten sie an einen geeigneten Strand tragen. Dort krabbeln sie an Land und verlassen damit ein für alle Mal das Meer.

Der Palmendieb ist ein Einsiedlerkrebs: Seine winzigen Jungen suchen sich wie viele ihrer Verwandten ein geeignetes Gehäuse als Wohnung. Diese Schale wechseln sie mehrmals und beziehen immer größere, geräumigere Behausungen, aber wenn sie ein gewisses Alter erreicht haben, entwickelt sich bei ihnen im Gegensatz zu allen anderen Einsiedlerkrebsen ein eigener Panzer, und nun sind sie nicht mehr darauf angewiesen, leere Gehäuse zu suchen. Aber der von ihnen selbst produzierte Panzer wird nicht mehr größer. Deshalb muss der riesige Krebs sich jedes Jahr in den Boden eingraben und häuten. Er legt den alten Panzer ab und baut einen neuen, größeren auf. Der Ablauf setzt sich jahrein, jahraus während seines ganzen Lebens fort, und dieses Leben kann sich über bis zu 100 Jahre erstrecken![6]

Spurensuche im Dschungel

Als wir auf der Weihnachtsinsel mit unseren Forschungsarbeiten begannen, wusste man über das Leben der Palmendiebe nur sehr wenig. Wir blieben zunächst mehreren Krebsen auf der Spur und wollten herausfinden, was sie taten und wie sie sich bewegten. Zu diesem Zweck statteten wir einige recht große Exemplare mit einem kleinen Rucksack aus, der einen Satellitensender enthielt. Wanderte der Krebs nun durch den Dschungel, lieferte der Sender mit Satellitenunterstützung die GPS-Koordinaten des jeweiligen Standortes. Die Daten wurden in dem Rucksack gespeichert.

Um die Informationen abzurufen, mussten wir nur bis auf ungefähr zehn Meter an den Krebs herankommen, dann konnten wir die Daten drahtlos herunterladen. Aus dieser Entfernung konnten wir auch das eingebaute akustische Signal hören, wenn der Download begonnen hatte. Da jedes Sendegerät ungefähr 1000 Euro kostete und wir keine Möglichkeit hatten, die Krebse einzeln zu verfolgen, war die erneute Lokalisierung eines unserer Versuchsobjekte immer wieder ein Anlass zum Feiern.

Wenn wir einen Krebs ausfindig gemacht hatten, dauerte es nur wenige Minuten, bis wir die Daten heruntergeladen hatten. Nun konnten wir am Computer beobachten, auf welchen Wegen der Krebs an den Tagen seiner Abwesenheit gewandert war – und wir erhielten auch Hinweise darauf, was er getan hatte. Manchmal war der Krebs in einer Woche bis zu zwei Kilometer gewandert, ein anderes Mal hatte er während des gleichen Zeitraumes einfach nur still an einem Ort gesessen.[7]

Sex am Strand

Auf diese Weise erhielten wir unter anderem neue Informationen über Sexualität und Paarung des Palmendiebs. Die Fortpflanzungsbiologie dieser Krebse war lange Zeit ein Rätsel gewesen. Man hatte beobachtet, wie die Weibchen ihre Eier ins Meer fallen ließen, aber wir wollten wissen, was davor geschehen war – das war vollkommen unbekannt. Als wir mit unseren Forschungsarbeiten begannen, mussten wir zunächst zwei grundlegende Fragen beantworten: Wie finden sich die Krebse? Und wie paaren sie sich?

Im Rahmen unserer Tracking-Experimente hatten wir gesehen, dass große Männchen manchmal wochenlang still im Bergregenwald saßen. Dann machten sie sich ganz plötzlich auf einen kilometerweiten Marsch zum Strand. Als wir der Spur folgten, fanden wir am Strand die Krebsdamen häufig in der Nähe von Süßwasserhöhlen, die nicht weit von der Küste entfernt waren. Dort beobachteten wir zum ersten Mal überhaupt (jedenfalls soweit wir wissen), wie die Krebse sich paarten. Interessanterweise nehmen sie dabei die »Missionarsstellung« ein: Das Männchen packt die Klauen des Weibchens und dreht die Partnerin langsam auf den Rücken, bevor die Paarung beginnt.

Danach war der Zeitpunkt für die Eiablage nicht immer ideal. An dieser Stelle spielten offenbar die Süßwasserhöhlen eine wichtige Rolle. In Erwartung der Mondphase, die das Zeichen für die richtigen Gezeitenbedingungen war, sammelten sich die begatteten Weibchen zu Hunderten in den Höhlen. Einen dieser seltenen Augenblicke im Stil eines David Attenborough erlebte ich, nachdem ich mich an einem Seil in eine solche Höhle hinabgelassen hatte: Ihre Wände waren dicht von glitzernden, mit Eiern beladenen Weibchen besetzt.

Gefährliche Mahlzeiten

Auch eine andere Verhaltensweise konnten wir in unseren Tracking-Experimenten beobachten: Manchmal sammelten sich große Krebse zu Hunderten um einen bestimmten Baum. Dabei handelte es sich immer um eine einheimische Palmenart der Gattung *Arenga*. Diese Bäume produzieren beerenähnliche Samen, die offensichtlich auf die Krebse eine unwiderstehliche Anziehungskraft ausüben. Tatsächlich waren die Krebse in der Lage, die Reifung der Früchte um mindestens eine Woche vorherzusehen, und diese Fähigkeit war, wie wir später zeigen konnten, auf die vom Baum abgegebenen Geruchssignale zurückzuführen. Wenn die Zeit der Reife näher kam, konnten wir sogar beobachten, wie große Krebsmännchen sich an der Palme nach oben wagten, um von den Früchten zu schlemmen.

Als empirischer Wissenschaftler fasste ich den (törichten) Entschluss, zu erforschen, was die Krebse gerade an diesen Früchten so köstlich fanden. Ich sammelte eine Reihe reifer Beeren und steckte mir einige in den Mund. Eine schlechte Entscheidung! Schon nach dem ersten Bissen wurde meine ganze Mundhöhle taub. Das Atmen fiel schwer. Die Früchte waren eindeutig giftig.

Nachdem ich mir einige Minuten Sorgen gemacht hatte, ließen die Symptome nach. Die Empfindungsfähigkeit in Mund und Zunge kehrte zurück, und ich konnte mich entspannen. Der Ranger, der uns damals begleitete, stellte meiner Frau eine einzige Frage. Er wollte wissen, wie ich es geschafft habe, erwachsen zu werden …

Für Wissenschaftler steckt in dieser Geschichte eine Lehre. Sie zeigt, wie sorgfältig man bei Beobachtungen vorgehen muss. Nachdem ich die Wirkung der Arenga-Beeren am eigenen Leib erlebt hatte, setzte ich mich und beobachtete das Fressverhalten der Krebse detailliert aus der Nähe. Wie sich herausstellte, schälen die Krebse das Fruchtfleisch der Beere mit ihren geschickten Scheren sorgfältig ab. Danach knacken sie die Nuss und verzehren vergnügt deren fettreichen, ungiftigen Inhalt. Schlauer Krebs, dummer Mensch …

Auch hinter einem anderen Teil der Arenga-Palmen

waren die Krebse her. Immer wenn ein Baum vom Wind umgestürzt wurde, konnten wir beobachten, dass der zerbrochene Stamm schon nach ein bis zwei Tagen zahlreiche Palmendiebe anlockte. Also ahmten wir einen Sturm nach, sägten einen Baum ab und spalteten den Stamm, womit wir das Mark freilegten. Auch hier sammelten sich die Krebse nach ein bis zwei Tagen in großer Zahl an den Schnittflächen des Stammes und fraßen vergnügt das Mark. Nach einiger Zeit konnten wir beobachten, dass die Krebse sich verhielten, als wären sie betrunken: Sie schwankten und fielen manchmal um. Als wir an dem Mark schnupperten, stellte sich heraus, dass dort eine alkoholische Gärung ablief. Der abgebrochene Baumstamm war zur Bar der Palmendiebe geworden!

Können sie riechen?

Als wir 2003 zum ersten Mal auf die Weihnachtsinsel kamen, hatten wir nur sehr ungenaue Vorstellungen von den Lebewesen und der Umwelt, die wir erforschen wollten. Im Spätherbst machte sich unsere ganze Familie mit zwei Kindern von vier und sechs Jahren im Schlepptau auf die lange Reise zu der Insel. Alles ging gut, aber die Landung auf der Weihnachtsinsel war, gelinde gesagt, interessant. Die Landebahn gilt als eine der gefährlichsten der Welt, und der Pilot hat nur drei Landeversuche – danach müsste er zum Auftanken nach Jakarta zurückkehren. Glücklicherweise schaffte es unser Pilot beim ersten Versuch.

Wir hatten die Genehmigung, mehrere Experimente anzustellen und einige Palmendiebe zu fangen. Am allerersten Abend setzten wir uns in unseren heruntergekommenen Toyota HiLux und fuhren die Straßen entlang. Zu unserer Verblüffung konnten wir die Riesenkrebse unterwegs einsammeln. Allerdings waren wir uns nicht bewusst, wie stark sie sind. Wir sperrten sie in Eimer, die wir mit dem Reserverad des Autos zudeckten. Am Morgen hatten die Krebse das 25 Kilo schwere Rad einfach abgeworfen und waren entkommen. Zum Glück gab es im Regenwald noch viel mehr von ihnen.

Ob bei den Krebsen ein Geruchssinn vorhanden ist, wollten wir mit drei experimentellen Strategien nachweisen: mit verhaltensbiologischen, physiologischen und morphologischen Untersuchungen. Alle Versuche fanden in unserem »Pink House« oder seiner Umgebung statt, einer heruntergekommenen alten Rangerstation im Regenwald der Weihnachtsinsel. Um herauszufinden, ob die Palmendiebe ihre Nahrung tatsächlich anhand des Geruchs finden, beobachteten wir zunächst, was sie gern fressen.

Ihre Ernährung bestand aus Kokosnussfleisch, Arenga-Beeren und toten Roten Krabben. In tiefster Nacht stellten wir Pfosten auf, an die wir Beutel mit diesen unterschiedlich stark duftenden Gegenständen hängten. Schon nach kürzester Zeit konnten wir beobachten, wie große Palmendiebe sich den Ködern näherten. Es war ganz klar, dass die Krebse ihre Lieblingsnahrung in der pechschwarzen tropischen Nacht aufgrund des Geruchs fanden. Damit war Tatsache Nummer 1 nachgewiesen: Palmendiebe können riechen und nutzen den Geruchssinn, um Nahrungsquellen ausfindig zu machen.

Als Nächstes gingen mein Doktorand Marcus und ich ins Labor, das eigentlich nicht mehr war als ein leerer Raum mit einem Schreibtisch und zwei Stühlen. Zum Glück hatten wir tragbare elektrophysiologische Apparaturen mitgebracht. Nun konnten wir eine Antenne eines Palmendiebes an die Geräte anschließen und die elektrischen Nervensignale nach der Stimulation mit den Geruchssubstanzen messen. Warum die Antenne? Wir wussten, wie Insekten Gerüche wahrnehmen. Aber Krebstiere haben zwei Antennenpaare, also mussten wir beide überprüfen. Wie sich herausstellte, gab ein Paar ein sehr starkes elektrisches Signal ab, wenn wir es mit natürlichen oder synthetischen Geruchsstoffen stimulierten. Damit war auch Tatsache Nummer 2 gesichert: Das Geruchsorgan der Palmendiebe liegt im zweiten Antennenpaar.[8]

Für den morphologischen Teil unserer Untersuchungen beschafften wir uns die Gehirne mehrerer Krebse. Dabei nutzten wir die traurige Tatsache, dass jede Nacht mehrere Palmendiebe von den großen Lastwagen überfahren werden, die Phosphat von der Weihnachtsinsel zur Verschiffung abtransportieren. Häufig konnten wir das Gehirn entnehmen, unmittelbar nachdem der Krebs überfahren worden war, und auf diese Weise unsere eigenen Auswirkungen auf diese großartigen Tiere so gering wie möglich halten. Das Gehirn wurde chemisch konserviert und nach Hause nach Deutschland gebracht, wo wir es mit modernsten Mikroskopen untersuchen konnten. Damit konnten wir nach der Tatsache Nummer 3 suchen: Wie hat sich das Gehirn des Palmendiebes in der Evolution so entwickelt, dass er an der Luft riechen kann?

Ein Gehirn zum Riechen

Nachdem wir in unsere entschieden besser ausgestatteten heimatlichen Labore zurückgekehrt waren, analysierten wir das Geruchssystem der Palmendiebe von der Antenne bis zum Gehirn. Die Antenne sah ein wenig wie die eines Insekts aus, war aber mit dicken Haaren bedeckt – den Riechschläuchen oder Ästhetasken. Diese enthalten eine große Anzahl von Neuronen, die offensichtlich der Wahrnehmung der verschiedenen Geruchsmoleküle dienen. Um zu verstehen, wie diese Moleküle erkannt werden, suchten wir nach Genen, die potenzielle Geruchsrezeptoren codieren. Wie sich herausstellte, haben die landlebenden Krebse ihre uralten Unterwassergeruchsrezeptoren beibehalten, aber das System wurde so abgewandelt, dass es an der Luft funktioniert.

Wie steht es mit dem Gehirn? Hier zogen wir Steffen Harzsch hinzu, einen echten Spezialisten für die Gehirne von Krebsen. Gemeinsam verfolgten wir die olfaktorischen Leitungsbahnen zum Gehirn der Palmendiebe, und hier erwartete uns eine große Überraschung: Der Krebs investiert mehr oder weniger die Hälfte seines Gehirns in die Verarbeitung von Geruchsinformationen. Die Evolution hat die Entwicklung so weit getrieben, dass andere Teile des Gehirns bis in Körperfortsätze hinein verlagert wurden, an deren Spitze die Augen balancieren – auf diese Weise wurde zusätzlicher Platz gewonnen. Im Vergleich zu Insekten verarbeitet eine ungeheure Zahl von Neuronen die Geruchsinformationen bereits auf den ersten Ebenen des Gehirns.[9]

All diese anfänglichen Experimente deuteten in die gleiche Richtung: Beim Palmendieb hat sich in der relativ kurzen Zeit, seit er als Landtier lebt, eine hervorragende Geruchswahrnehmung an der Luft entwickelt. Diese Tatsache war für uns natürlich ein Anlass, mehrmals auf die Insel zurückzukehren und neue Methoden zu entwickeln, mit denen wir diese höchst interessanten Tiere noch besser verstehen konnten. Offensichtlich haben sie unter den Krebstieren der Region die Nische der Menschen als langlebige Allesfresser an der Spitze der Nahrungskette eingenommen.

Rückkehr auf die Insel

Seit unserem ersten Besuch im Krebsparadies auf der Weihnachtsinsel haben wir an vier weiteren Forschungsexpeditionen teilgenommen und uns dabei noch eingehender mit dem Geruchsleben der Palmendiebe beschäftigt. Zusätzlich erlaubte die hervorragende Zusammenarbeit mit den vor Ort arbeitenden Ökologen Michelle Drew und Michael Smith auch Langzeitexperimente. Wir verfolgten die Palmendiebe weiterhin per Satellit, statteten aber einige von ihnen auch mit Mikrochips aus, wie es viele Hunde- und Katzenbesitzer mit ihren Haustieren tun.

Die eingepflanzten Chips erlaubten uns erstmals einen direkten Zugriff auf das Alter der Krebse, denn wir konnten nun messen, wie ein Individuum heranwächst. Die Krebse wachsen während ihres ganzen Lebens; wenn man also ihre jährliche Größenzunahme misst, kann man daraus das Alter berechnen. Palmendiebe können tatsächlich das stolze Alter von 100 Jahren erreichen – und vielen gelingt das auch!

Bei späteren Expeditionen bauten wir auch am Dolly Beach ein Feldlabor auf. Dort treiben sich bekanntermaßen alte Männchen von 60 Jahren und mehr herum. Der Strand ist voller Kokospalmen, und die Männchen beschäftigen sich mit dem Öffnen der Nüsse. Drei Tage dauert es, bis sie eine Nuss geknackt haben, aber dann ist die Belohnung gesichert. Natürlich wird während des ganzen Vorganges viel gekämpft und gestohlen, also wollten wir zusehen, wie die Krebse von der Kokosnuss angelockt werden, sobald sie geöffnet ist.

Wir schlugen reife Kokosnüsse mit einer Machete auf und legten sie an den Strand. Es dauerte nur Sekunden, dann kamen die ersten großen Männchen aus dem Regenwald näher. Sehr schnell brachen Kämpfe aus. Dass der Geruch der Kokosnüsse die Krebse angelockt hatte, war klar: Dieselbe Wirkung erzielten wir auch mit versteckten Nüssen oder schlicht mit der Kokosnussmilch.

Als Geruchsforscher wollten wir natürlich herausfinden, welche Düfte für die Anziehungskraft der Arenga-Palmen und der Kokosnüsse verantwortlich sind. Also nahmen wir Proben mit in unser heimatliches Labor in Jena und analysierten dort die Gerüche. Bei unserem nächsten Besuch konnten wir die synthetischen Duftstoffe mitbringen und damit tatsächlich nachweisen, dass insbesondere ein Bestandteil namens Acetoin die Palmendiebe ebenso anlockt wie die natürlichen Substanzen. Erstaunlicherweise ist dieser Duftstoff sowohl in den Arenga-Beeren als auch in den Kokosnüssen enthalten.[10]

Die Roten Krabben

Man kann das Tierleben auf der Weihnachtsinsel unmöglich beschreiben, ohne den Roten Krabben eine gewisse Aufmerksamkeit zu widmen. Diese landlebenden Krebse sehen eher so aus, wie wir uns eine Krabbe vorstellen. Ihr Rückenpanzer misst bis zu zehn Zentimetern. Sie leben vorwiegend im Unterholz des Regenwaldes, und dort besteht der Boden größtenteils aus Krabbenexkrementen. Die Roten Krabben besetzen mehr oder weniger die ökologische Nische, in der in unserer Umwelt Würmer und Insekten zu Hause sind: Sie sind Detritusfresser.[11]

Als wir zum ersten Mal auf die Weihnachtsinsel kamen, war die Wanderung der Roten Krabben gerade in vollem Gang. Mit anderen Worten: Der größte Teil der insgesamt mehr als 100 Millionen Krabben auf der Insel war unterwegs – sie schwärmten über die Insel aus, marschierten über Straßen, durch Gärten und Restaurants. Autofahren ist während dieser Zeit zum größten Teil verboten; ausgenommen sind nur einige Straßen, an denen man besondere Krabbenzäune aufgestellt und Krabbenüberwege eingerichtet hat. Fährt man dennoch, muss jemand vor dem Wagen gehen und die Krabben wegfegen.

Die Roten Krabben wandern zur Fortpflanzung vom Bergregenwald an den Strand. Zuerst machen sich die Männchen auf den Weg und sichern sich kleine Reviere. Dann folgt die Welle der Weibchen, und die Partnerwahl findet statt. Anschließend kommt es zur Paarung, dann kehren die Männchen in den Wald zurück. Die Weibchen bleiben am Strand, warten auf den richtigen Zeitpunkt, der wiederum stark von Mond und Gezeiten abhängt, und lassen dann ihre Eier in den Ozean fallen. Auch die Eier und die geschlüpften Larven dieser Spezies müssen einige Wochen im Meer verbringen, bevor sie als roter, samtiger Teppich aus winzigen Roten Krabben zurückkehren und sich scheinbar im Gleichschritt in den Regenwald begeben.

Sowohl die Wanderung der ausgewachsenen Krabben als auch die Welle der zurückkehrenden Krabbenlarven sind absolut erstaunliche Naturwunder. Andere Tierarten machen sich die Fülle zunutze. Nachdem die Weibchen ihre Eier im Ozean abgelegt haben, umkreist eine der weltweit größten Versammlungen von Walhaien die Insel und bedient sich an den winzigen Larven. An Land holen sich Palmendiebe und Quadratkrabben ihren Anteil an dem scheinbar nie endenden Nachschub.

Verschiedene Krebse, verschiedene Gehirne

Die Krebstiere sind in der Evolution wahrscheinlich bei fünf verschiedenen Gelegenheiten an Land gegangen, und die sind durch fünf verschiedene Typen von »Krebsen« charakterisiert. Hier haben wir Einsiedlerkrebse und »normale« Krebse betrachtet. Daneben gibt es noch die Flusskrebsartigen, die Flohkrebse und die Landasseln. Alle fünf Abstammungslinien mussten sich mit ihren Sinnesorganen irgendwie an das Leben an Land anpassen. Nachdem das erstaunliche Riechhirn der Palmendiebe unser Interesse geweckt hatte, sammelten wir auch Gehirne von allen anderen Krebstypen.

Zu unserer Überraschung stellte sich heraus, dass die evolutionäre Entwicklung ihres Geruchssinns nach der Anpassung an das Leben an der Luft auf sehr unterschiedlichen Wegen verlaufen ist. Verwandte, im Wasser und an Land lebende Arten von Krebsen, Flusskrebsartigen und Flohkrebsen sehen sehr ähnlich aus. Bei den Einsiedlerkrebsen verarbeiten stark vergrößerte Gehirnregionen die Riecheindrücke. Landasseln dagegen haben den Geruchssinn anscheinend vollkommen abgeschafft. Wo sich bei den im Wasser lebenden Arten der primäre olfaktorische Gehirnteil befindet, ist bei den landlebenden Formen überhaupt nichts.

Interessanterweise hat eine in Wüsten lebende Landasselart den Geruchssinn anscheinend »neu erfunden«, allerdings an einer ganz anderen Stelle. Warum? In der Evolution dieser Spezies ist ein raffiniertes soziales Kommunikationssystem auf Pheromonbasis entstanden. Das geht nicht ohne Nase. Aber was kam zuerst: die Henne oder das Ei, das Ei oder die Henne?[12]

Betrachtet man die fünf Gruppen von Krebstieren, die das Land besiedelt haben, so kann man sich nicht der Frage erwehren, warum der Geruchsapparat bei einem Typus ungeheuer stark gewachsen ist, während ein anderer ihn vollkommen aufgegeben hat. Um diese Frage beantworten zu können, brauchen wir noch weitaus mehr Forschungsarbeiten.

Ein bedrohtes Paradies

Die Weihnachtsinsel und ihre einzigartigen ökologischen Verhältnisse sind vor allem aus zwei Gründen bedroht. Seit ungefähr zehn Jahren verbreitet sich die Gelbe Spinnerameise, eine ungeheuer aggressive Ameisenart, auf den Inseln des Indischen Ozeans und des Pazifiks. Diese Ameisen bilden Superkolonien, die sich über mehrere Hektar erstrecken, und fressen alles, was ihnen in die Quere kommt. Für die Lebensgemeinschaften der Krebse auf der Weihnachtsinsel ist das eine Katastrophe. Zwar sind die Ameisen klein und die Krebse groß, aber die Ameisen fallen im Schwarm über die Krebse her, sprühen ihnen ihre Säure in die Augen und machen sie damit blind.

In großen Bereichen sind mehrere Krebsarten bereits verschwunden. Ihr Verlust hat unmittelbare Auswirkungen auf den Regenwald: Dieser wird von einem eher lockeren zu einem sehr dichten Wald. Auf der Weihnachtsinsel sieht es so aus, als stünden die Ranger mit ihrem Kampf auf verlorenem Posten. Die Giftköder, die sie für die Ameisen auslegen, locken auch die Palmendiebe an. Diese müssen also von Hand entfernt werden, bevor man die Köder anwendet. Was für eine Mühe! Ob die Krebse trotz der Bedrohung überleben, wird sich erst in Zukunft zeigen.

Eine andere, mindestens ebenso bedrohliche Gefahr geht von den Tätigkeiten der Menschen aus. Da die Weihnachtsinsel in großen Teilen aus uralten Korallenriffen besteht, ist der Boden sehr reich an Mineralien und insbesondere an Phosphat. Deshalb werden diese Bodenschätze auf der Insel abgebaut. Bergbau bedeutet, dass alle Bäume abgeholzt werden und der Oberboden von riesigen Bulldozern abgeräumt wird.

Der Boden wird dann mit großen Lastwagen (die über die Krabben fahren – hier hilft niemand mit dem Besen) zu riesigen Förderbändern transportiert. Diese verladen den Boden unmittelbar auf Frachtschiffe, die ihn an weit entfernte Orte bringen, unter anderem nach Indonesien, wo er dazu beiträgt, Regenwald in Ölpalmenplantagen zu verwandeln. Es ist eine echte Lose-lose-Situation: An beiden Enden der Transportwege wird Regenwald um kurzfristiger Profite willen zerstört.

Für die Tiere auf der Weihnachtsinsel, auf der viele Arten endemisch sind, ist der Lebensraumverlust natürlich eine echte Katastrophe. Wir können nur hoffen, dass die Politiker ihre Einstellung ändern, bevor es zu spät ist.

KAPITEL 12

Können Pflanzen riechen?

Pflanzen geben natürlich (in der Regel zu unserer Freude) Düfte ab. Aber Pflanzen haben weder eine Nase noch Nasenöffnungen; heißt das, dass sie nicht riechen können, nicht einmal sich selbst? Genau wie die Rezeptoren, die in unserer Nase darüber bestimmen, was wir riechen können, so scheint es auch bei Pflanzen einen Mechanismus zu geben, der bestimmte chemische Anhaltspunkte wahrnimmt. Auch ohne Pflanzen allzu sehr zu vermenschlichen, können wir die legitime Frage stellen, ob sie solche Gerüche nutzen, um untereinander zu kommunizieren.

Die ersten Fachartikel, in denen eine solche Vorstellung ernsthaft erörtert wurde, kamen aus zwei verschiedenen Richtungen. Der eine stammte von Ian Baldwin, der heute mein Kollege am Max-Planck-Institut für chemische Ökologie ist und der ihn zusammen mit Jack Schultz verfasste. Der andere Artikel wurde im Jahr 1983 von David Rhoades und Gordon Orians veröffentlicht.[1] In ihren Studien behaupteten sie, Signale von Blättern, die man wie nach einem Insektenangriff beschädigt hatte, würden durch die Luft zu Nachbarpflanzen wandern und dort eine biochemische Veränderung auslösen. Das Wichtigste dabei: Die Veränderung half den Nachbarpflanzen, angreifende Insekten auf ihren eigenen Blättern zu bekämpfen. Die Behauptungen wurden in der Publikumspresse unter der Überschrift »Redende Bäume« bejubelt, viele Wissenschaftler des gleichen Fachgebiets lehnten sie aber zu jener Zeit ab.

Vielleicht redeten die Pflanzen ja einfach mit sich selbst? In einem vielfach übersehenen, im Jahr 1995 erschienenen Artikel wurde zum ersten Mal eine neue Vermutung geäußert: Danach handelt es sich nicht um Kommunikation *zwischen* Pflanzen, sondern in ihnen findet eine Art *innere* Kommunikation statt. Abgegebene flüchtige Substanzen könnten als innere chemische Botenstoffe oder Hormone wirken. In der Studie wiesen die Wissenschaftler der University of Wisconsin in den Vereinigten Staaten einen Rezeptor namens ETR1 (für *ethylene receptor*) nach, der bei der Ackerschmalwand (*Arabidopsis thaliana*), einem der wichtigsten Modellorganismen der Pflanzenforschung, das gasförmige Hormon Ethylen wahrnimmt.[2]

Ethylen ist ein einfaches Gas, das von Pflanzen produziert wird. Es spielt eine wichtige Rolle für die Regulation von Wachstum und Entwicklung, und zwar insbesondere bei Zellprozessen, aber auch bei physiologischen Abläufen wie Samenkeimung und Fruchtreifung. Da eine Pflanze das Gas sowohl produzieren als auch aufnehmen kann, erscheint es nur logisch, dass dabei eine Art Monolog abläuft. Damit dient das Gas tatsächlich als flüchtiges Hormon. In kommerziellen Unternehmen nutzt man es insbesondere bei Bananen und Avocados, um die natürlichen Reifeprozesse einer Pflanze anzuregen.

Heute, fast 40 Jahre nachdem man erstmals auf die Idee kam, Pflanzen könnten einander riechen, lässt sich eines nicht mehr bestreiten: In ihrer Evolution hat sich die Nutzung bestimmter Signale aus der Luft durchgesetzt; diese werden heute einheitlich als flüchtige organische Substanzen (*volatile organic chemicals,* VOC) bezeichnet und lösen bei der eigenen Spezies eine Überlebenstaktik aus; sie setzen aber auch in ihrer Umgebung, bei Nachbarpflanzen oder anderen Lebewesen, eine Kettenreaktion in Gang.[3,4]

Über die Frage, ob man dies wirklich als Kommunikation im traditionellen Sinn bezeichnen soll, kann man streiten. Es steht aber außer Zweifel, dass Pflanzen chemische Hinweise abgeben, und mit Sicherheit können diese Emissionen bei anderen Pflanzen und sonstigen Lebewesen, aber auch in anderen Teilen derselben Pflanze eine Reaktion hervorrufen. Ausgelöst werden können die Signale sowohl durch abiotischen Stress (verursacht durch Umweltbedingungen wie Temperaturschwankungen oder Dürre) als auch durch biotische Belastungen (Lebewesen wie Pilze und Insekten). Sind solche Interaktionen in der Natur eine Form der Kommunikation? Was läuft da ab?

Ausprägung in den Genen

Damit Mechanismen der Duftfreisetzung funktionieren können, müssen sie im genetischen Apparat einer Pflanze codiert sein. Dass es tatsächlich so ist, haben Wissenschaftler an der Universität Tokio kürzlich bestätigt.[5] Ihre Studien an Tabakpflanzen zogen sich über 18 Jahre hin; damit konnte nachgewiesen werden, dass Gerüche bestimmte Überlebensstrategien aktivieren. Wenn wir die technischen Einzelheiten beiseitelassen und gleich zu den Schlussfolgerungen kommen, können wir die Ergebnisse wie folgt zusammenfassen: Die Wissenschaftler stellten fest, dass VOCs bei Pflanzen die Genexpression beeinflussen.

Ein Gen wird ausgeprägt oder exprimiert, wenn sein genetischer Code zur Lenkung einer Reihe von Reaktionen dient, wodurch in der Zelle ein Protein oder ein anderes funktionstragendes Molekül synthetisiert wird. Im ersten Schritt wird dabei ein DNA-Abschnitt in Messenger-RNA (mRNA) umgeschrieben. Diesen Prozess des Ablesens von Genen bezeichnet man als Transkription.

Bei Pflanzen üben VOCs offenbar ihren Einfluss aus, indem sie sich während der Transkription an Corepressoren – Proteine, die Gene ein- oder ausschalten – anheften und damit eine erwünschte Verhaltensänderung der Pflanze auslösen. Damit die Duftmoleküle einen solchen Reaktionsablauf in Gang setzen können, müssen sie in die Pflanzenzelle aufgenommen werden – das war die wichtigste Erkenntnis aus der Studie. Es scheint, als würden die Pflanzen unmittelbar mit Hilfe ihrer Gene riechen, und das ist eine ganz neue Sichtweise, wenn man den Geruchssinn insgesamt verstehen will.

So läuft also das »Riechen« ab. Aber welche Reaktionen kann der Prozess auslösen?

Düstere Warnungen und Vorbereitung

Können VOCs die Pflanzen in der Umgebung vor Gefahren warnen? Wie sich in der Studie mit Tabakpflanzen ebenfalls zeigte, wird der Geruch durchaus als nachbarschaftliche Warnung wahrgenommen. Die Wissenschaftler fanden bei Pflanzen, in deren Nähe andere Pflanzen von Pflanzenfressern angegriffen wurden, eine deutliche Zunahme der Resistenz gegen derartige von Pflanzenfressern verursachte Schäden. Wie das funktioniert, ist nicht ganz geklärt, aber nach den Vermutungen der Wissenschaftler spielen dabei sogenannte pflanzenfresserinduzierte flüchtige organische Verbindungen (*herbivore-induced plant volatiles* oder HIPVs) eine zentrale Rolle.

Wir verstehen also noch nicht ganz, wie Pflanzen solche Warnsignale als Abwehrmechanismus auslösen, eines aber wissen wir: Die Vorbereitung, auch *Priming* genannt, spielt dabei eine wichtige Rolle. Wird eine Pflanze angegriffen, kann sie Artgenossen in der Nachbarschaft darauf vorbereiten, so dass diese ihre eigenen individuellen Abwehrsysteme vorsorglich einschalten können. In der Regel bedeutet das, dass sie Substanzen produzieren, die für den Angreifer giftig, schädlich oder abstoßend sind wie beispielsweise Phenol- oder Tanninverbindungen. Ist das eine Art altruistischer Nachrichtenaustausch von Pflanze zu Pflanze in deren vernetzter Welt? Oder tun sich die Pflanzen zusammen, um sich gemeinsam gegen eine gemeinsame Bedrohung zu wehren?

Manche Autoren vertreten sehr wortreich und auf unterhaltsame Weise die Ansicht, dies sei tatsächlich der Fall; einer von ihnen ist der deutsche Berufsförster Peter Wohlleben mit seinem faszinierenden Buch *Das geheime Leben der Bäume*. Andere Wissenschaftler stellen jedoch die Behauptung in Frage, dass dort tatsächlich echte Kommunikation ablaufe. Nach ihren Vorstellungen »belauschen« die Pflanzen sich nur gegenseitig, und diejenigen, die zuhören, wechseln in den Verteidigungsmodus, wenn sie irgendwelche Warnsignale aufschnappen. Da Pflanzen sesshafte Lebewesen sind, verschaffen ihnen das »Mithören« und die »Einstimmung« auf möglichst viele warnende Gerüche bessere Überlebenschancen.

Was auch letztlich der Grund sein mag, eines scheint auf der Hand zu liegen: Wenn Gefahr naht, ist es gut, vorbereitet zu sein. Bis wir wissen, ob echte Kommunikation abläuft oder ob es sich eher um eine passive Informationsverbreitung handelt, brauchen wir noch viele weitere Forschungsarbeiten. Insgesamt deuten Studien eher darauf hin, dass Pflanzen ihre Nachbarn belauschen und sie nicht aktiv mit Signalen vor Gefahren warnen. Das mag logische Gründe haben – die Nachbarn sind im gleichen Umfeld auch Konkurrenten um Nährstoffe und Überleben; deshalb ist es vielleicht nicht schlecht, wenn man darauf verzichtet, ihnen auf Kosten der eigenen Überlebensaussichten einen Vorteil zu verschaffen.

Pilze: eine Abschweifung

Bleiben wir noch kurz im Wald. Auch wenn wir uns ein wenig vom Thema entfernen, lohnt es sich, einen Blick auf die Arbeiten von Suzanne Simard zu werfen. Die Professorin für Ökologie des Waldes an der University of British Columbia ist eine mitreißende Rednerin[6]; seit über 30 Jahren erforscht sie die Wälder Kanadas. In zahlreichen Langzeitexperimenten konnte sie nachweisen, dass Bäume sich auch über große Entfernungen hinweg in Netzwerken organisieren und dazu das unterirdische Netz der Arbuskulären Mykorrhizapilze (AM-Pilze) nutzen. Diese Pilze koppeln an Bäume an und sind ihnen von Nutzen (wobei sie auch selbst von dem Netzwerk profitieren).

AM-Pilze verbinden die Wurzeln der Bäume und sorgen so für Informations- und Nährstoffaustausch. Dieses »Wood Wide Web«, wie Simard es nennt, hilft den Bäumen bei der Abwehr von Pflanzenfressern, aber auch bei der Zusammenarbeit und der Weitergabe von Kohlenstoff, Stickstoff und Wasser an Bäume, die solche Substanzen brauchen. Simard vergleicht das ökologische Netzwerk und die Verknüpfungen in einem Wald mit den Netzwerken bei uns Menschen, wie beispielsweise unserem System der Flughäfen oder der Verkehrsnetze. Und ganz ähnlich wie unsere U-Bahn-Netze, so befinden sich auch diese Netzwerke zum größten Teil unter der Erde. Bisher haben wir noch kaum Erkenntnisse über die Mitwirkung flüchtiger Verbindungen in diesem Netzwerk, aber das kann noch kommen.

Die Pilze tragen auch dazu bei, das Immunsystem von Bäumen und anderen Pflanzen zu stärken. Sie sind beteiligt, wenn die Produktion von Abwehrsubstanzen ausgelöst wird. Diese Verbindungen beschleunigen und verstärken später die Reaktionen des Immunsystems, womit wir wieder beim Thema der »Vorbereitung« wären.

Die ideale Abwehr

Die Vorbereitung führt zu schnellem Handeln, zu einer Reaktion, welche die Anfangsstadien der pflanzlichen Abwehrmechanismen aktiviert. Das ist wichtig, denn damit wächst die Fähigkeit der Pflanze, sich gegen Pflanzenfresser und Parasiten zu verteidigen. Es ist eine Art Auslöser, durch den das eigene Immunsystem der Pflanzen sich bereit machen kann. Nachdem die Pflanze derart vorbereitet wurde, ist sie in der Lage, sich in Zukunft schneller und wirksamer gegen ähnliche Gefahren zu verteidigen. Die Auslöser der Vorbereitung können Lebewesen sein, aber auch chemische Signale wie Pflanzenhormone oder VOCs.

Für das Überleben einer Pflanze ist von Bedeutung, dass diese Vorbereitung in sämtlichen Entwicklungsstadien und allen Teilen stattfinden kann. Eigentlich ist sie ein Zustand, der die Pflanze in Alarmbereitschaft gegenüber den Angriffen eines Pflanzenfressers oder eines Krankheitserregers versetzt. Sie hat das Ziel, die Pflanze angemessen vorzubereiten, das heißt, sie sorgt für die Genexpression, die Abwehrreaktionen der Pflanze in Gang setzt und sie damit widerstandsfähiger gegen Insekten und Krankheitserreger macht. Kann eine solche Vorbereitung durch Gerüche ausgelöst werden?

Studien haben gezeigt, dass es möglich ist. Eine solche Untersuchung – dieses Mal in Zusammenarbeit zwischen Wissenschaftlern in Schweden, Bosnien-Herzegowina, Italien und den Vereinigten Staaten[7] – legt die Vermutung nahe, dass Pflanzen derartige Stressgerüche abgeben, wenn sie berührt werden; schon das löst bei Nachbarpflanzen eine »schnelle Verteidigungssynchronisation« aus, wie die Wissenschaftler es nennen. Der Abwehrmechanismus sorgte in dieser Studie im Wesentlichen dafür, dass die Pflanzen weniger erstrebenswert für Blattläuse waren, jene Schädlinge, die Pflanzensaft saugen und damit Blättern und Stängeln das Leben entziehen, und er wurde schon aktiv, bevor die Feinde der Pflanze überhaupt nahekamen.

Noch faszinierender ist vielleicht, wie wichtig solche Signale für die Pflanze sind, die den Duft überhaupt erst abgibt. Schließlich verflüchtigen sich Gerüche in der Luft und zerfallen über größere Entfernungen; das eigentliche Ziel des Duftes ist also vielleicht nicht der Nachbar, sondern die eigenen Teile der Pflanze. Könnten die Gerüche sich also zum Vorteil der Pflanze auswirken, weil sie ein entferntes Blatt oder eine Knospe vor einer Gefahr warnen? Die Frage stellt sich insbesondere, wenn manche Pflanzenteile nicht gut über das Gefäßsystem angebunden sind. In diesem Fall könnten VOCs vielleicht als schnelles äußeres Signal für die Signalübertragung innerhalb der

Pflanze dienen,[8] das heißt wieder einmal als gasförmiges Hormon.

Das alles mag aussehen wie Wechselwirkungen zwischen Pflanzen oder Pflanzenteilen. Aber können solche Gerüche auch auf andere Lebewesen wirken?

Tritrophische Wechselwirkung: ein Hilferuf

Wenn Pflanzen angegriffen werden, setzen sie VOCs als eine Art Belastungssignal frei. Da sie ganz buchstäblich im Boden verwurzelt sind und nicht flüchten können, sind solche biochemischen Nachrichten ein entscheidender Bestandteil des Verteidigungsarsenals von Pflanzen. Damit es funktioniert, leben Pflanzen in einem sogenannten ökologischen Netzwerk. Damit die Pflanze profitiert, muss das Belastungssignal innerhalb dieses Netzwerks seine Zielgruppe erreichen. Und das Ziel muss von einer Reaktion auf den Notruf ebenfalls profitieren. Warum sollte eine Pflanze sich sonst die Mühe machen?

Ein solcher Vorgang, an dem drei Organismen beteiligt sind, wird als tritrophische Wechselwirkung bezeichnet. Im Wesentlichen bedeutet das, dass Pflanzen, die von einem Pflanzenfresser angegriffen werden, ein chemisches Signal abgeben, das innerhalb des ökologischen Netzwerkes Hilfe in Form anderer Lebewesen – oftmals parasitischer Wespen – herbeiruft. Diese Organismen kommen der Pflanze zu Hilfe, profitieren gleichzeitig aber auch selbst von der Interaktion, weil sie schmackhafte Larven finden, deren Parasiten sie werden können. Wegen ihrer schützenden, lebensrettenden Tätigkeiten werden solche Helfer erwartungsgemäß manchmal auch als Leibwächter bezeichnet.

In den einzelnen Netzwerken können Zielgruppe und Nutzen in Abhängigkeit von der lokalen Umgebung, der Pflanzenart und der Art des Pflanzenfressers ganz unterschiedlich sein. Im Allgemeinen sieht es aber so aus, als besäßen viele Pflanzenarten derartige Fähigkeiten. Sie nutzen die indirekten Verteidigungsmechanismen, um sich zu schützen und die natürlichen Feinde der Pflanzenfresser anzulocken, damit diese die Angreifer verletzen, töten oder vertreiben. Dies ist eine sehr wirksame Verteidigungsmethode.

Ein Beispiel ist das Gras. Wie Wissenschaftler bei Texas A&M AgriLife Research[9] herausgefunden haben, geben diese scheinbar sehr einfachen Pflanzen einen Geruch in Form flüchtiger Substanzen ab, die nicht nur den Geruch von frisch geschnittenem Gras entstehen lassen, den wir als Menschen sofort erkennen, sondern auch ein Belastungssignal für parasitische Wespen. Gras sendet ihn aus, wenn sein Gewebe geschädigt ist – was auf unseren Rasenmäher zurückzuführen sein kann, aber auch auf eine Raupe, die ihre zahnähnlichen Kauorgane in einen saftigen Grashalm versenkt. Die nach grünen Blättern riechenden flüchtigen Verbindungen entstehen aus Fettsäuren und sind ganz allgemein an den komplexen Signalübertragungsmechanismen von Pflanzen beteiligt; zusammen mit dem Hormon Jasmonsäure stimmen sie die Pflanze auf

Abwehr ein. Es ist eine Waffe für Sofortreaktionen – der Duft wird unverzüglich freigesetzt.

Noch einmal zu den Wespen und dem Gras: Die Insekten werden von der Pflanze durch die heranwehenden flüchtigen Substanzen der grünen Blätter angelockt. Offensichtlich wissen sie, was der Geruch bedeutet: Die Pflanze ist geschädigt. Außerdem wissen sie, dass die Ursache der Schädigung – Raupen – möglicherweise für sie nützlich ist. Haben sie die schuldige Raupe ausfindig gemacht, wird sie gestochen, und die Wespe legt darin ihre Eier ab – womit letztlich der Fortpflanzungszyklus der Raupe unterbrochen wird, was dem Gras ungeheuer hilft.

Nicht nur beim Gras basiert ein Verteidigungsmechanismus auf flüchtigen Substanzen. In Gemeinschaftsarbeit unter Leitung meiner Kollegen Jonathan Gershenzon und Sybille B. Unsicker fanden wir heraus, dass auch Schwarzpappeln eine besondere Duftmischung abgeben, wenn sie von Pflanzenfressern angegriffen werden; angelockt wird in diesem Fall ganz gezielt der Parasitoid *Glyptapanteles liparidis*, der den Pflanzenfresser, hier den Schwammspinner *Lymantria dispar*, attackiert.

Mit elektrophysiologischen und verhaltensbiologischen Experimenten, die wir in meinem Labor anstellten, und mit Freilanduntersuchungen an wilden Pappelwäldern entlang der Oder östlich von Berlin konnten wir zeigen, dass insbesondere Wespenweibchen von Blättern, die durch Schwammspinner geschädigt waren, stärker angelockt wurden als von benachbarten unbeschädigten Blättern. Und tatsächlich war die Geruchsmischung, deren

Freisetzung durch die Pflanzenfresser ausgelöst wurde, auch der Lockstoff für die Wespen.

Interessanterweise sieht es so aus, als sei die Anziehung vorwiegend auf Stickstoffverbindungen in der Mischung zurückzuführen und nicht auf Terpene oder flüchtige Moleküle aus grünen Blättern (die aber ebenfalls enthalten waren). Reguliert werden die unterschiedlichen Mischungsprofile flüchtiger Substanzen aus geschädigten und unbeschädigten Blättern offenbar durch Jasmonsäuresignale und die lokale Aktivierung der Biosynthese flüchtiger Substanzen. Diese waren auch hier unentbehrliche Signale, die den Wespen halfen, ihre Wirtstiere – die Raupen – zu finden.[10]

Sowohl bei den Bäumen als auch beim Gras profitieren ganz eindeutig sowohl die Wespen als auch die Pflanzen von den flüchtigen Substanzen. Ganz im Gegensatz zur Raupe.

Angriff und Anpassungsfähigkeit

Je nach der Pflanzenart und der Art des Angriffs nutzen Pflanzen offensichtlich Allomone oder vielleicht auch Synomone, um Pflanzenfressern zu entgehen oder sie einzufangen. Um dieses erwünschte Ergebnis zu erzielen, können Pflanzen ihre Geruchsemissionen je nach der Spezies des Angreifers anpassen. Wie tun sie das?

Pflanzen spucken nicht, aber sie erkennen, wenn auf sie gespuckt wird. Wenn Insekten sich an einer Pflanze festbeißen, hinterlassen sie Speichelspuren auf ihrem kulinarischen Weg. Damit verfolgen sie einen ganz bestimmten Zweck. Der Speichel unterdrückt die Abwehrmechanismen der Pflanze und verschafft ihnen so mehr Zeit für ihre Mahlzeit. Die Pflanze, die den Speichel aufnimmt, bemerkt aber die von dem Insekt ausgehende Gefahr und setzt eine entsprechende Gegenreaktion in Gang. (Die Pflanze kann durch den Speichel aber auch zu Inaktivität verleitet werden, denn dieser vermindert unter Umständen die Abwehrreaktion). Um was für eine Reaktion es sich dabei handelt, hängt von der Pflanze und dem Insekt ab. Oft sind aber Duftnachrichten und die zuvor bereits erwähnte Vorbereitung beteiligt.

Feindseliges Verhalten

Geruchsinformationen können aber auch zu einem Mittel feindseliger Angriffe werden. Wie wir sehr gut wissen, nutzen Insekten und andere Tiere den Geruch von Pflanzen, um ihre Wirte und Nahrung zu finden. Können wir Ähnliches auch zwischen Pflanzen beobachten? Vor rund 15 Jahren stellten Consuelo de Moraes und ihre Arbeitsgruppe an der Pennsylvania State University mit einer parasitischen Pflanze, dem Teufelszwirn (*Cuscuta australis*), ein hochinteressantes Experiment an.

Diese Pflanze betreibt selbst keine Photosynthese und ist deshalb vollkommen auf einen Wirt angewiesen, an dem sie andocken und dem sie Energie entziehen kann.

Die Pflanze produziert relativ kleine Samen; wenn diese gekeimt sind, braucht sie also ein sehr effizientes System, um einen Wirt ausfindig zu machen, und dabei kann sie sich im Gegensatz zu anderen Lebewesen nicht auf Flügeln oder Füßen fortbewegen. Wie findet man also einen Wirt, wenn man ein winziger, sesshafter Keimling ist, der gerade aus dem Boden sprießt?

Consuelo hatte beobachtet, dass der Teufelszwirn seltsame, schwingende Bewegungen ausführt, wenn er aus dem Boden herauswächst; es sah fast aus, als würde er nach etwas suchen. In den ersten Experimenten wurden Teufelszwirnkeimlinge neben Tomatenpflanzen gesetzt (die sie lieben), und hier fanden sie eindeutig ihren Weg. Als die Fähigkeit in einer Arena statistisch untersucht wurde, schnitt die Pflanze sehr gut ab: Sie wuchs in rund 80 Prozent der Fälle in Richtung des Wirtes. Aber was für Informationen nutzte sie dabei?

Die Wissenschaftler gingen mehreren Möglichkeiten nach; am Ende blieben nur chemische Informationen übrig. Sie planten ein Experiment, in dem nur der Geruch der Tomatenpflanze den Keimling des Teufelszwirns erreichte; jetzt konnten sie zusehen, wie er wieder versuchte, in Richtung der Quelle des Geruchs zu wachsen. Weizen ist für Teufelszwirn keine gute Wirtspflanze und übt nicht die gleiche Anziehungskraft wie die Tomate aus.

Welche Geruchsstoffe sind der Grund dafür, dass Teufelszwirn von Tomatenpflanzen angelockt wird? Der Geruch der Tomaten wurde gesammelt und analysiert, und dabei konnte man acht Verbindungen identifizieren. Auch wenn man im Experiment diese synthetische Mischung von Tomatengeruchsstoffen einsetzte, wuchs der Teufelszwirn in die betreffende Richtung. Am Ende konnte man nachweisen, dass die Anziehungskraft insbesondere von drei Geruchsstoffen ausgeht. Bei Weizen dagegen verhinderte ein Geruchsstoff, dass sich der Keimling des Teufelszwirns der Getreidepflanze näherte.

Wir haben es hier also mit einer Pflanze zu tun, die aufgrund des Geruchs den Weg zum Angriff auf die Beute findet. Als ich die Filmaufnahmen von dem kreisenden Keimling sah, der hinter der armen Tomate her war, fiel mir der im Jahr 1951 erschienene Film *Die Triffids* ein, in dem Pflanzen die Weltherrschaft übernehmen. Hier können wir wirklich von Verhaltensweisen der Pflanzen sprechen, und nach meiner Überzeugung werden wir in den kommenden Jahren noch weit mehr über solche aktiven Prozesse aus dem Pflanzenreich in Erfahrung bringen.

Welternährung

Mit dem Klimawandel wird Lebensmittelknappheit für die Menschheit zunehmend zu einer großen Herausforderung. Um den Bedarf einer wachsenden Weltbevölkerung zu befriedigen, brauchen wir widerstandsfähigere und nährstoffreichere Nutzpflanzen. Könnten Erkenntnisse über die »Kommunikation der Pflanzen« dazu beitragen, die Welt nachhaltiger zu ernähren?

Die Erkenntnisse über die Fähigkeit der Pflanzen zum

»Lauschen« wurden zum Ausgangspunkt für interessante Forschungsrichtungen: Man stellte Pflanzen paarweise zusammen, um damit die Resistenz und in der Folge auch die Erträge bestimmter Arten zu steigern.

Eine solche Untersuchung zur Nachhaltigkeit betraf den besseren Umgang mit Schädlingen bei Minzpflanzen, die bekanntermaßen sehr aromatisch sind, wenn sie keinen Angriff abwehren müssen. Wie Wissenschaftler der Universität Tokio nachweisen konnten, reagieren Sojabohnenpflanzen auf die VOCs, die in der Nähe von Pfefferminzpflanzen abgegeben werden. Das Aroma verstärkte die Abwehr bei den Sojabohnenpflanzen oder bereitete sie darauf vor, und das führte zu weniger Schäden durch Pflanzenfresser. Die Forschungsarbeiten konzentrierten sich auf die Kohlschabe (*Plutella xylostella*)[11]. In Riechweite der Minze bereitete sich die Sojabohne auf den Kampf vor – selbst wenn keine Feinde in Sicht waren.

Besteht angesichts unseres Strebens nach Ertragssteigerungen auch die Gefahr, dass wir am Ende gerade den Mechanismus zerstören, der unsere Nutzpflanzen mit einer natürlichen Abwehr ausstattet?

Ein verheerender Verlust?

Konzentrieren wir uns einmal kurz auf eine der bemerkenswertesten Nutzpflanzen der Welt: Mais (*Zea mays*). Was die weltweiten Produktionsmengen angeht, übertrifft er derzeit Reis und Weizen. Er ist unentbehrlich als

Futtermittel für Tiere, aber auch für Biokraftstoffe; damit wird er in vielen Ländern zur wichtigsten kommerziellen Nutzpflanze.

Um der Notwendigkeit einer immer widerstandsfähigeren Maisproduktion gerecht zu werden, hat man auf Züchtung und Domestikation zurückgegriffen; solche intensiven Zuchtmaßnahmen steigern die Erntemengen. Aber beeinträchtigen sie auch die natürlichen, indirekten Abwehrmechanismen der Maispflanze – die Emission von VOCs? Das ist eine komplizierte Frage, und schnelle, definitive Antworten gibt es offensichtlich nicht.

Auf der einen Seite spricht immer mehr dafür, dass die Domestikation von Nutzpflanzen die Wechselbeziehungen zwischen Pflanzen, Pflanzenfressern und ihren natürlichen Feinden verändert. Wie sich in Studien gezeigt hat, kann sich durch die Nutzpflanzenzüchtung die chemische Resistenz gegen pflanzenfressende Insekten verringern. Die Pflanzenfresser fressen mehr und kommen ungestraft davon. Andererseits sind durch die Domestikation aber auch widerstandsfähigere, produktivere und nährstoffreichere Pflanzen entstanden. Überwiegen solche Gewinne gegenüber den Nachteilen?

In Studien zu diesem Thema werden häufig Vergleiche zwischen domestizierten Maishybriden und weniger stark manipulierten Ursprungssorten angestellt. So ging man unter anderem der Frage nach, wie der Mais flüchtige Substanzen abgibt, nachdem er von einer Heuschrecke angegriffen wurde, die *Spiroplasma kunkelii* verbreitet, den Erreger der Maisstauche. Dabei stellte sich heraus, dass die Ursprungssorten viel mehr flüchtige Substanzen abgaben und damit sehr effizient parasitoide Wespen anlockten, ein Merkmal, das bei den Hybriden verlorengegangen war.[12]

In anderen Studien wurde untersucht, wie wir unser Wissen über die Kommunikation der Pflanzen nutzen können, um bei den sehr ertragreichen Maissorten, die in der industriellen Landwirtschaft verwendet werden, eine nachhaltigere Resistenz aufzubauen. In einem Fall[13] wurde Mais mit cis-Jasmon (CJ) behandelt, einer flüchtigen organischen Verbindung, die bekanntermaßen bei Pflanzen die Abwehrmechanismen aktiviert, so dass sie Abwehrstoffe gegen Pflanzenfresser herstellen. Insbesondere wollten die Wissenschaftler in der Studie wissen, ob CJ beim Mais die Abwehr gegen *Cicadulina storeyi* vorbereitet, eine Zikadenart und wichtiger Überträger des Maisstreifenvirus (MSV).

In den Experimenten stellte sich heraus, dass Insekten diejenigen Pflanzen bevorzugten, die man im Vorfeld nicht mit CJ behandelt hatte. Die behandelten Pflanzen waren so vorbereitet, dass sie schneller VOCs abgaben und damit auch natürliche Feinde der Zikade effizienter anlockten. Dies könnte für die Maiszüchtung zu einer interessanten Entwicklung werden.

Unter Umständen ist die Erkenntnis auch nicht nur über der Erde von Nutzen. Wie sich in Studien gezeigt hat, läuft unterirdisch im Zusammenhang mit Mais und VOCs eine Menge ab. Im Rahmen eines Forschungsprojekts, an dem wiederum mein Kollege Jonathan Gershenzon beteiligt war, konnte man zum ersten Mal VOCs nachweisen, die von Pflanzenwurzeln ausgehen.[14]

Die Wurzeln von Maispflanzen setzen flüchtige Verbindungen – genauer gesagt (*E*)-β-Caryophyllen – frei, wenn Larven des Westlichen Maiswurzelbohrers *Diabrotica virgifera* an ihnen fressen – ein Käfer, der als Schädling derzeit in Europa auf dem Vormarsch ist. Aus Freilandversuchen weiß man, dass der Geruch einen insektenpathogenen Fadenwurm anlockt; diese weichen, nützlichen Würmer infizieren den Schädling und töten ihn. Interessanterweise und völlig unerwartet zeigte sich, dass die meisten kultivierten Maissorten insbesondere in den Vereinigten Staaten die Fähigkeit zur Produktion dieser VOCs verloren hatten.[15] Wenn man sie durch Züchtung wieder in die Kultursorten einführt, so Gershenzon, erhält man resistentere Maispflanzen.

Möchte man durch Züchtung den Ertrag je Maiskolben steigern, dann muss man immer auch an andere biologische Eigenschaften der Pflanze denken. Maximiert man den theoretischen Ertrag auf der Grundlage der Züchtung in Labor und Treibhaus, ohne an den natürlichen Zusammenhang zu denken, erleidet man im Freiland unter Umständen Schiffbruch, und auch im Silo des Bauern landet am Ende ein geringerer Ertrag.

Nur ein erster Eindruck

Dieses Kapitel kann nur einen ersten Eindruck davon vermitteln, wie sich in der Evolution von Pflanzen die Fähigkeit entwickelt hat, Geruchsstoffe in einer sich wandelnden Umgebung und in unterschiedlichen Netzwerken zum Überleben zu nutzen. Kenntnisse über die Mechanismen, mit denen Pflanzen ihre Selbstverteidigung in der Natur regulieren, sind ein wichtiges Hilfsmittel für eine nachhaltige Landwirtschaft und unsere Ökonomie. Solche Kenntnisse könnten am Ende zu wirksameren Pflanzenschutzmaßnahmen und einer effizienteren, ökologisch besseren Entwicklung von Nutzpflanzen führen. Kapitel 14 wird über einige Erfolgsgeschichten aus diesem Bereich berichten, darunter solche, die mir persönlich besonders gut gefallen. Zunächst werden wir aber im nächsten Kapitel erfahren, wie Lebewesen sich der Gerüche bedienen, um andere zu täuschen, und wie Pflanzen auf diese Weise die Bestäubung in Gang setzen.

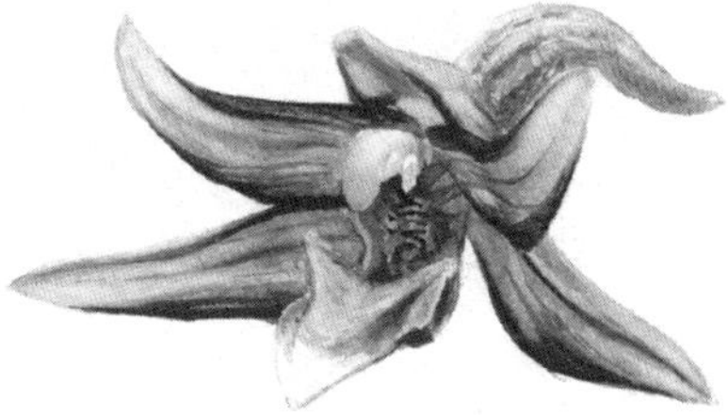

KAPITEL 13

Duftende Betrüger

Manche Wahrnehmungen haben zur Folge, dass wir mit hoher Wahrscheinlichkeit ein ganz bestimmtes Verhalten an den Tag legen. Wenn wir zum Beispiel versehentlich die Hand auf eine heiße Herdplatte legen, ziehen wir sie stets sofort automatisch zurück – auf eine solche Reaktion brauchen wir keinen einzigen Gedanken zu verwenden. Sie ist ein Reflex. Auch Gerüche können ähnliche Reaktionen auslösen. Manche sind einfach unwiderstehlich und ziehen uns an. Andere wirken schlicht abstoßend, und wir wenden uns ab. Solche Gerüche sind oft Signale, dass wir es uns nicht leisten können, etwas zu missachten oder zu ignorieren.

Bei Menschen sind solche Phänomene – wenn es sie überhaupt gibt – selten. Häufiger findet man sie bei anderen Arten, insbesondere bei Insekten. Oftmals bauen sie auf vorhandenen Übertragungswegen oder Schaltkreisen im Gehirn auf, die immer eine bestimmte, berechenbare Verhaltensweise auslösen, wenn sie aktiviert werden. Solche Übertragungswege bezeichnen wir als ökologisch markierte Leitungsbahnen. Am nächsten kommen wir Menschen solchen Signalwirkungen mit unserer Reaktion auf den Geruch von Essen, wenn wir hungrig sind, oder auf Gasgeruch in unserer Wohnung. Beide Situationen lösen zwar ganz charakteristische Verhaltensweisen aus, unsere Reaktionen werden aber auch in solchen Fällen von anderen Prozessen im Gehirn abgewandelt. Bei Tieren ist das häufig nicht der Fall.

In der Evolution von Tieren mit geringeren kognitiven Fähigkeiten haben sich solche markierten Leitungsbahnen häufig als Sicherheitsmaßnahme entwickelt. Sie sorgen dafür, dass die angemessene Verhaltensweise eintritt, insbesondere wenn es in einer Situation um Leben und Tod geht oder wenn eine knappe Ressource auf dem Spiel steht. In den Kapiteln über Fliegen und Nachtfalter habe ich geschildert, wie solche Leitungsbahnen die Möglichkeit schaffen, dass Geruchsinformationen angeborene Verhaltensreaktionen im Zusammenhang von Sexualität, Nahrungsaufnahme und der Gegenwart von Feinden auslösen.

Ein System, das dafür sorgt, dass in einer bestimmten kritischen Situation mehr oder weniger reflexhaft das richtige Verhalten eintritt, hat große Vorteile. Es gibt aber auch einen Nachteil. Berechenbare Reaktionen schaffen auch für andere Lebewesen die Möglichkeit, sie auszunutzen. Sie können den anderen veranlassen, genau das Gewünschte zu tun, indem sie einen ganz bestimmten Geruch ausstrahlen. Diesen Geruch können sie entsprechend ihren eigenen Zwecken verändern. Sie geben also einen bestimmten Geruch als Mittel der Manipulation ab.

Keine Belohnung

Zu den raffiniertesten duftenden Betrügern gehört eine Reihe von Blumen. Mit ihrem täuschenden Bestäubungssystem nutzen sie Insekten ausschließlich zu ihrem eigenen Vorteil aus. Schon Ende des 18. Jahrhunderts entdeckte der deutsche Naturforscher Christian Konrad Sprengel, dass Orchideen die Insekten täuschen: Sie locken Tiere an, um von ihnen bestäubt zu werden, ohne sie mit irgendeiner Gegenleistung zu belohnen.[1] Mitte des 19. Jahrhunderts verfolgte Charles Darwin die Erforschung der unbelohnten Bestäubung weiter.[2,3,4] Auch ich habe mich mit einer Reihe derartiger Systeme beschäftigt. Über die Hinterhältigkeit des Betruges war ich dabei jedes Mal ebenso erstaunt wie Sprengel und Darwin.

Letztlich läuft es immer wieder darauf hinaus, dass drei geruchsspezifische Nervenbahnen im Insektengehirn ausgenutzt werden. Diese Bahnen lösen Anziehungsgefühle aus, die von dem Geruch von Nahrung, dem Duft von Plätzen zur Eiablage oder – am verführerischsten von allen – von Sexualität ausgehen. Wenn wir noch einmal auf unsere Definition der Semiochemikalien zurückgreifen, sind solche Düfte eindeutige Beispiele für Allomone: Sie nutzen nur dem Absender.

Schlaue Täuschung

Manche Orchideen haben sich so entwickelt, dass sie riechen (und aussehen) wie das ideale Weibchen. Als wir solche Blüten untersuchten, stellten wir fest, dass ihr Geruch genau das Sexualpheromon von Bienen der Gattung *Adrena* nachahmt. Das von den Bienen produzierte Pheromon hat mehrere Bestandteile. Die Blüte kopiert die gleichen Verbindungen in genau den richtigen Mengenverhältnissen.[5] Aber damit ist die Täuschung noch nicht zu Ende.

Auch äußerlich hat sich die Blüte so entwickelt, dass sie in ihrem Erscheinungsbild einem Bienenweibchen ähnelt; damit verstärkt sich die Ähnlichkeit insgesamt weiter. Die Übereinstimmung ist so überzeugend, dass das Bienenmännchen versucht, sich mit der Blüte zu paaren. Wenn die Biene sich dabei bemüht, die Paarungsposition einzunehmen, bleibt Pollen an ihrem Körper hängen und wird zur nächsten Blüte transportiert, wenn dem Männchen endlich klargeworden ist, dass es hier nicht weiterkommt.[6]

Nun sind Bienen sehr kluge Insekten. Die Orchideen müssen also noch klüger sein, vor allem weil sich das Weibchen der Bienenart, von der die Orchideen bestäubt werden, nur ein einziges Mal paart. Deshalb ist das Männchen entschlossen, keine Zeit mit der Werbung um Weibchen zu vergeuden, die nicht aufnahmebereit sind. Wie vermeidet er die erfolglose Paarung? Dazu hat sich in seiner Evolution die Fähigkeit entwickelt, die winzigen Unterschiede zwischen dem Duft einzelner Weibchen zu erkennen. Aufgrund dieser Fähigkeit versucht er nie, sich zweimal mit demselben Weibchen zu paaren.

Würde jede Blüte der Orchidee genau gleich riechen, könnte die Täuschung sicher nicht zweimal funktionieren. Das Bienenmännchen würde nicht versuchen, ein zweites Mal mit der betrügerischen Blüte zu kopulieren, und demnach würde es auch keinen Pollen von der ersten zu einer anderen transportieren. Und doch tut es das. Die Frage lautet: Warum?

Als wir die Düfte genauer analysierten, fanden wir zwischen den Blüten genau die gleichen Schwankungen wie zwischen Bienenweibchen. Das Bienenmännchen hält deshalb jede Blüte für ein neues, ungepaartes Weibchen. Er lässt sich immer wieder täuschen und überbringt jedes Mal brav den Pollen der Orchidee, ohne dafür auch nur die geringste Belohnung zu erhalten. Er verschwendet also kostbare Zeit und Energie.[7]

Der Geruch des Todes

Orchideen sind in der Pflanzenwelt nicht die einzigen Betrüger. Bei den Aronstäben der Gattung *Arum* haben sich andere Formen der Täuschung entwickelt. Unser Ausflug auf dieses Forschungsgebiet zeigt auch, wie glückliche Zufälle manchmal der Wissenschaft helfen.

Im Jahr 1989 arbeitete ich an der Organisation einer Tagung mit, die sich gezielt mit dem Geruchs- und Geschmackssinn von Insekten beschäftigen sollte. Diese

Konferenzen finden häufig auf der Insel Sardinien statt. Im Laufe der Jahre hatten wir dort eine beliebte Tradition etabliert: Wir machen oft einen Bootsausflug zu einigen kleinen Inseln vor der Küste. Unterwegs genießen wir üppige Mengen an Meeresfrüchten und Wein, und so versetzen wir uns in die richtige Stimmung, um die letzten 200 Meter an Land zu schwimmen.

Einmal, als wir anschließend die kleine Insel erkundeten, begegneten uns einige sehr seltsame Blüten – seltsam waren sowohl ihr Aussehen als auch ihr Geruch. Ihr Äußeres erinnerte an eine riesige, fleischfarbene Drachenwurz, aber der Geruch war so abstoßend, dass wir an einen verwesten Leichnam dachten. Als chemische Ökologen und Geruchsforscher mussten wir natürlich den Grund für den ungewöhnlichen Blütenduft erkunden. So begann das Forschungsprojekt »Totes-Pferd-Arum«, benannt nach dem englischen Namen der Pflanze *Dead Horse Arum.*

Nachdem wir den Geruch der Blüte sowohl an dieser Stelle als auch auf den Inseln vor Sardinien und im Labor eingesammelt hatten, machten wir uns daran, die produzierten Verbindungen zu identifizieren. Als wir dann chemische Instrumente mit den Antennen von Fliegen verbanden, die nach unseren Beobachtungen rund um die Blüten schwirrten, konnten wir feststellen, welche Verbindungen von den Fliegen tatsächlich wahrgenommen wurden. Anschließend sammelten und analysierten wir den Geruch von verwesendem Schweinefleisch. Wie wir feststellten, handelte es sich genau um die gleichen Duftstoffe wie beim Toten Pferd Arum. Die Blüte ahmte tatsächlich einen verwesenden Kadaver nach.[8]

Welchen ökologischen Hintergrund hat also diese Mimikry, und warum riecht eine Blume für unsere Nase so schlecht? Bei den Insekten, die rund um die großen Blüten schwirrten, handelte es sich um Fleischfliegen. Deren Weibchen sind vollständig darauf angewiesen, verwesendes Fleisch für die Eiablage zu finden. Deshalb hat sich bei ihnen eine ökologisch markierte Signalübertragung entwickelt, die solche Gerüche wahrnimmt und darauf anspricht. Der Geruch verwesenden Fleisches ist für sie ungeheuer anziehend. Als Nächstes überprüften wir die Gerüche im Freiland; damit konnten wir nachweisen, dass die Fliegenweibchen äußerst stark von dem stinkenden Zeug angezogen werden.

Der Pollen ist in diesen Blüten schwer zugänglich. Die Fliegen müssen in eine Falle vordringen, aus der eine Art Schwanz herausragt. Um die Funktion der Blüte zu überprüfen, nutzten wir die Tatsache, dass sie nur am ersten Tag den Geruch produziert und nicht am zweiten. So konnten wir die Kontrolle übernehmen und sie mit Verwesungsgeruch parfümieren. Erwartungsgemäß kamen die Fliegen und landeten auf der Blütenoberfläche. In die Falle gingen sie aber nie. Irgendetwas fehlte. Es musste noch ein anderer Faktor hinzukommen, der die Fliege veranlasste, in die Kammer vorzudringen. Und nun entdeckten wir etwas Erstaunliches.

Der Eingang der Falle roch nicht nur wie ein verwesender Kadaver, er fühlte sich auch so an. Der Schwanz, der aus der Kammer ragte, war warm – 37 Grad. Als wir neben dem Gestank auch diese Bedingungen genau simulierten, drangen die Fliegen regelmäßig nach innen vor. In der Kammer hielt die Blüte sie für einige Zeit fest und sorgte so dafür, dass sie mit Pollen bedeckt waren, bevor sie wieder entkamen. Nun konnten sie zur nächsten Blüte fliegen und die Bestäubung unabsichtlich vollenden.[9]

Offensichtlich haben sich in der Evolution der Pflanzen alle nur denkbaren Mittel entwickelt, um die Nachahmung eines verwesenden Tieres zu vervollkommnen. Die Blüte gibt den richtigen Geruch ab, sieht genau wie das Fleisch aus, das man an der Oberfläche eines behaarten Tieres finden würde, sie ist angenehm warm und fühlt sich genauso an wie ein totes Tier, in dem während der Abbauprozesse Wärme entsteht. Sie ahmt also alle wichtigen Reize nach, nach denen ein Fleischfliegenweibchen sucht, wenn es seine Eier ablegen will, und so wird die Blüte ohne Gegenleistung bestäubt. Der große Verlierer ist die Fliege: Wie in der Geschichte von der Biene und der Orchidee vergeudet sie kostbare Zeit und Energie, ja manchmal sogar ihre Eier. Fällt die Fleischfliege vollständig auf die Täuschung herein, legt sie ihre Eier in der Fallenkammer der Pflanze ab, und dort werden ihre Nachkommen mit Sicherheit zugrunde gehen.

Nun würde man meinen, die Fliege könne sich in ihrer Evolution so entwickeln, dass sie einer derartigen Ausbeutung entgeht. Warum bildet sich bei ihr nicht eine genauere Wahrnehmung für Original und Fälschung heraus? Dass das System der Täuschung sich über längere evolutionäre Zeiträume halten kann, liegt wahrscheinlich an mehreren Faktoren. Der erste wurde bereits erwähnt: Die Blüte ahmt ein Signal nach, das so wichtig ist, dass es niemals ignoriert wird. Zweitens blüht die Pflanze jedes Jahr nur während eines begrenzten Zeitraumes auf wenigen kleinen Mittelmeerinseln. Die Blüte übt ihren Selektionsdruck auf die Fliegen also nur während einer kleinen räumlichen und zeitlichen Spanne aus. Während des übrigen Jahres und in der übrigen Welt findet die Fliege, was sie erwartet: ein totes Tier. Deshalb bleibt der Druck auf das Insekt, sich weiterzuentwickeln, so gering wie möglich.

Riecht nahrhaft!

Bei der Identifizierung der wichtigsten Verbindungen, durch die Essigfliegen von Wein und Balsamessig angelockt werden, half uns die Schwarze Calla (*Arum palaestinum*), die in den trockensten Regionen des östlichen Mittelmeerraumes vorkommt. Blickt man in eine solche Blume hinein, findet man immer eine Riesenzahl von Taufliegen. Sie sitzen einfach dort. Wie die Fleischfliegen auf der Drachenwurz, so tragen auch sie den Pollen weiter. Wie sich herausstellte, produziert die Schwarze Calla genau die entscheidenden Geruchsstoffe, die sich auch in Wein und Balsamessig finden. Auf diese Weise ahmt sie die ideale Nahrung für die kleinen Fliegen nach, lockt sie in die Blüte und sorgt wiederum dafür, dass sie der Pflanze zu ihrem eigenen Nachteil einen Dienst erweisen.[10]

Interessanterweise konnten wir bei einer anderen Population derselben Spezies keinerlei weinähnliche Düfte feststellen. Die Blüten rochen vielmehr nach Pferdedung. Als wir der Frage nachgingen, welche Fliegen von diesen Blüten angezogen wurden, stellten wir fest, dass hier tatsächlich große Schmeißfliegen die Gelackmeierten waren. Wir waren auf einen Fall von gerade ablaufender Artbildung gestoßen. Da die Blüten unterschiedlich riechen, werden sie niemals kreuzbefruchtet. Die Fliegen steuern nur Blüten an, die gleich riechen – und übertragen auch den Pollen auf sie. Im Laufe der Zeit wird dies sehr wahrscheinlich dazu führen, dass aus einer Spezies der Schwarzen Calla zwei werden.

Eine weitere auf Nahrung basierende Täuschung begehen Orchideen aus der Gattung der Stendelwurzen (*Epipactis*). Diese Blume hat sich darauf spezialisiert, Schwebfliegen anzulocken. Deren Larven leben davon, dass sie Blattläuse auf Pflanzen fressen. Damit das Schwebfliegenweibchen die winzigen Saftsauger finden kann, hat sich bei ihm ein empfindlicher Sinn für den Geruch ihres Pheromons entwickelt. Wo Blattläuse sind, riecht es nach ihrem Sexuallockstoff. Die Orchidee produziert einen Duft, der dieses Pheromon genau nachahmt. Außerdem sehen kleine rote Verdickungen im Inneren der Blüte genau wie Blattläuse aus. Auch hier wird das Fliegenweibchen von einem unwiderstehlichen Geruch angelockt, der eine äußerst wichtige Ressource charakterisiert: Nahrung für den Nachwuchs.[11]

Eines haben alle diese Beispiele gemeinsam: Sie zeigen

aktive Evolution. Sie bestätigen, dass sich bei verschiedenen Blüten die Fähigkeit entwickelt hat, angeborenes Verhalten von Insekten zu nutzen, das durch ganz bestimmte sensorische Reize ausgelöst wird – insbesondere durch den Geruch. Die Fähigkeit kann dabei auf das Sexualverhalten, die Nahrungssuche oder die Suche nach dem idealen Ort für die Eiablage zielen. Immer geht es um entscheidende Voraussetzungen für Überleben und Fortpflanzung, und damit wird es mehr oder weniger unmöglich, sie unbeachtet zu lassen.

Gefährliche Bündnisse

Auch Raubtiere bedienen sich bekanntermaßen attraktiver Düfte, um ihre Beute zu fangen. Meister der Täuschung sind in diesem Zusammenhang die Bolaspinnen. Sie nutzen die Tatsache, dass Nachtfaltermännchen vollkommen auf Sex fixiert sind, sobald sie Wind vom Duft eines Weibchens bekommen haben (Kapitel 7). Die Bolaspinne hat eine ganz besondere Jagdmethode entwickelt. Im Gegensatz zu anderen Spinnen webt sie kein Netz, sondern sie konstruiert aus ihrer Seide eine klebrige Kugel. Diese hängt an einem langen Faden von der Spinne herunter. An der Kugel bringt die Spinne genau das richtige Pheromon einer Nachtfalterart an. Dann bleibt sie sitzen und wartet geduldig, während ihre Angelschnur im Wind baumelt.

Kommt ein getäuschtes Männchen nahe genug heran,

schwingt die Spinne ihre Kugel und trifft den Nachtfalter; dieser bleibt kleben, wird herangezogen und verspeist. Manches spricht sogar dafür, dass ein und dieselbe Spinne im Laufe des Jahres die chemische Zusammensetzung des nachgeahmten Pheromons an der Kugel verändern kann. Auf diese Weise passt das Pheromon immer genau zu den verschiedenen Nachtfalterarten, die in der Umgebung auftauchen. Eigentlich hat das Pheromon sich damit in ein Allomon verwandelt, eine Art interspezifischer Botenstoff, der dem Absender nützt.[12]

Kränkliche Anziehung

Mikroorganismen und einzellige Tiere sind höchst geschickt in der Anwendung hinterhältiger, auf Geruch basierender Strategien. Unter anderem können sie bei ihren Wirten die Produktion von Geruchsstoffen beeinflussen und so dafür sorgen, dass die Wirtsorganismen untereinander oder gegenüber anderen Arten weniger attraktiv werden. Wenn ich die Geruchsökologie von Insekten erforsche, bemühe ich mich immer, wie ein Insekt zu denken – mich an seine Stelle zu versetzen. Das ist die beste Methode, wenn man neue, auf Geruch basierende Mechanismen finden will.

Einmal dachte ich über den Gedanken nach, dass man kranke Freunde meiden muss, wenn man selbst der Ansteckung entgehen will. Wenn man neben jemandem sitzt, der niest und hustet, rückt man vielleicht ein paar Sitze weiter, um den Virusteilchen auszuweichen. Das Gleiche gilt nach unserer Hypothese auch für Essigfliegen. Um die Frage zu überprüfen, infizierten wir Fliegen zuerst mit einigen üblen Krankheitserregern und beobachteten anschließend, was geschah. Das Ergebnis war genau das Gegenteil von dem, was wir erwartet hatten.

Gesunde Fliegen wurden stark von ihren kranken Artgenossen und deren Exkrementen angezogen. Besonders gern mochten sie auch Futter, das mit Exkrementkrümeln infizierter Fliegen gewürzt war. Die Weibchen legten ihre Eier an Stellen ab, an denen sich zuvor kranke Fliegen aufgehalten hatten. Dieses Verhalten führte dazu, dass die gesunden Fliegen sich infizierten und starben. Das Gleiche galt für die Larven, die aus den Eiern geschlüpft waren, nachdem die Mutter sie auf dem Nährboden kranker Fliegen abgelegt hatte. Das war natürlich eine große Überraschung. Warum geht jemand freiwillig das Risiko ein, sich mit einem tödlichen Erreger zu infizieren?

Als Geruchsforscher suchten wir nun natürlich nach den Duftstoffen der gesunden und kranken Fliegen. Gesunde Fliegen geben in geringen Mengen ein höchst attraktives Sexualpheromon ab. Als wir den Geruch kranker Fliegen analysierten, stellten wir fest, dass sie das gleiche Pheromon in zwanzig- bis dreißigmal höherer Konzentration produzierten als ihre gesunden Artgenossen. Damit wurden sie in jeder Hinsicht besonders anziehend. Als Nächstes überprüften wir, ob die Mikroorganismen dabei tatsächlich verbreitet wurden. Diese Frage konnten wir bejahen. Die Fliegen wurden offenbar von infizierten

Artgenossen stark angezogen und steckten sich auf diese Weise selbst an. Der Mikroorganismus hatte also das Pheromonproduktionssystem der Fliegen »gekapert«, die Produktion angekurbelt und damit für seine eigene Vermehrung in der Fliegenpopulation gesorgt.[13]

Andere Wissenschaftler untersuchten einen ähnlichen Fall: Sie beschäftigten sich mit Gerüchen, die Mücken zu Menschen locken. Dazu gewannen sie die Substanzen, die von verschiedenen Teilen des menschlichen Körpers abgegeben wurden, und konnten darin ganz bestimmte Verbindungen nachweisen, die von Mückenweibchen auf ihrer Suche nach einer Blutmahlzeit genutzt werden. Ein wichtiger Bestandteil der Duftmischung ist Kohlendioxid. Als man gesunde Menschen mit Malariapatienten verglich, erwiesen sich die Kranken für die Mücken als deutlich attraktiver als die gesunden. Anscheinend bedient sich der Malariaparasit einer ähnlichen Strategie wie die Krankheitserreger der Fliegen, um seine Ausbreitung unter Menschen voranzutreiben. Ausführlicher war davon bereits in Kapitel 9 die Rede.

Die menschliche Seite

Auch wir Menschen nutzen gern die Anziehungskraft von Gerüchen auf andere biologische Arten. In Kapitel 14 werde ich einen Blick auf die Anwendung von Duftsignalen werfen und erörtern, wie Insektenpheromone auf unterschiedliche Weise genutzt werden, unter anderem um die Ernte zu schützen. Ich werde aber auch zeigen, wie wir uns anziehender Düfte auf direktere Weise bedienen.

Wenn ich in den Wäldern Schwedens auf Wildschweinjagd gehe, lege ich oft einige Köder aus, um die Tiere aus der Deckung zu locken. Mais oder Zuckerrüben werden von den Schweinen sehr geschätzt. Diese auf Nahrung basierende Täuschung lässt sich aber ungeheuer verstärken, wenn man in der Nähe der Stelle mit dem Köder Buchenholzteer an einem Stein oder einem Baum anbringt. Der rauchige Geruch des Harzes ist für die Wildschweine vollkommen unwiderstehlich. Sie geben sich alle Mühe, es überall auf ihrem Körper zu verteilen, und reiben sich dazu an dem Stein oder Baum. Bei der Frage, warum sie das tun, können wir nur spekulieren, aber es könnte mit der Tatsache zu tun haben, dass viele Tiere ihren eigenen Geruch gern tarnen. Ein anderer Grund könnte darin liegen, dass der starke Geruch Hautparasiten und Blutsauger abwehrt. Jedenfalls trägt die Anziehungskraft des Buchenholzteeres dazu bei, dass ein gutes Abendessen auf meinem Tisch landet.

Ähnliche Strategien werden auch beim Haiangeln genutzt. Wenn man rund um das Boot ein wenig Blut ins Wasser schüttet, lockt der Geruch die Haie wahrscheinlich von weither an und führt sie in die Nähe der mit Ködern versehenen Angelhaken.

All diese Beispiele zeigen, wie starke, fest im Gehirn verdrahtete Geruchssignale von anderen Lebewesen ausgenutzt werden können. Das geschieht, weil man von dem Betrogenen eine Dienstleistung wie beispielsweise die

Bestäubung erwartet oder aber weil ein Tier seine Beute anlocken und töten will, wie die Bolaspinne und ich. Alle diese Fälle machen deutlich, wie wichtig Geruchsinformationen für zahlreiche Lebewesen sind. Oft entscheidet die augenblickliche Reaktion auf einen Geruch über Leben oder Tod – über die Verbreitung von Genen oder darüber, ob man zum Narren gemacht wird.

KAPITEL 14

Riechen und Geruch für unsere eigenen Zwecke nutzen

Wir Menschen nutzen Gerüche und den Geruchssinn auf vielerlei Weise, um uns Informationen über andere zu beschaffen und ihr Verhalten zu beeinflussen. Informationen sammeln wir mit unserer eigenen Nase, durch die Nase von Tieren und mit Maschinen. Wir beeinflussen das Verhalten unserer Mitmenschen, aber auch von Tieren und vielleicht sogar der Pflanzen. Es ist gut, sich aller dieser Möglichkeiten bewusst zu sein, denn wahrscheinlich ist jeder von uns ihnen tagtäglich ausgesetzt.

Informationssammlung

Am naheliegendsten ist es natürlich, Informationen über unsere chemische Umgebung mit unserer eigenen Nase zu sammeln. In ihr tragen wir eines der erlesensten Analyseinstrumente, die es überhaupt gibt. Daran wurde ich erst kürzlich wieder erinnert: Eine Bekannte, eine Liebhaberin französischer Weine, brachte zwei sehr hübsche, genau gleich aussehende Flaschen mit zu einem Abendessen, bei dem ich ein Wildgericht zubereitet hatte. Sie öffnete die erste Flasche und schenkte mir ein Glas ein.

Noch bevor ich den ersten Schluck genommen hatte, wusste ich, dass man den Inhalt dieser Flasche sofort in den Ausguss schütten konnte. Der unverkennbare, unangenehme Geruch von Geosmin – auch als der Geruch von verkorktem Wein bekannt – stieg mir in die Nase, und ich konnte meine negative Reaktion nicht verbergen. Wer wissen will, was ich meine, braucht nur an einen nassen Hund zu denken. Zum Glück für uns beide war die zweite Flasche von einwandfreier Qualität, und damit war das Abendessen gerettet.

Auf die gleiche Weise analysieren wir ständig alles, was wir essen, jedes Getränk und auch jede Umgebung, in die das Leben uns führt. Denken wir nur daran, wie genau wir Gas, Rauch, Schimmel, Fäulnis und andere warnende Gerüche wahrnehmen. Gleiches gilt aber auch für die schönen Dinge des Lebens wie frische Kräuter, alten Whisky oder die Frikadellen unserer Mutter. Viel ausführlicher habe ich solche Fähigkeiten in Kapitel 2 beschrieben; im Zusammenhang dieses Kapitels liegt der Schwerpunkt auf dem besten Riechapparat, den wir ständig mit uns herumtragen – und auf der Frage, wie andere unsere Geruchsempfindlichkeit ausnutzen, um uns zu manipulieren.

Wie der Geruchssinn den Menschen nutzt

Manche Menschen gehen über die alltägliche Geruchswahrnehmung hinaus und werden zu »Supernasen«. Eine solche Fähigkeit beruht in der Regel nicht darauf, dass jemand mit einem besseren Geruchssinn geboren wurde, sondern auf Übung. Supernasen sind wichtig für die Produktentwicklung in der Lebensmittel- und Getränkeindustrie, aber auch in der sehr erfolgreichen Branche der Parfüms, Deodorants und designten Düfte. Autohersteller testen bekanntermaßen Teile und Materialien in ihren Geruchslabors, um neue Autos mit einem genau richtigen, einzigartigen Duft auszustatten.

All diese Branchen haben entweder ihre eigenen Gremien von Geruchsexperten, oder sie vergeben Aufträge an Unternehmen, die sich auf derartige Beurteilungen spezialisiert haben. In beiden Fällen bringt man eine Gruppe ausgebildeter Personen in Kontakt mit neuen Gerüchen und Geschmacksrichtungen, die gerade entwickelt werden. Ihnen können wir Vorwürfe machen oder danken, wenn wir ein mehr oder weniger neues Erlebnis haben, sobald wir die Flasche mit dem Lieblingsketchup oder die Tür eines neuen Autos öffnen.

Ein anderer Aspekt unserer Geruchswahrnehmung betrifft den Geruch von Krankheiten. Später wird noch von Beispielen für die Nutzung von Tieren und Maschinen die Rede sein, die Ersten, die ihn wahrnahmen, waren aber vermutlich Menschen. Krankenschwestern schnupperten am Urin potenzieller Diabetiker und suchten nach den charakteristischen Gerüchen. In jüngerer Zeit behauptet eine Frau, sie könne einfach anhand des muffigen Geruchs feststellen, ob jemand an der Parkinson-Krankheit leidet, und das schon bevor die ersten Symptome auftreten oder eine eindeutige Diagnose gestellt wird. Wissenschaftler der Universität im britischen Manchester haben bei ihrer Suche nach Methoden zur Frühdiagnose mit der ehemaligen Krankenschwester zusammengearbeitet. Den charakteristischen Geruch der Krankheit und seine flüchtigen biologischen Marker dingfest zu machen, könnte ein wichtiger Schritt zur Früherkennung sein.[1]

Wie der Mensch den Geruchssinn von Tieren und Insekten nutzt

Schon seit Jahrtausenden lassen wir uns von Tieren helfen, wenn unser eigener Geruchssinn nicht ausreicht. Das ist insbesondere der Fall, wenn es um die Empfindlichkeit geht, denn viele andere Tiere haben einen beträchtlich stärkeren Geruchssinn entwickelt als wir. Das klassische Beispiel ist der Jagdhund (siehe Kapitel 3): Hier nutzen wir die überlegene Nase des Tieres, um den von der Beute hinterlassenen Geruch aufzuspüren.

Manche Arten sind begeisterte Jäger und bleiben Hirschen, Füchsen, Dachsen oder anderen Tieren stundenlang auf der Spur. Obwohl mein eigener Dackel schon elf Jahre alt ist, verschwand er plötzlich in den Sümpfen in unserer Umgebung und stellte volle vier Stunden irgendeinem Tier nach. Am Ende musste meine Frau ihn am Schwanz aus einem Dachsbau ziehen. Hunde haben ganz offensichtlich schon von Natur aus einen starken, vom Geruch getriebenen Jagdinstinkt, aber im Laufe der Jahrhunderte haben wir ihn mit unseren Zuchtprogrammen und häufig zu unseren eigenen Zwecken weiter verstärkt.

Die Bereitschaft eines Hundes, Dinge aufgrund ihres Geruchs zu suchen und zu finden, lässt sich auch zu vielen anderen Zwecken nutzen. Das klassische Beispiel ist der Polizeihund. Als ständiger Partner unserer Sicherheitskräfte wurden Hunde anfangs vorwiegend dazu genutzt, Menschen zu verfolgen, die sich von einem Tatort oder nach einem Ausbruch vom Gefängnis entfernt hatten. Heute erschnüffeln sie auch Drogen, Geld und Leichen, und das sogar unter Wasser. Beim Militär wurden Hunde genutzt, um Minen vor vorrückenden Truppen aufzuspüren oder aber um Minenfelder nach dem Konflikt zu säubern.

Auch im öffentlichen Gesundheitswesen spielen Hunde eine immer wichtigere Rolle. Im Laufe der Jahre haben unsere vierbeinigen Freunde mit der kalten Schnauze gezeigt, dass sie Krebs im Frühstadium erkennen können und dabei sogar zwischen verschiedenen Formen der Krankheit unterscheiden. In jüngerer Zeit machten fröhliche Geschichten über Golden Retriever, die durch ihre Kleidung als biologische Detektoren gekennzeichnet waren, die Runde durch die Medien. Man hatte sie darauf trainiert, mit Covid-19 infizierte Menschen zu erkennen, wenn diese in Chile einreisen. Auch in Großbritannien erproben Wissenschaftler der London School of Hygiene and Tropical Medicine in Zusammenarbeit mit der gemeinnützigen Organisation Medical Detection Dogs und der Universität Durham ausgebildete Hunde, die Covid-19 an öffentlichen Plätzen aufspüren sollen. Und sie sind nicht die Einzigen.

Grundsätzlich lassen sich Hunde darauf trainieren, alles zu erschnuppern, was auch nur den geringsten Geruch abgibt. Gleiches gilt für Nagetiere, und auch sie werden von

Menschen genutzt. So sind Riesenhamsterratten zum Aufspüren von Landminen an die Stelle der Hunde getreten. Diese Lösung birgt nur das Problem, dass das Training ungefähr ebenso viel Zeit erfordert wie bei einem Hund, wobei die Ratten aber eine viel kürzere Lebensdauer haben. Dennoch können sie während ihres kurzen Lebens viel erreichen – davon zeugt unter anderem eine berühmte Ratte.

Im Jahr 2020 erhielt zum allerersten Mal eine Ratte die angesehene Goldmedaille, die von der gemeinnützigen britischen Veterinärorganisation People's Dispensary for Sick Animals (PDSA) als Auszeichnung für tapfere Leistungen von Tieren verliehen wird (wobei in der Regel Hunde die Empfänger sind). Die Gambia-Riesenhamsterratte mit dem Namen Magawa wurde wegen ihres »lebensrettenden Pflichtbewusstseins bei der Lokalisierung und Beseitigung tödlicher Landminen in Kambodscha« als Preisträgerin ausgewählt. Bisher hat Magawa 141 000 Quadratmeter Land von 39 Landminen und 28 anderen nicht explodierten Munitionsgegenständen befreit.[2] Nicht schlecht für eine Ratte!

Aber kann man auch Insekten darauf trainieren, uns beim Aufspüren bestimmter Gerüche zu helfen? Genau wie Hunde und Ratten, so lassen sich auch Insekten dazu ausbilden, mehr oder weniger jeden Geruch wahrzunehmen. Auch hier geht es häufig um Sprengstoffe, in der Regel um TNT oder Cyclohexanon. DARPA, die Forschungsbehörde des US-Verteidigungsministeriums, investiert bekanntermaßen viel Geld in die Entwicklung von Methoden, mit denen man Insekten darauf trainieren kann,

Landminen zu finden und auf ihnen zu landen, um so ihre Lage zu kennzeichnen.[3,4]

Ein kommerzielles Unternehmen versuchte sogar, ein solches System für die Überprüfung von Passagieren und Gepäck auf Flughäfen zu verkaufen. In einer Kiste eingeschlossene Bienen kann man so trainieren, dass sie ihre »Zunge«, die Proboscis, ausstrecken, wenn sie von einem bestimmten Geruch stimuliert werden. Zu diesem Zweck gibt man den Geruch zusammen mit einer Belohnung, beispielsweise Zuckerwasser. Nachdem die Bienen einige Male diese Kombination erlebt haben, sind sie so konditioniert, dass sie die Zunge in Erwartung der süßen Belohnung ausstrecken. Das Nachweissystem besteht aus einer Reihe eingesperrter Bienen, die darauf trainiert wurden, einen bestimmten Geruch wie TNT wahrzunehmen. Sobald sie ihn riechen, strecken sie die Zunge heraus, die von einem winzigen Laserstrahl getroffen wird, und lösen auf diese Weise den Alarm aus. Das Ganze hat natürlich den Nachteil, dass Bienen nicht sehr lange leben; man muss das Training also ständig wiederholen. Soweit ich weiß, war die Geschäftsidee kein großer Erfolg.

Riechende Maschinen

Tiere können großartig riechen und lassen sich für viele Aufgaben einsetzen. Aber wie gerade erwähnt haben sie den Nachteil, dass sie trainiert werden müssen und nur eine begrenzte Lebensdauer haben. Deshalb wäre es natürlich sehr nützlich, wenn man riechende Maschinen hätte, die ohne Training sehr lange Zeit rund um die Uhr arbeiten. Für ganz bestimmte Aufgaben gibt es solche Apparaturen. Kehren wir noch einmal zum Flughafen zurück: Heute muss man unter Umständen durch einen riesigen »Riecher« gehen, der Spuren von TNT oder andere charakteristische Moleküle wahrnimmt. Das ist nur ein Beispiel für die vielen Möglichkeiten, die der Markt derzeit anbietet.

Grundsätzlich besteht eine elektronische Nase aus Hardware und Software. Die Hardware hat einen Detektor, dessen Sensoren an den jeweils nachzuweisenden Geruch angepasst sind. Man kann sie mit verschiedenen Methoden aus unterschiedlichen Materialien bauen, wie beispielsweise aus Metalloxiden, leitfähigen Polymeren oder Quarzkristallen. Im Wesentlichen verändern sie ihre Eigenschaften je nach den chemischen Merkmalen des Geruchs. Das sind die Geruchsrezeptoren des Systems. Ihr Output fließt in das »Gehirn«, einen Computer, in dem verschiedene Softwareelemente dem Input einen Sinn beilegen und die Gerüche identifizieren, die auf die Detektoren treffen. Heute, da solche Apparate immer weiter entwickelt werden, ist dabei häufig auch Maschinenlernen beteiligt.[5,6,7,8]

Für elektronische Nasen gibt es einen riesigen Markt. In der Lebensmittel- und Getränkeindustrie werden Maschinen ständig zur Qualitätskontrolle eingesetzt; in Land- und Forstwirtschaft brauchen wir sie ebenfalls zur Qualitätskontrolle, aber auch zum Aufspüren von Schädlingen und Pestiziden. In der Medizin helfen sie bei der Diagnose von Krankheiten wie Krebs, Infektionen und Tuberkulose. Ebenso werden Maschinen genutzt, um die Umwelt in geschlossenen Räumen und im Freien zu überwachen, und wie bereits erwähnt, können elektronische Nasen auch in vielen modernen Sicherheitssystemen zu einem unverzichtbaren Bestandteil werden.

Diese künstlichen Riecher leiden aber noch an vielen Problemen. Insbesondere erreichen sie keine Empfindlichkeit, die auch nur entfernt an die natürlichen Systeme heranreichen würde. Das Ziel wäre außerdem ein System, das zahlreiche Moleküle wahrnehmen kann, die oftmals chemisch nicht verwandt, aber gleichermaßen von Bedeutung sind. Genau das gelingt einer natürlichen Nase aufgrund ihrer großen Zahl an Rezeptoren.

Eine so große Zahl künstlicher Rezeptoren in einer Maschine unterzubringen und das Ganze dann auch noch so schlau zu machen, dass es den Input versteht, ist mehr oder weniger unmöglich. Auch mehrere technische Aspekte der Sensoren selbst werfen ernsthafte Schwierigkeiten auf. Aber wie auf allen anderen Gebieten, so schreitet der Fortschritt auch hier schnell voran. Jedes Jahr werden neue, klügere Maschinen vorgestellt.

Manipulation des menschlichen Verhaltens

Eine der größten Branchen der Welt hat nur ein einziges Ziel: Menschen sollen nicht wie Menschen riechen. Seit dem Mittelalter gilt der Geruch von Menschen als primitiv und als Klassensymbol. Wer es sich leisten konnte, investierte in andere Gerüche, und so wuchs insbesondere in Frankreich eine ganze Gilde von Parfümeuren heran. Diese Fachleute waren ununterbrochen damit beschäftigt, um die Erfindung neuer, aufregender Geruchsmischungen zu wetteifern – ein Wettbewerb, der sich auch heute noch fortsetzt. Man braucht nur in den Duty-free-Shop des nächsten Flughafens oder in ein örtliches Kaufhaus zu gehen, dann steht man vor einer scheinbar endlosen Auswahl von Düften, die man auf den Körper auftragen kann. Zunächst einmal haben diese Düfte in der Regel nichts mit Menschen zu tun. Blumige und fruchtige Noten sind als Hauptbestandteile von Parfüms sehr beliebt, aber unter ihnen verbergen sich in den nachgeordneten Duftnoten manchmal auch menschliche Gerüche. Diese haben unter Umständen einen überraschenden Ursprung – darunter sind auch Gerüche von Exkrementen und Urin.

Die Parfümindustrie hatte im Jahr 2018 ein Volumen von über 30 Milliarden US-Dollar, und je nachdem, welche Quelle man befragt, wird für 2025 ein Umfang von 50 bis 90 Milliarden erwartet. Solche Zahlen vermitteln uns eine Ahnung davon, was wir zu investieren bereit sind, um unseren wahren Geruch zu verbergen.

Könnte man auch ein Parfüm herstellen, das einen Menschen für das andere Geschlecht absolut unwiderstehlich macht? Wie wir in Kapitel 2 erfahren haben, ist die Existenz menschlicher Pheromone bis heute sehr umstritten. Die Antwort lautet also: Nein, höchstwahrscheinlich nicht. Das verhindert aber nicht, dass der Markt boomt.

Man braucht nur die Worte »Pheromon« und »Parfüm« zu googeln, dann erhält man eine Reihe von Angeboten, die für den nächsten Besuch in der örtlichen Bar größten Erfolg versprechen.

Eine andere Form der Verhaltensmanipulation besteht darin, uns zu bereitwilligeren Konsumenten bestimmter Waren zu machen. Das ist keine neue Erfindung. Bäckereien bemühen sich schon seit langer Zeit darum, ihre Abluft auf die Straße zu lenken. Der wunderbare Duft erinnert Passanten an das Brot, das im Laden verkauft wird, und möglicherweise treten sie häufiger ein, um dort ihr Geld auszugeben.

Heute werden Kunden jedoch durch Gerüche noch weitaus raffinierter manipuliert. Manchmal ist der »echte Stoff« gar nicht dort vorhanden, wo Waren verkauft werden. Vor einigen Jahren arbeitete ich in Japan. Nachdem ich einige Wochen in hervorragendem Sushi geschwelgt hatte, stand mir der Sinn nach einer Tiefkühlpizza. Als ich auswählen wollte, welche Sorte ich mit nach Hause nahm, stieg mir plötzlich der charakteristische Geruch frisch gebackener Pizza in die Nase. Der Supermarkt hatte eine Düse für synthetischen Pizzageruch unmittelbar über der Tiefkühltruhe angebracht! Es wirkte. Auf ganz ähnliche Weise kann man den Geruch vieler Lebensmittel und Getränke synthetisieren und uns damit dazu veranlassen, Geld auszugeben.

Ebenso können Düfte dazu dienen, uns in einen bestimmten Zusammenhang zu stellen oder auch nur allgemein eine positive Atmosphäre zu schaffen. Kokosnussgeruch im Vorraum eines Reisebüros steigert beispielsweise angeblich den Umsatz mit Reisen auf exotische Inseln. »Grüne« Düfte von Gras oder Bäumen sollen die Arbeitsleistung in Büros verbessern. Diese Form der Geruchsmanipulation und des Duftdesigns ist zu einer wichtigen Branche herangewachsen, deren Jahresumsätze sich nach Millionen bemessen.

Wenn Tiere manipuliert werden

Tagtäglich nutzen wir Gerüche, um Tiere einzufangen oder ihr Verhalten zu ändern. Gerade erst gestern kam ich von meiner Köderstelle für Wildschweine zurück, an der ich (wie bereits in Kapitel 13 beschrieben) Buchenholzteer auf einen großen Stein streiche. Da die Tiere nicht widerstehen können, führt meine Manipulation durch Teer in Verbindung mit einigen schmackhaften Maiskolben die zurückhaltenden Wildschweine da hin, wo ich sie haben will.

Die vielleicht naheliegendsten Beispiele für eine Manipulation von Tieren mit Düften stammen aus der Welt der Insekten. Ihre einfachste Form sind die verschiedenen Fallen, die man im Baumarkt kaufen kann, um damit Ameisen, Motten, Fliegen, Küchenschaben und anderes Getier zu bekämpfen. Alle diese Produkte basieren auf Forschungsarbeiten, in denen sich gezeigt hat, welche Gerüche für die verschiedenen Insekten attraktiv sind. Als Köder enthalten die Fallen meist entweder synthetische

Lebensmittelgerüche oder synthetische Pheromone. Auch im größeren Maßstab hat man versucht, mit solchen Fallen die Insekten im Freiland zu fangen. Hier handelt es sich bei den Ködern in der Regel um Sexual- oder Versammlungspheromone, von denen die Insekten angelockt werden.

Wie wir in Kapitel 9 erfahren haben, liegt die größte Herausforderung für die Menschheit im Zusammenhang mit Insekten bei den von diesen Tieren übertragenen Krankheiten, insbesondere solchen, die von tropischen und subtropischen Mücken verbreitet werden wie Malaria, Denguefieber und das Zikavirus. Mehrere Methoden zu ihrer Eindämmung bauen auf unserem eigenen attraktiven Geruch auf. In befallenen Gebieten hängt man beispielsweise Moskitonetze, die mit Insektiziden imprägniert sind, über die Betten schlafender Menschen. Die Mücken werden von dem Geruch angelockt, der von dem Menschen unter dem Netz ausgeht, landen aber auf dem Netz und kommen dort in unmittelbaren Kontakt mit dem tödlichen Insektizid. Ganz einfach, aber auch sehr wirksam.[9]

Eine andere, ähnliche Strategie bedient sich der sogenannten Eave-Röhre. In Afrika dringen Mücken gern durch offene Dachtraufen (engl. *eaves*) in Häuser ein. Damit die Methode funktioniert, werden alle Öffnungen des Hauses durch Fenster, Türen und Moskitonetze verschlossen. An dem einzigen verbliebenen Einfallstor, der Dachtraufe, bringt man dann besondere Röhren mit einem insektizidgetränkten Netz an. Die Mücken lassen sich von dem Geruch der Menschen anlocken, landen wiederum auf den Netzen in den Röhren und sterben.[10]

Einen anderen großen Versuch, in Dörfern den Bestand an Malariamücken zu verringern, unternahmen meine Kollegen Rickard Ignell und seine Mitarbeiter. Sie entdeckten, dass die Mücken stark von Kuhurin als Stickstoffquelle angelockt werden. Also konstruierten sie Mückenfallen, die auf solchen Uringerüchen aufbauen und die Tiere töten. Damit konnten sie sowohl die Zahl der Mücken als auch die Malariainfektionsrate deutlich senken.[11]

Zum Einfangen einer größeren Zahl von Mücken sind auch mehrere teurere Produkte erhältlich. Zu den bekanntesten gehört der Moskitomagnet, der mehr oder weniger wie ein attraktiver Staubsauger funktioniert. Die Mücken werden von einer Mischung aus CO_2 und 1-Octen-3-ol, einem typischen Säugetiergeruch (siehe Kapitel 9) angelockt, in einen Behälter gesaugt und dort eingefangen. Die Maschine hat sich als recht leistungsfähig erwiesen.

In mehreren anderen Fällen erzielte man mit dem massenhaften Einfangen nur begrenzte Erfolge, denn bei größeren Ausbrüchen treten die Insekten in derart großer Zahl auf, dass unsere Bemühungen, sie einzufangen, schlicht nicht ausreichen. Ein gutes Beispiel ist der Borkenkäfer[12] (siehe Kapitel 10): Hier erprobte man in Schweden in den 1970er Jahren während mehrerer großer Ausbrüche ein Programm des massenhaften Einfangens. Aber obwohl Millionen und Abermillionen Käfer aus dem Verkehr gezogen wurden, erlitten die Wälder beträchtliche Schäden. Dieses Jahr stelle ich in meinem eigenen Wald Fallen auf, aber nach meinem Eindruck handelt es sich dabei vorwiegend um eine therapeutische Maßnahme für die Waldbesitzer: Sie haben das Gefühl, dass sie sich irgendwie gegen den Feind wehren.

Am erfolgreichsten konnte man das Verhalten von Insekten in Landwirtschaft und Gartenbau mit höher entwickelten Methoden manipulieren. Ein einfacher Weg besteht darin, sich mit Hilfe von Lockstoffen schlicht darüber zu informieren, wann die Schadinsekten, auf die man es abgesehen hat, sich in der Nähe herumtreiben. Dann kann man die Anwendung von Pestiziden auf die wenigen Wochen beschränken, in denen sie wirklich notwendig ist.

Eine elegantere Methode basiert auf der Störung der Paarung bei verschiedenen Nachtfalterarten (siehe Kapitel 7); dabei werden winzige Mengen reiner Pheromone aus vielen Quellen abgegeben, unter anderem in Weinbergen oder Apfelplantagen. Dann riecht die ganze Gegend wie ein Weibchen, das nach einem Männchen ruft. Nach einiger Zeit geben die Männchen offensichtlich auf, und es findet keine Paarung statt. Die Situation kann man mit einer Stadt voller Millionen idealer (künstlicher) Kopien von Frauen vergleichen, die nicht von einer echten Frau zu unterscheiden sind. Dann nützt es nichts, wenn es auch einige echte Frauen gibt.

Aus männlicher Sicht versteht man leicht, dass das Nachtfaltermännchen schnell erschöpft ist, wenn es sich bemüht, ein echtes Weibchen ausfindig zu machen. Eine solche Paarungsunterbrechung hat einen eindeutig nützlichen Aspekt: Sie ist auch in der Biolandwirtschaft erlaubt, wo die Bauern zu höheren Preisen an eine andere

Zielgruppe verkaufen können. Wenn wir auf Pheromonen basierende Bewirtschaftungsmethoden erwähnen, sollten wir auch nicht die Neunaugen vergessen, mit denen wir uns in Kapitel 5 beschäftigt haben. Das Pheromon dieser Fische wurde identifiziert, und Versuche, die Weibchen mit seiner Hilfe aus kommerziellen Fischgründen wegzulocken, laufen.

Stärkung der Lebensmittelproduktion

Eine noch reizvollere (aber auch viel arbeitsintensivere) Methode wurde am International Centre for Insect Physiology and Ecology (icipe) im kenianischen Nairobi entwickelt. Ich hatte das Vergnügen, dort seit Anfang der 1990er Jahre zu arbeiten und einige Jahre im Leitungsrat zu sitzen. Die von Zeyaur Khan und John Pickett entwickelte Methode basiert ausschließlich auf natürlichen Gerüchen. Aber von vorn.

Mais ist heute in großen Teilen Afrikas das wichtigste Grundnahrungsmittel. Seinen Ursprung hat er aber in Südamerika. Als das Getreide in Afrika eingeführt wurde, war es für einige einheimische Insekten eine hervorragende neue Nahrungsquelle. Das galt insbesondere für die Stängelbohrer. Wie der Name schon sagt, frisst sich ihre Larve ins Innere der Maisstängel und lässt sie zusammenbrechen. Damit können solche Insekten das Getreide von Kleinbauern in ganz Ostafrika vernichten.

Meine Kollegen in Kenia und Großbritannien hatten

eine schlaue Idee: Möglicherweise gab es ja einheimische Pflanzen, die für die Stängelbohrer attraktiver sind als der Mais, und ebenso könnte es Pflanzen geben, die für die Insekten entsetzlich riechen. Mit ihren Kenntnissen über die Ökologie der Nachtfalter identifizierten sie mehrere gute Kandidaten und begannen mit der Erprobung.[13] Nach einigen weniger erfolgreichen Versuchen, wie sie in der Wissenschaft üblich sind, fanden sie zwei vielversprechende Arten: ein einheimisches Gras, das für die Nachtfalter der natürliche Wirt war, bevor der Mais eingeführt wurde, und eine Bohnenart, deren Geruch die Nachtfalter aus irgendeinem Grund verabscheuten.

Nach vielen Versuchen hatte man eine Methode entwickelt, bei der ein Grasstreifen rund um das Maisfeld ausgesät wurde. Zwischen die Maisreihen pflanzte man Bohnen. Es funktionierte unglaublich gut. Die Nachtfalter wurden von dem köstlichen Duft des Grases aus dem Maisfeld gelockt und legten anschließend im Gras ihre Eier ab. Gleichzeitig wurden sie durch den schrecklichen Geruch der Bohnen abgestoßen. Diese Technik des Schiebens und Ziehens, auf Swahili *Sukuma-Vuta* oder auf Englisch *Push-Pull* genannt, lieferte unerwartet gute Ergebnisse.

Die Ernteerträge vervielfachten sich nicht nur durch den Rückgang der Angriffe von Nachtfalterlarven, sondern auch weil die Bohnen den Stickstoff fixierten. Gleichzeitig stellte sich heraus, dass die Bohnen die Keimung der Samen eines schädlichen parasitischen Unkrautes namens *Striga* verhinderten. Hinzu kam ein weiterer Nutzen: Als man das Gras rund um das Getreidefeld mähte und an die Kühe der Bauern verfütterte, verdoppelte sich die Milchproduktion. Eine Win-win-Situation. Nähere Informationen finden sich unter *www.push-pull.net*.

Noch ein letztes Wort zu der Geschichte vom Schieben und Ziehen. Wenn man als Wissenschaftler Glück hat, erlebt man einen Moment, in dem die Wissenschaft für das Leben der Menschen wirklich etwas bewirkt. Für mich kam dieser Augenblick, als ich in einem Dorf nicht weit vom Viktoriasee stand. Ich sprach mit einem Mann, der vermutlich jünger war als ich. Er erklärte mir, dank Sukuma-Vuta könne er nicht nur seine Familie ernähren, sondern auch einen Überschuss erwirtschaften und seine Enkel in die Schule schicken. Und obendrein konnte er seinem Nachbarn (der die Methode noch nicht übernommen hatte) mit ein wenig Mais aushelfen. Dennoch braucht ein Projekt wie *Push-Pull* eine langfristige wissenschaftliche Perspektive und die Zusammenarbeit vieler Fachgebiete von der Chemie bis zur Sozialwissenschaft.

Der Kampf gegen die Fliegen

Eine weitere *Push-Pull*-Strategie zielt auf die Bekämpfung der Tsetsefliegen. Diese Insekten sind in weiten Regionen Zentralafrikas ein großes Problem, denn sie übertragen die Schlafkrankheit sowohl auf Menschen als auch auf Nutztiere. Auch hier half meinen Kollegen am icipe eine altbekannte Tatsache aus den Savannen: Alle hassen den Geruch von Wasserböcken! Die meisten Raubtiere vermeiden es, Wasserböcke zu fangen, und – noch wichtiger – Tsetsefliegen stechen diese Tiere nicht. Deshalb sammelten die Wissenschaftler den Geruch von Wasserböcken und konnten daraus eine Mischung aus fünf Bestandteilen isolieren, die für die Fliegen wahrhaft schlecht rochen.[14]

Als sie den Kühen in der Gegend kleine Behälter mit der Duftmischung um den Hals hängten, ging die Infektionshäufigkeit der Schlafkrankheit Nagana bei Kühen drastisch zurück, und die Tiere blieben gesund. Parallel dazu stellte man einen Geruch zusammen, den die Tsetsefliegen lieben. Dabei handelte es sich um den Geruch von Büffeln und ihrem Urin. Man konstruierte besondere Tsetsefallen, mit denen die Fliegen zu einem Insektizid gelockt wurden. Die Tsetsefliegen wurden also von den Kühen und Dörfern weggeschoben und von den Fallen angezogen. Wieder eine gut funktionierende *Push-Pull*-Strategie.

Wie man an solchen Befunden erkennt, sind unter Umständen auch Abwehrstoffe eine sehr wirksame Methode, um Insekten zu manipulieren. Jeder von uns hat schon einmal ein Repellent gegen Mücken auf seine Haut aufgetragen, und manch einer hat vielleicht auch versucht, sich Arme und Beine mit einer Zitrone einzureiben oder Kokosöl ins Fell eines Hundes zu massieren. All diese Methoden zielen darauf ab, lästige Insekten und Zecken abzustoßen. Typische Insektenabwehrsprays enthalten DEET (Diethyltoluamid), einen ganz und gar künstlichen Wirkstoff, der in den 1940er Jahren beim US-Militär erfunden wurde und die Soldaten insbesondere im Dschungelkrieg schützen sollte.

Damals erprobte man Tausende von Substanzen, indem man Soldaten mit nackten Beinen in moskitoverseuchte Sümpfe schickte und dann beobachtete, welcher Wirkstoff die Zahl der Stiche verminderte. Auf diese Weise fanden die Wissenschaftler der Armee heraus, dass das ungiftige DEET eine starke Wirkung hat. Warum das so ist, war allerdings bis vor kurzer Zeit noch unbekannt; erst jetzt konnten Wissenschaftler nachweisen, dass DEET vermutlich bei den Mücken die Rezeptoren für Menschengeruch blockiert. Heute ist auch die Frage, inwieweit DEET ungiftig ist, Gegenstand von Diskussionen – vom Dauergebrauch wird abgeraten.

Auch eine Reihe ätherischer Öle, darunter die aus Zitronengras, Zitronen, Minze, Katzenminze und Rosmarin, haben einen gewissen Effekt auf die Anziehungskraft von Mücken, aber bisher reicht keines davon an DEET heran. Eine andere Strategie zum persönlichen Schutz besteht darin, einen kleinen Gasbrenner bei sich zu tragen, der mehr oder weniger wie ein großes Feuerzeug aussieht und Δ-Allethrin verdunstet. Diese Substanzen sind mit synthetischen Pyrethroid-Insektiziden verwandt und halten Mücken sehr wirksam fern. Auch mehrere Fettsäuren aus Kokosnussöl wirken nachweislich gegen stechende Insekten und Zecken. Haustierbesitzern wird empfohlen, Hunde und Katzen mit diesem Öl einzutreiben, um Zecken- und Flohbisse zu verhindern.

Folge deiner Nase

Bis hierher haben wir erfahren, dass Hunde und künstliche Nasen eingesetzt werden, um verschiedene Krankheiten zu erschnuppern. Oft kann man eine Krankheit aber auch mit Hilfe der Nase des Patienten selbst diagnostizieren. Während der Covid-19-Pandemie hat sich gezeigt, dass Geruchs- und Geschmacksverlust häufig ein charakteristisches Krankheitssymptom ist. Eine zuverlässige Methode, um die Krankheit aufgrund dieser Tatsache zu diagnostizieren, fehlt aber bisher. Für manche anderen Krankheiten gilt das nicht. Sowohl bei der Parkinson- als auch bei der Alzheimer-Krankheit konnte man nachweisen, dass verminderte olfaktorische Fähigkeiten eines der allerersten Krankheitszeichen sind. Aufbauend auf dieser Erkenntnis verwendet man besondere Duftkombinationen in Form anwenderfreundlicher »Riechsticks«, um die Krankheit frühzeitig zu diagnostizieren.[15]

Das wichtigste Hilfsmittel, mit dem wir die Qualität von Gerüchen beurteilen, ist unsere Nase. Sie ist unmittelbar mit dem bisher atemberaubendsten Datenverarbeitungszentrum der Welt verbunden: unserem Gehirn. Wenn wir unserer Nase vertrauen, können wir im Leben viele Gefahren vermeiden, aber wir finden damit auch einige echte Vergnügungen. Die Nase unseres besten Freundes zu nutzen, ist ein hervorragender Weg zur Steigerung der Nachweisempfindlichkeit, aber dann müssen wir auch eng mit unseren Hunden zusammenarbeiten, wie wir es seit Jahrtausenden getan haben. Der Weiterentwicklung beider Wahrnehmungssysteme setzt vermutlich nur unsere Phantasie Grenzen.

Wenn es um künstliche Geruchswahrnehmung geht, werden Maschinenlernen und künstliche Intelligenz in Zukunft eine wichtige Rolle spielen. Mit solchen Systemen können wir wahrscheinlich die Fähigkeit unseres Gehirns, Informationen aus vielen Quellen (Geruchsrezeptoren) zusammenzusetzen und so die Gestalt eines bestimmten Geruchs aufzubauen, nachahmen.

Was die Manipulation angeht, so bin ich überzeugt, dass die Branche der Parfüms und Lebensmitteldüfte weiterhin gedeihen wird. Wir hängen stark an diesen verschiedenen Gerüchen und werden auch weiterhin eine Menge Geld für ein paar Milliliter Chanel N° 5 bezahlen. Wenn wir mehr darüber wissen, wie Tiere mit Düften kommunizieren, können wir vielleicht auch neue Systeme entwickeln, mit denen wir von Insektiziden, Herbiziden und allen anderen Giftstoffen wegkommen, die wir derzeit so großzügig um uns verteilen.

Einfach gesagt, müssen wir die Augen – und die Nase – für neue Gerüche, neue Anwendungsmöglichkeiten und neue technische Verfahren offen halten, die uns in unserem Alltagsleben nutzen. Wenn wir mehr darüber in Erfahrung bringen, wie wir und unsere Mitmenschen auf dieser Erde Gerüche wahrnehmen und abgeben, können wir auch neue, einfache Anwendungsmöglichkeiten finden, ob es nun darum geht, eine winzige Taufliege oder ein riesiges Wildschwein anzulocken.

SCHLUSS

So riecht die Zukunft

In allen Kapiteln dieses Buches habe ich an Beispielen gezeigt, wie wichtig Gerüche und das Riechen für die verschiedensten Lebewesen sind, von den Insekten bis zum Menschen. Gerüche führen uns zu Nahrung, Paarungspartnern und – wenn man ein Insekt ist – zu geeigneten Orten für die Eiablage. Sie warnen aber auch vor Gefahren wie verdorbener Nahrung, Feinden oder Feuer. Im ersten Kapitel haben wir erfahren, wie sich die Geruchslandschaft im Zeitalter des Anthropozän verändert hat, und im letzten Kapitel habe ich einige Beispiele dafür genannt, wie man Gerüche und das Riechen auf unterschiedliche Weise nutzbar machen kann.

Aber wie wird es mit den Gerüchen und dem Geruchssinn in Zukunft weitergehen? Werden wir Menschen unsere Umwelt mit unserem Handeln weiterhin so dramatisch verändern, dass ein tiefgreifender Wandel eintritt? Oder werden die von der Evolution geprägten Interaktionen funktionsfähig und intakt bleiben? Wird die Nutzung von Gerüchen sich in neue und vielleicht unerwartete Richtungen entwickeln? Oder wird sie unbeabsichtigte Folgen haben? Werden wir in der Lage sein, aus der Ferne mit Gerüchen zu kommunizieren? In diesem kurzen Schlusskapitel werde ich ein wenig in möglichen Szenarien für unsere zukünftige Geruchslandschaft schwelgen.

Seit dem Anbeginn des Lebens macht unsere lebende Umgebung durch Evolution einen langsamen, aber stetigen Wandel durch. Den Prozess vergleicht Richard Dawkins in seinem Buch *Der blinde Uhrmacher: Warum die Erkenntnisse der Evolutionstheorie zeigen, dass das Universum nicht durch Design entstanden ist* mit der Arbeit eines blinden Uhrmachers. Mittels spontaner Mutationen testet und testet und testet die Natur immer neue Varianten. Die meisten davon sind schlechter als die vorherige Version, manche statten ihren Träger aber auch mit einem Vorteil aus, wenn es ums Überleben und / oder die Fortpflanzung geht; damit werden sie zum Material für positive Veränderungen.

Diese Vorgänge betreffen auch die natürlichen Gerüche, die uns umgeben. Blüten können ihren Duft langsam verändern und sich so von den Insekten noch bessere Bestäubungsdienste leisten lassen oder sich besser von dem chemischen »Grundrauschen« abheben, das von uns Menschen geschaffen wird. Das Gleiche gilt für andere Kommunikationssysteme, die sich in einem ständigen Prozess der Artbildung verändern oder immer wieder mit den vielen anderen Geruchsmolekülen konkurrieren müssen, die durch die Luft schweben.

Mit unseren eigenen Bemühungen, den richtigen Umgang mit verschiedenen Tieren zu finden, üben wir ebenfalls viel Druck auf die Geruchslandschaft einschließlich der pheromonbasierten Kommunikationssysteme aus. Wenn alles auf einem Feld wie ein Weibchen riecht, hat das Weibchen, das ein wenig anders duftet und sich auf diese Weise abhebt, einen großen Vorteil – und Gleiches gilt für das Männchen, das sich von diesem besonderen Weibchen anlocken lässt. Die beiden werden sich auch im Nebel der von Menschen gemachten falschen Liebesdüfte finden.

Eine dramatische Veränderung wird natürlich durch die von Menschen verursachte Ausrottung von Pflanzen- und Tierarten herbeigeführt. Die Duftspuren aller dieser Lebewesen gehen ebenso verloren wie das Tier oder die Pflanze selbst. Im Museum können wir uns noch einen optischen Eindruck vom Tasmanischen Beutelwolf verschaffen, aber sein Geruch oder auch nur eine ungefähre Ahnung davon lässt sich nur sehr schwer nachstellen.

Auch die unbelebte Umwelt kann sich verändern. Durch plötzliche Vulkanausbrüche werden Wolken von Schwefelgasen frei, und wer weiß, was für Gerüche extraterrestrisches Material mit sich bringt, das aus dem Weltraum auf unseren Planeten stürzt. Der Ozean macht derzeit durch die Tätigkeit der Menschen einen dramatischen Wandel durch und dürfte auch in Zukunft seine chemischen Emissionen verändern, so dass eine ganz neue ozeanische Duftnote entsteht. Wasser als solches riecht nicht, aber die vielen Dinge, die darin leben, sehr wohl. Wenn unsere ständige Verschmutzung der Welt zu einer Verschiebung des Gleichgewichts zwischen Mikroorganismen führt, werden wir Zeuge werden, wie sich Plankton, Seetang, Fische und anderes verändern, und mit ihnen wandeln sich auch die Gerüche. Denken wir nur an das Dimethylsulfid, von dem in Kapitel 5 die Rede war. Wenn sich diese

Emission durch eine Umgestaltung der Flora des Phytoplankton ändert, erwachsen daraus zahlreiche Folgen.

All diese Veränderungen sind derzeit bereits im Gang und können in Zukunft noch dramatischere Ausmaße annehmen. Eines Tages ist die Duftlandschaft vielleicht tatsächlich eine vollkommen andere, aber der Wandel wird sich wahrscheinlich in recht gemächlichem Tempo vollziehen.

Wie steht es mit unserer eigenen Nutzung von Gerüchen? Sowohl für die Manipulation als auch für die Kommunikation könnten sich auf diesem Gebiet in Zukunft einige interessante Veränderungen abspielen. In Kapitel 2 haben wir uns angesehen, wie Menschen riechen und wie wir möglicherweise untereinander mit Geruchsnachrichten kommunizieren. Andere Nachrichten, wie beispielsweise Sprache und Gesten, lassen sich schon seit einiger Zeit recht naturgetreu technisch übertragen. Alexander Graham Bell machte 1876 den ersten Telefonanruf, und Mitte der 1920er Jahre übertrug John Logie Baird die ersten Fernsehbilder.

Dagegen sind wir bis heute nicht in der Lage, auch nur einfache Geruchseindrücke zu übertragen, von komplizierten, dynamischen Mischungen ganz zu schweigen. Wenn wir mit einem geliebten Menschen einen Videoanruf führen, bringen wir unsere Gefühle mit Worten und Mimik zum Ausdruck, aber die Information der Pheromone fehlt. Wie könnte man sich eine solche Pheromonübertragung vorstellen?

Nun, zunächst brauchen wir dazu eine Maschine, die den von uns selbst abgegebenen Geruch aufnimmt wie ein

Mikrophon die Töne oder eine Kamera den optischen Eindruck. Wie ich in Kapitel 14 erläutert habe, ist heute eine Fülle elektronischer Nasen auf dem Markt, die auf unterschiedlichen technischen Voraussetzungen basieren. Eine solche E-Nase müsste der Empfänger der Geruchsemissionen sein. Vielleicht in Stereo, mit einem Analysator in jeder Achselhöhle? Die so analysierte Nachricht müsste dann in einen digitalen Code umgewandelt und an den olfaktorischen »Lautsprecher« oder »Bildschirm« des Empfängers übertragen werden. An dieser Stelle sind wir bisher mit unserem Latein am Ende. Wie baut man den Geruch, der beim Sender wahrgenommen wurde, originalgetreu nach und liefert ihn an den Empfänger?

Vor einigen Jahren nahm ich an einem Projekt teil, das im Rahmen des EU-Programms Future and Emerging Technologies (FET) finanziert wurde. Aus der Taufe gehoben wurde das Projekt unter anderem wieder einmal durch den vielseitigen Noam Sobel, den wir in Kapitel 2 kennengelernt haben. Dahinter steckte der Gedanke, aus kleinen DNA-Abschnitten anpassungsfähige Duftmoleküle aufzubauen, wie bei einer Art DNA-Origami. Wie ich in den vorangegangenen Kapiteln mehrmals erwähnt habe, ähnelt die Erkennung eines Duftmoleküls durch den Geruchsrezeptor nach heutiger Kenntnis in gewisser Weise dem Vorgang, wenn man einen Schlüssel ins Schloss steckt. Das richtige Molekül passt zum »Schloss« des Rezeptors. Könnte man nun den molekularen Schlüssel durch einen anderen nachahmen, der gleich aussieht, wäre das Rezeptor-»Schloss« im Prinzip in der Lage, ihn zu erkennen und die Nervensignale zu erzeugen, die dem Gehirn sagen, dass ein bestimmter Geruch vorhanden ist. Dahinter steckte der Gedanke, DNA-Stücke zu konstruieren, die zum Rezeptor passen. Hinzu kam die Idee, jedes DNA-Molekül mit einem magnetischen Teil auszustatten, der eine »Abstimmung« ermöglicht, so dass sich seine räumlichen Eigenschaften und damit der Geruchseindruck aus der Ferne – vielleicht mit dem Smartphone – verändern lassen.

Bis hierher sollte deutlich geworden sein, dass ein solches Projekt reine Science-Fiction ist. Ein wesentliches Hindernis besteht darin, dass DNA-Moleküle zu schwer sind und nicht von selbst in der Luft schweben; man muss sie also auf irgendeine Weise flüchtig machen. Deshalb konnten wir das System nie wirklich ausprobieren. Wie so oft in der Wissenschaft stellten sich unterwegs noch mehrere weitere praktische Probleme, aber das Projekt lieferte auch einige interessante Erkenntnisse. Vielleicht könnte sich daraus eine neue Methode zur Verbesserung der Wundheilung entwickeln. Aber das ist eine ganz andere Geschichte.

Was können wir aus alledem lernen? Ein Olfaktometer zu entwickeln – eine Maschine, die digitale Information eines Analysegeräts aufnimmt, in die richtigen Geruchseindrücke umsetzt und diese wieder abgibt –, ist nach wie vor sehr schwierig. Für einzelne Moleküle schafft man es, aber wie bereits erläutert wurde, kommen einzelne Moleküle in der Natur nur selten vor.

Der eigentliche Durchbruch wird sich vielleicht erst

dann ereignen, wenn wir lernen, das neuronale Netzwerk der Geruchswahrnehmung anzuzapfen und Geruchseindrücke durch elektrische Stimulation zu erzeugen, ganz ähnlich wie wir es mit Cochlea-Implantaten in den Ohren tun. Aber das ist noch ferne Zukunftsmusik. Derzeit haben wir keine Ahnung, wie wir Geruchsnachrichten mit technischen Mitteln weiterschicken sollen. Nach wie vor müssen wir uns auf unsere anderen Sinne verlassen – auf Geräusche und Anblicke.

Wie steht es mit den vielen Gerüchen, mit denen wir andere manipulieren oder unseren eigenen Geruch verändern? Wie in den Kapiteln 2 und 14 erwähnt wurde, haben wir es hier mit einem gewaltigen, wachsenden Markt zu tun, in dem jedes Jahr viele Millionen für Forschung aufgewandt werden. Man wird mit Sicherheit immer neue Duftmischungen erfinden und als aktuelle Parfüms verkaufen. In Zusammenarbeit von Psychologie und Geruchsforschung wird man auch weiterhin nach den unwiderstehlichen Düften suchen, die uns veranlassen, bestimmte Waren zu kaufen. In solchen Entwicklungen stecken derart große Gewinnaussichten, dass wir mit Sicherheit einen schnellen Wandel erleben werden.

Und wenn wir schließlich verstehen wollen, wie wir riechen, wird der nächste Quantensprung nach meiner Überzeugung stattfinden, wenn wir genau wissen, wie ein Molekül von einem Geruchsrezeptor erkannt wird und wie die Nachrichten, die von den vielen Nerven in der Nase weitergeleitet werden, sich verflechten und im Gehirn das endgültige Geruchsbild erzeugen.

DANK

Während meiner Berufslaufbahn habe ich viele Vorträge für ein allgemeines Publikum gehalten. Bei solchen Veranstaltungen kamen häufig Zuhörer auf mich zu und sagten, ich solle doch die Geschichte der Gerüche und des Riechens in einem Buch erzählen. All diesen Menschen möchte ich danken, weil sie mich ermutigt haben, das Projekt des Schreibens überhaupt in Angriff zu nehmen. Während der Arbeit an dem Buch war mir Deborah Capras eine ungeheure Hilfe: Sie recherchierte fehlende Informationen, formulierte Teile der Kapitel und machte die Sprache flüssiger. Auch mehrere Kollegen, Freunde und Angehörige haben die Kapitel gelesen, Kommentare abgegeben und damit das Endergebnis beträchtlich verbessert: Susanne Erland, Agnes Erland-Hansson, Otto Erland-Hansson, Manfred Gahr, Jonathan Gershenzon, Rickard Ignell, Markus Knaden, Trese Leinders-Zufall, Johan Lundström, Sigrid Netherer, Silke Sachse, Martin Schroeder und Noam Sobel. Ihnen allen danke ich, weil sie viele Seiten gelesen haben, mir neue Erkenntnisse lieferten und mich manchmal auch korrigierten, wenn ich unrecht hatte. Die Zeichnungen am Beginn der einzelnen Kapitel stammen von Axel Emil Thorenfeldt, dem ich dafür sehr dankbar bin.

Und schließlich danke ich den vielen Kollegen aus dem Fachgebiet der Geruchsforschung, die wie ich davon fasziniert sind, welche chemischen Analysen wir und andere Lebewesen ständig in unserer Umwelt vornehmen.

ANMERKUNGEN

Riechen im Anthropozän

1 Crutzen, P. J. & Stoermer, E. F. (2000). The »Anthropocene«. Global Change Newsletter, 41, 17.

2 Lindsey, R. (2020). Climate Change: Atmospheric Carbon Dioxide. Climate.gov.; https://www.climate.gov/news-features/understanding-climate/climate-change-atmospheric-carbon-dioxide

3 Drake, B. G., Gonzalez-Meler, M. A. & Long, S. P. (1997). MORE EFFICIENT PLANTS: A Consequence of Rising Atmospheric CO_2? Annual review of plant physiology and plant molecular biology, 48, 609–639. https://doi.org/10.1146/annurev.arplant.48.1.609

4 Goyret, J., Markwell, P. & Raguso, R. (2008). Context- and scale-dependent effects of floral CO_2 on nectar foraging by Manduca sexta. Proceedings of the National Academy of Sciences of the United States of America, 105, 4565–4570. 10.1073/pnas.0708629105.

5 Majeed, S., Hill, S. & Ignell, R. (2013). Impact of elevated CO_2 background levels on the host-seeking behaviour of Aedes aegypti. The Journal of experimental biology. 217.10.1242/jeb.092718.

6 Tang, C., Davis, K. E., Delmer, C., Yang, D. & Wills, M. A. (2018). Elevated atmospheric CO_2 promoted speciation in mosquitoes (Diptera, Culicidae). Communications biology, 1, 182. https://doi.org/10.1038/s42003-018-0191-7

7 Haugan P. M. & Drange, H. (1996). Effects of CO_2 on the

ocean environment. Energy Conversion and Management, 37,1019–1022. https://doi.org/10.1016/0196-8904(95)00292-8

8 Porteus, C., Hubbard, P., Uren Webster, T., van Aerle, R., Canario, A., Santos, E. & Wilson, R. (2018). Near-future CO_2 levels impair the olfactory system of a marine fish. Nature Climate Change. 8.10.1038/s41558-018-0224-8.

9 Yeung, L.Y., Murray, L.T., Martinerie, P., Witrant, E., Hu, H., Banerjee, A., Orsi, A. & Chappellaz, J. (2019). Isotopic constraint on the twentieth-century increase in tropospheric ozone. Nature, 570(7760), 224–227. https://doi.org/10.1038/s41586-019-1277-1

10 Seibold, S., Gossner, M.M., Simons, N.K. et al. (2019). Arthropod decline in grasslands and forests is associated with landscape-level drivers. Nature. 574. 671–674. 10.1038/s41586-019-1684-3.

11 Cook, B., Haverkamp, A., Hansson, B.S. et al. (2020). Pollination in the Anthropocene: a Moth Can Learn Ozone-Altered Floral Blends. Journal of Chemical Ecology. 1–10. 10.1007/s10886-020-01211-4.

12 Girling, R., Lusebrink, I., Farthing, E. et al. (2013). Diesel exhaust rapidly degrades floral odours used by honeybees. Scientific Reports, 3, 2779. https://doi.org/10.1038/srep02779

13 Kessler, S., Tiedeken, E.J., Simcock, K.L., Derveau, S., Mitchell, J., Softley, S., Stout, J.C. & Wright, G.A. (2015). Bees prefer foods containing neonicotinoid pesticides. Nature, 521(7550), 74–76. https://doi.org/10.1038/nature14414

14 K., Lippi, C.A., Johnson, L.R., Neira, M., Rohr, J.R., Ryan, S.J., Savage, V., Shocket, M.S., Sippy, R., Stewart Ibarra, A.M., Thomas, M.B. & Villena, O. (2019). Thermal biology of mosquito-borne disease. Ecology letters, 22(10), 1690–1708. https://doi.org/10.1111/ele.13335

15 www.ngice.mpg.de
16 Savoca, M., Wohlfeil, M., Ebeler, S. & Nevitt, G. (2016). Marine plastic debris emits a keystone infochemical for olfactory foraging seabirds. Science Advances. 2. e1600395–e1600395.10.1126/sciadv.1600395.
17 Our environment is drowning in plastic, unenvironment.org; https://www.unenvironment.org/interactive/beat-plastic-pollution/
18 Wilcox, C., Puckridge, M., Schuyler, Q., Townsend, K. & Hardesty, B. (2018). A quantitative analysis linking sea turtle mortality and plastic debris ingestion. Scientific Reports. 8.10.1038/s41598–018–30038-z.
19 Lebreton, L., Slat, B., Ferrari, F., Sainte-Rose, B., Aitken, J., Marthouse, R., Hajbane, S., Cunsolo, S., Schwarz, A., Levivier, A., Noble, K., Debeljak, P., Maral, H., Schoeneich-Argent, R., Brambini, R., Reisser, J. (2018). Evidence that the Great Pacific Garbage Patch is rapidly accumulating plastic. Scientific Reports. 2018.10.1038/s41598–018–22939-w.
20 Lindeque, P., Cole, M., Coppock, R., Lewis, C., Miller, R., Watts, A., Wilson-McNeal, A., Wright, S. & Galloway, T. (2020). Are we underestimating microplastic abundance in the marine environment? A comparison of microplastic capture with nets of different mesh-size. Environmental Pollution. 265. 114721.10.1016/j.envpol.2020.114721.
21 Beyers, D. & Farmer, M. (2001). Effects of copper on olfaction of Colorado pikeminnow. Environmental toxicology and chemistry / SETAC, 20, 907–12.10.1002/etc.5620 200427.
22 Tierney, K., Sampson, J., Ross, P., Sekela, M. & Kennedy, C. (2008). Salmon Olfaction Is Impaired by an Environmentally Realistic Pesticide Mixture. Environmental science & technology, 42, 4996–5001.10.1021/es800240u.
23 Ward, A.J., Duff, A.J., Horsfall, J.S. & Currie, S. (2008).

Scents and scents-ability: pollution disrupts chemical social recognition and shoaling in fish. Proceedings. Biological sciences, 275(1630), 101–105. https://doi.org/10.1098/rspb.2007.1283

24 Ajmani, G.S., Suh, H.H. & Pinto, J.M. (2016). Effects of Ambient Air Pollution Exposure on Olfaction: A Review. Environmental health perspectives, 124(11), 1683–1693. https://doi.org/10.1289/EHP136

25 Calderón-Garcidueñas, L., González-Maciel, A., Reynoso-Robles, A., Hammond, J., Kulesza, R., Lachmann, I., Torres-Jardón, R., Mukherjee, P.S. & Maher, B.A. (2020). Quadruple abnormal protein aggregates in brainstem pathology and exogenous metal-rich magnetic nanoparticles (and engineered Ti-rich nanorods). The substantia nigrae is a very early target in young urbanites and the gastrointestinal tract a key brainstem portal. Environmental Research, 191, 110–139, ISSN 0013–9351, https://doi.org/10.1016/j.envres.2020.110139.

26 Butowt, R. & von Bartheld, C.S. (2020). Anosmia in COVID-19: Underlying Mechanisms and Assessment of an Olfactory Route to Brain Infection. The Neuroscientist: a review journal bringing neurobiology, neurology and psychiatry, 1073858420956905. Advance online publication. https://doi.org/10.1177/1073858420956905

Geruchssinn und Gerüche der Menschen

1 https://www.iff.com/

2 Update to Coronavirus symptoms www.gov.scot ; https://www.gov.scot/news/update-to-coronavirus-symptoms/

3 Stopsack, K.H., Mucci, L.A., Antonarakis, E.S., Nelson, P.S. & Kantoff, P.W. (2020). TMPRSS2 and COVID-19: Serendipity or Opportunity for Intervention? Cancer discovery,

10(6), 779–782. https://doi.org/10.1158/2159-8290.CD-20-0451
4 Baig, A. M., Khaleeq, A., Ali, U. & Syeda, H. (2020). Evidence of the COVID-19 Virus Targeting the CNS: Tissue Distribution, Host-Virus Interaction, and Proposed Neurotropic Mechanisms. ACS Chemical Neuroscience, 11(7), 995–998. DOI: 10.1021/acschemneuro.0c00122.
5 https://www.mako.co.il/health-news/local/Article-39a265ef1146571026.htm
6 Gilbert, A. (2015). What the Nose Knows: The Science of Scent in Everyday Life, CreateSpace Independent Publishing Platform
7 Bushdid, C., Magnasco, M., Vosshall, L. & Keller, A. (2014). Humans Can Discriminate More than 1 Trillion Olfactory Stimuli. Science, 343(6177), new series, 1370–1372. www.jstor.org/stable/24743486
8 Gerkin, R. C. & Castro, J. B. (2015). The number of olfactory stimuli that humans can discriminate is still unknown. eLife, 4, e08127. https://doi.org/10.7554/eLife.08127
9 Meredith, M. (2001). Human vomeronasal organ function: a critical review of best and worst cases. Chemical senses, 26(4), 433–445. https://doi.org/10.1093/chemse/26.4.433
10 Monti-Bloch, L. & Grosser, B.I. (1991). Effect of putative pheromones on the electrical activity of the human vomeronasal organ and olfactory epithelium. The Journal of steroid biochemistry and molecular biology, 39(4B), 573–582. https://doi.org/10.1016/0960-0760(91)90255-4
11 Savic, I., Berglund, H., Gulyas, B. & Roland, P. (2001). Smelling of odorous sex hormone-like compounds causes sex-differentiated hypothalamic activations in humans. Neuron, 31(4), 661–668. https://doi.org/10.1016/s0896-6273(01)00390-7

12 Savic, I., Berglund, H. & Lindström, P. (2005). Brain response to putative pheromones in homosexual men. Proceedings of the National Academy of Sciences of the United States of America, 102(20), 7356–7361. https://doi.org/10.1073/pnas.0407998102

13 Berglund, H., Lindström, P. & Savic, I. (2006). Brain response to putative pheromones in lesbian women. Proceedings of the National Academy of Sciences of the United States of America. 103. 8269–8274. 10.1073/pnas.0600331103.

14 Wyatt, T. D. (2015). The search for human pheromones: the lost decades and the necessity of returning to first principles. Proceedings. Biological sciences, 282(1804), 20142994. https://doi.org/10.1098/rspb.2014.2994

15 Vaglio, S. (2009). Chemical communication and mother-infant recognition. Communicative & integrative biology, 2(3), 279–281. https://doi.org/10.4161/cib.2.3.8227

16 Lundström, J. N., Mathe, A., Schaal, B., Frasnelli, J., Nitzsche, K., Gerber, J. & Hummel, T. (2013). Maternal status regulates cortical responses to the body odor of newborns. Frontiers in psychology, 4, 597. https://doi.org/10.3389/fpsyg.2013.00597

17 Uebi, T., Hariyama, T., Suzuki, K., Kanayama, N., Nagata, Y., Ayabe-Kanamura, S., Yanase, S., Ohtsubo, Y. & Ozaki, M. (2019). Sampling, identification and sensory evaluation of odors of a newborn baby's head and amniotic fluid. Scientific reports, 9(1), 12759. https://doi.org/10.1038/s41598-019-49137-6

18 Schaal, B., Marlier, L. & Soussignan, R. (2000). Human foetuses learn odours from their pregnant mother's diet. Chemical senses, 25(6), 729–737. https://doi.org/10.1093/chemse/25.6.729

19 Schicker, I. (2001). For Fathers and Newborns, Natural Law and Odor; https://www.washingtonpost.com/archive/

politics/2001/02/26/for-fathers-and-newborns-natural-law-and-odor/ccc5982c-acdd-4d0a-8b06–20d2a2bc419a/
20 Chen, D., Katdare, A. & Lucas, N. (2006). Chemosignals of fear enhance cognitive performance in humans. Chemical senses, 31(5), 415–423. https://doi.org/10.1093/chemse/bjj046
21 Gelstein, S., Yeshurun, Y., Rozenkrantz, L., Shushan, S., Frumin, I., Roth, Y. & Sobel, N. (2011). Human tears contain a chemosignal. Science (New York, N.Y.), 331(6014), 226–230. https://doi.org/10.1126/science.1198331
22 Oh, T.J., Kim, M.Y., Park, K.S. & Cho, Y.M. (2012). Effects of chemosignals from sad tears and postprandial plasma on appetite and food intake in humans. PloS one, 7(8), e42352. https://doi.org/10.1371/journal.pone.0042352
23 Ferrero, D.M., Moeller, L.M., Osakada, T., Horio, N., Li, Q., Roy, D.S., Cichy, A., Spehr, M., Touhara, K. & Liberles, S.D. (2013). A juvenile mouse pheromone inhibits sexual behaviour through the vomeronasal system. Nature, 502(7471), 368–371. https://doi.org/10.1038/nature12579
24 Keller, A., Zhuang, H., Chi, Q., Vosshall, L. & Matsunami, H. (2007). Genetic Variation in a Human Odorant Receptor Alters Odour Perception. Nature. 449. 468–472. 10.1038/nature06162.
25 Wedekind, C., Seebeck, T., Bettens, F. & Paepke, A.J. (1995). MHC-dependent mate preferences in humans. Proceedings. Biological sciences, 260(1359), 245–249. https://doi.org/10.1098/rspb.1995.0087
26 Milinski, M., Croy, I., Hummel, T. & Boehm, T. (2013). Major histocompatibility complex peptide ligands as olfactory cues in human body odour assessment. Proceedings of the Royal Society B: Biological Sciences, 280(1757), 20130381. https://doi.org/10.1098/rspb.2013.0381
27 McClintock, M. (1971). Menstrual Synchrony and Sup-

pression. Nature 229, 244–245. https://doi.org/10.1038/229244a0

28 Russell, M.J., Switz, G.M. & Thompson, K. (1980). Olfactory influences on the human menstrual cycle. Pharmacology, biochemistry, and behavior, 13(5), 737–738. https://doi.org/10.1016/0091-3057(80)90020-9

29 Stern, K. & McClintock, M.K. (1998). Regulation of ovulation by human pheromones. Nature, 392(6672), 177–179. https://doi.org/10.1038/32408

30 Ziomkiewicz, A. (2006). Menstrual synchrony: Fact or artifact? Human nature (Hawthorne, N.Y.), 17(4), 419–432. https://doi.org/10.1007/s12110-006-1004-0

31 Åhs, F., Miller, S., Gordon, A. & Lundström, J. (2013). Aversive learning increases sensory detection sensitivity. Biological Psychology, 92, 135–141.

32 Sinding, C., Valadier, F., Al-Hassani, V., Feron, G., Tromelin, A., Kontaris, I. & Hummel, T. (2017). New determinants of olfactory habituation. Scientific Reports, 7.

33 Khan, R.M., Luk, C.H., Flinker, A., Aggarwal, A., Lapid, H., Haddad, R. & Sobel, N. (2007). Predicting odor pleasantness from odorant structure: pleasantness as a reflection of the physical world. The Journal of neuroscience: the official journal of the Society for Neuroscience, 27(37), 10015–10023. https://doi.org/10.1523/JNEUROSCI.1158-07.2007

34 Ravia, A., Snitz, K., Honigstein, D., Finkel, M., Zirler, R., Perl, O., Secundo, L., Laudamiel, C., Harel, D. & Sobel, N. (2020). A measure of smell enables the creation of olfactory metamers. Nature, 10.1038/s41586-020-2891-7. Advance online publication. https://doi.org/10.1038/s41586-020-2891-7

35 Olofsson, J.K., Hurley, R.S., Bowman, N.E., Bao, X., Mesulam, M.M. & Gottfried, J.A. (2014). A designated odor-lan-

guage integration system in the human brain. The Journal of neuroscience: the official journal of the Society for Neuroscience, 34(45), 14864–14873. https://doi.org/10.1523/JNEUROSCI.2247-14.2014

36 Majid, A., Burenhult, N., Stensmyr, M., de Valk, J. & Hansson, B. S. (2018). Olfactory language and abstraction across cultures. Philosophical transactions of the Royal Society of London. Series B, Biological sciences, 373(1752), 20170139. https://doi.org/10.1098/rstb.2017.0139

Der Hund – unser alter Freund und seine hervorragende Nase

1 Walker, D., Walker, J., Cavnar, P., Taylor, J., Pickel, D., Hall, S. & Suarez, J. (2006). Naturalistic quantification of canine olfactory sensitivity. Applied animal behaviour science, 97, 241–254. doi: 10.1016/j.applanim.2005.07.009

2 Kester, D. & Settles, G. (1998). The External Aerodynamics of Canine Olfaction. doi: 10.1007/978-3-7091-6025-1_23.

3 Jenkins, E. K., DeChant, M. T. & Perry, E. B. (2018). When the Nose Doesn't Know: Canine Olfactory Function Associated With Health, Management, and Potential Links to Microbiota. Frontiers in veterinary science, 5, 56. https://doi.org/10.3389/fvets.2018.00056

4 Glausiusz, J. (2008). The Hidden Power of SCENT. Scientific American Mind, 19(4), 38–45; Zugriff 14. November 2020; http://www.jstor.org/stable/24939934

5 Horowitz, A. (2015). Reading Dogs Reading Us. Proceedings of the American Philosophical Society, 159(2), 141–155; Zugriff 14. November 2020; http://www.jstor.org/stable/24640211

6 Botigué, L., Song, S., Scheu, A. et al. (2017). Ancient European dog genomes reveal continuity since the Early Neolithic.

Nature Communications 8, 16082. doi:10.1038/ncomms 16082

7 Gadbois, S. & Reeve, C. (2014). Chapter 1 Canine Olfaction: Scent, Sign, and Situation.

8 Nagasawa, M., Mitsui, S., En, S., Ohtani, N., Ohta, M., Sakuma, Y., Onaka, T., Mogi, K. & Kikusui, T. (2015). Oxytocin-gaze positive loop and the coevolution of human-dog bonds. Science, 348, 333–336.

9 Wells, D. & Hepper, P. (2003). Directional tracking in the domestic dog, Canis familiaris. Applied Animal Behaviour Science, 84, 297–305.

10 Hepper, P. & Wells, D. (2005). How many footsteps do dogs need to determine the direction of an odour trail? Chemical Senses, 30(4)(4), 291–298. https://doi.org/10.1093/chemse/bji023

11 Akpan, N. & Ehrichs, M. (2016). Inside the extraordinary nose of a search-and-rescue dog. PBS News Hour; https://www.pbs.org/newshour/science/inside-nose-rescue-dog

Vögel können doch nicht riechen, oder?

1 Krulwich, R. (2014). What Not To Serve Buzzards For Lunch, A Glorious Science Experiment. NPR.org; https://www.npr.org/sections/krulwich/2014/06/26/325648459/what-not-to-serve-buzzards-for-lunch-a-glorious-science-experiment

2 Houston, D.C. (1986). Scavenging Efficiency of Turkey Vultures in Tropical Forest. The Condor, 88(3), 1 August 1986, 318–323, https://doi.org/10.2307/1368878

3 Grigg, N.P., Krilow, J.M., Gutiérrez-Ibáñez, C., Wylie, D.R., Graves, G. & Iwaniuk, A. (2017). Anatomical evidence for scent guided foraging in the turkey vulture. Scientific Reports, 7.

4 Averett, N. (2014). Birds Can Smell, and One Scientist is Leading the Charge to Prove It. Audubon.org; https://www.audubon.org/magazine/january-february-2014/birds-can-smell-and-one-scientist
5 Bonadonna, F., Bajzak, C., Benhamou, S., Igloi, K., Jouventin, P., Lipp, H.P. & Dell'Omo, G. (2005). Orientation in the wandering albatross: interfering with magnetic perception does not affect orientation performance. Proceedings. Biological sciences, 272(1562), 489–495. https://doi.org/10.1098/rspb.2004.2984
6 Gagliardo, A., Bried, J., Lambardi, P., Luschi, P., Wikelski, M. & Bonadonna, F. (2013). Oceanic navigation in Cory's shearwaters: evidence for a crucial role of olfactory cues for homing after displacement. The Journal of experimental biology, 216(Pt 15), 2798–2805. https://doi.org/10.1242/jeb.085738
7 Reynolds, A., Cecere, J.G., Paiva, V., Ramos, J. & Focardi, S. (2015). Pelagic seabird flight patterns are consistent with a reliance on olfactory maps for oceanic navigation. Proceedings of the Royal Society B: Biological Sciences, 282.
8 Mardon, J., Nesterova, A.P., Traugott, J., Saunders, S.M. & Bonadonna, F. (2010). Insight of scent: experimental evidence of olfactory capabilities in the wandering albatross (Diomedea exulans). The Journal of experimental biology, 213(4), 558–563. https://doi.org/10.1242/jeb.032979
9 Pepys, S. (1666). The Diary of Samuel Pepys, Sunday 2 September 1666; https://www.pepysdiary.com/diary/1666/09/02/
10 Reuters (2008). Chronology: Reuters, from pigeons to multimedia merger; https://www.reuters.com/article/us-reuters-thomson-chronology/chronology-reuters-from-pigeons-to-multimedia-merger-idUSL1849100620080219
11 Corera, G. (2018). Operation Columba: The Secret Pigeon

Service: The Untold Story of World War II Resistance in Europe, William Morrow, New York.

12 Wallraff, H. G. (2005). Avian Navigation: Pigeon Homing as a Paradigm, Springer, Berlin.

13 Caro, S.P. & Balthazart, J. (2010). Pheromones in birds: myth or reality? Journal of comparative physiology. A, Neuroethology, sensory, neural, and behavioral physiology, 196(10), 751–766. https://doi.org/10.1007/s00359-010-0534-4

14 Gagliardo, A., Pollonara, E. & Wikelski, M. (2016). Pigeon navigation: exposure to environmental odours prior to release is sufficient for homeward orientation, but not for homing. The Journal of experimental biology, 219(Pt 16), 2475–2480. https://doi.org/10.1242/jeb.140889

15 Lengagne, T., Jouventin, P. & Aubin, T. (1999). Finding One's Mate in a King Penguin Colony: Efficiency of Acoustic Communication. Behaviour, 136(7), 833–846; Zugriff 14. November 2020; http://www.jstor.org/stable/4535644

16 Birds' Sense of Smell. (2011). The Science Teacher, 78(8), 24–27; Zugriff 14. November 2020; http://www.jstor.org/stable/24148500

17 Krause, E.T., Krüger, O., Kohlmeier, P. & Caspers, B.A. (2012). Olfactory kin recognition in a songbird. Biology letters, 8(3), 327–329. https://doi.org/10.1098/rsbl.2011.1093

18 Caspers, B. A., Hagelin, J. C., Paul, M., Bock, S., Willeke, S. & Krause, E. T. (2017). Zebra Finch chicks recognise parental scent, and retain chemosensory knowledge of their genetic mother, even after egg cross-fostering. Scientific reports, 7(1), 12859. https://doi.org/10.1038/s41598-017-13110-y

19 Whittaker, D.J., Slowinski, S.P., Greenberg, J.M., Alian, O., Winters, A.D., Ahmad, M.M., Burrell, M., Soini, H.A., No-

votny, M. V., Ketterson, E. D. & Theis, K. R. (2019). Experimental evidence that symbiotic bacteria produce chemical cues in a songbird. The Journal of experimental biology, 222(Pt 20), jeb202978. https://doi.org/10.1242/jeb.202978

20 Caro, S. P. & Balthazart, J. (2010). Pheromones in birds: myth or reality? Journal of comparative physiology. A, Neuroethology, sensory, neural, and behavioral physiology, 196(10), 751–766. https://doi.org/10.1007/s00359-010-0534-4

21 Steiger, S. S., Fidler, A. E., Valcu, M. & Kempenaers, B. (2008). Avian olfactory receptor gene repertoires: evidence for a well-developed sense of smell in birds? Proceedings. Biological sciences, 275(1649), 2309–2317. https://doi.org/10.1098/rspb.2008.0607

22 Meteyer, C. U., Rideout, B. A., Gilbert, M., Shivaprasad, H. L. & Oaks, J. L. (2005). Pathology and proposed pathophysiology of diclofenac poisoning in free-living and experimentally exposed oriental white-backed vultures (Gyps bengalensis). Journal of wildlife diseases, 41(4), 707–716. https://doi.org/10.7589/0090-3558-41.4.707

23 Savoca, M. S., Wohlfeil, M. E., Ebeler, S. E. & Nevitt, G. A. (2016). Marine plastic debris emits a keystone infochemical for olfactory foraging seabirds. Science advances, 2(11), e1600395. https://doi.org/10.1126/sciadv.1600395

Wer riecht den Fisch?

1 Catania, K. C. (2006). Olfaction: underwater ›sniffing‹ by semi-aquatic mammals. Nature, 444(7122), 1024–1025. https://doi.org/10.1038/4441024a

2 Reiten, I., Uslu, F. E., Fore, S., Pelgrims, R., Ringers, C., Verdugoa, C. D., Hoffmann, M., Lal, P., Kawakami, K., Pekkan, K.,

et al. (2017). Motile-cilia-mediated flow improves sensitivity and temporal resolution of olfactory computations. Current biology: CB, 27, 166–174. https://www.cell.com/current-biology/fulltext/S0960–9822(16)31389–6

3 Neuhauss, S. C. (2017). Olfaction: How Fish Catch a Whiff. Current biology: CB, 27(2), R57–R58. https://doi.org/10.1016/j.cub.2016.12.007

4 Hamdani, E. & Døving, K. B. (2007). The functional organization of the fish olfactory system. Progress in neurobiology, 82(2), 80–86. https://doi.org/10.1016/j.pneurobio.2007.02.007

5 Stacey, N. & Sorensen, P. (2002). Hormonal Pheromones in Fish. 10.1016/B978–008088783–8.00018–8.

6 Jumper, G. & Baird, R. (1991). Location by Olfaction: A Model and Application to the Mating Problem in the Deep-Sea Hatchetfish Argyropelecus hemigymnus. The American Naturalist, 138(6), 1431–1458; Zugriff 27. Oktober 2020; http://www.jstor.org/stable/2462555

7 Vieira, S., Biscoito, M., Encarnação, H., Delgado, J. & Pietsch, T. (2013). Sexual Parasitism in the Deep-sea Ceratioid Anglerfish Centrophryne spinulosa Regan and Trewavas (Lophiiformes: Centrophrynidae). Copeia, 2013(4), 666–669; Zugriff September 21, 2020; http://www.jstor.org/stable/24637159

8 Pietsch, T. (2009). Oceanic Anglerfishes: Extraordinary Diversity in the Deep Sea. University of California Press; Zugriff 14. November 2020; http://www.jstor.org/stable/10.1525/j.ctt1ppb32 pp. 43–45 e

9 NOAA. (2019) What is a sea lamprey?; https://oceanservice.noaa.gov/facts/sea-lamprey.html

10 Johnson, N., Yun, S., Thompson, H., Brant, C., Li, W. & Meinwald, J. (2009). A Synthesized Pheromone Induces Upstream Movement in Female Sea Lamprey and Summons

Them into Traps. Proceedings of the National Academy of Sciences of the United States of America, 106(4), 1021–1026. www.jstor.org/stable/40254676

11 Li, W., Scott, A. P., Siefkes, M. J., Yan, H., Liu, Q., Yun, S. S. & Gage, D. A. (2002). Bile Acid secreted by male sea lamprey that acts as a sex pheromone. Science (New York, N. Y.), 296(5565), 138–141. https://doi.org/10.1126/science.1067797

12 Bandoh, H., Kida, I. & Ueda, H. (2011). Olfactory responses to natal stream water in sockeye salmon by BOLD fMRI. PloS one, 6(1), e16051. https://doi.org/10.1371/journal.pone.0016051

13 Roberts, L. & Garcia de Leaniz, C. (2011). Something smells fishy: Predator-naïve salmon use diet cues, not kairomones, to recognize a sympatric mammalian predator. Animal Behaviour, 82, 619–625.10.1016/j.anbehav.2011.06.019.

14 Brooker, R. M., Munday, P. L., Chivers, D. P. & Jones, G. P. (2015). You are what you eat: diet-induced chemical crypsis in a coral-feeding reef fish. Proceedings. Biological sciences, 282(1799), 20141887. https://doi.org/10.1098/rspb.2014.1887

15 Gardiner, J. M., Whitney, N. M. & Hueter, R. E. (2015). Smells Like Home: The Role of Olfactory Cues in the Homing Behavior of Blacktip Sharks, Carcharhinus limbatus. Integrative and comparative biology, 55(3), 495–506. https://doi.org/10.1093/icb/icv087

16 Marks, R. In-depth: Shark Senses. PBS.org/; https://www.pbs.org/kqed/oceanadventures/episodes/sharks/indepth-senses.html

17 Gardiner, J. M. & Atema, J. (2010). The function of bilateral odor arrival time differences in olfactory orientation of sharks. Current biology: CB, 20(13), 1187–1191. https://doi.org/10.1016/j.cub.2010.04.053

18 Enjin, A. & Suh, G. S. (2013). Neural mechanisms of alarm

pheromone signaling. Molecules and cells, 35(3), 177–181. https://doi.org/10.1007/s10059-013-0056-3

19 Mathuru, A.S., Kibat, C., Cheong, W.F., Shui, G., Wenk, M.R., Friedrich, R.W. & Jesuthasan, S. (2012). Chondroitin fragments are odorants that trigger fear behavior in fish. Current biology: CB, 22(6), 538–544. https://doi.org/10.1016/j.cub.2012.01.061

20 Walker, M. (2010). Whale ›sense of smell‹ revealed, BBC Earth News; http://news.bbc.co.uk/earth/hi/earth_news/newsid_8844000/8844443.stm

21 George, J.C. & Thewissen, H.Bowhead. Whale Sensory Research / Olfaction in Bowhead Whales, North-Slope.org; http://www.north-slope.org/departments/wildlife-management/studies-and-research-projects/bowhead-whales/bowhead-whale-anatomy-and-physiology-studies/bowhead-whale-sensory-research#OlfactionBH

22 Pitcher, B.J., Harcourt, R., Schaal, B, & Charrier, I. (2010). Social olfaction in marine mammals: wild female Australian sea lions can identify their pup's scent. Biology Letters, 7, 60–62.

23 Stoffel, M., Caspers, B.A., Forcada, J., Giannakara, A., Baier, M., Eberhart-Phillips, L., Müller, C. & Hoffman, J.I. (2015). Chemical fingerprints encode mother–offspring similarity, colony membership, relatedness, and genetic quality in fur seals. Proceedings of the National Academy of Sciences, 112, E5005–E5012.

Für die Maus bedeutet Riechen alles

1 Schröder, H., Moser, N. & Huggenberger, S. (2020). Neuroanatomy of the Mouse: An introduction, 319–331: The Mouse Olfactory System, Springer International Publishing https://www.springer.com/gp/book/9783030198978

2 Zhang, X. & Firestein, S. (2002). The olfactory receptor gene

superfamily of the mouse. Nature neuroscience, 5(2), 124–133. https://doi.org/10.1038/nn800
3 Mombaerts, P. (1996). Targeting olfaction. Current Opinion in Neurobiology, 6, (4,1996), 481–486, ISSN 0959–4388, https://doi.org/10.1016/S0959–4388(96)80053–5. (http://www.sciencedirect.com/science/article/pii/S0959438896800535).
4 Mombaerts, P. (2006). Axonal wiring in the mouse olfactory system. Annual review of cell and developmental biology, 22, 713–37
5 Zancanaro, C. (2014). Vomeronasal Organ: A Short History of Discovery and an Account of Development and Morphology in the Mouse. In: Mucignat-Caretta C (Hg.). Neurobiology of Chemical Communication CRC Press/Taylor & Francis Boca Raton, FL. Kapitel 9; https://www.ncbi.nlm.nih.gov/books/NBK200982/
6 Pérez-Gómez, A., Stein, B., Leinders-Zufall, T. & Chamero, P. (2014). Signaling mechanisms and behavioral function of the mouse basal vomeronasal neuroepithelium. Frontiers in neuroanatomy, 8, 135. https://doi.org/10.3389/fnana.2014.00135
7 Fleischer, J. & Breer, H. (2010). The Grueneberg ganglion: a novel sensory system in the nose. Histology and histopathology, 25(7), 909–915. https://doi.org/10.14670/HH-25.909
8 Brechbühl, J., Vallière, A., Wood, D., Nenniger Tosato, M. & Broillet, M. (2020). The Grueneberg ganglion controls odor-driven food choices in mice under threat. Communications Biology. 3.10.1038/s42003–020–01257-w.
9 Brechbühl, J., Klaey, M. & Broillet, M. C. (2008). Grueneberg ganglion cells mediate alarm pheromone detection in mice. Science (New York, N.Y.), 321(5892), 1092–1095. https://doi.org/10.1126/science.1160770

10 Schmid, A., Pyrski, M., Biel, M., Leinders-Zufall, T. & Zufall, F. (2010). Grueneberg ganglion neurons are finely tuned cold sensors. The Journal of neuroscience: the official journal of the Society for Neuroscience, 30(22), 7563–7568. https://doi.org/10.1523/JNEUROSCI.0608–10.2010

11 Barrios, A. W., Núñez, G., Sánchez Quinteiro, P. & Salazar, I. (2014). Anatomy, histochemistry, and immunohistochemistry of the olfactory subsystems in mice. Frontiers in neuroanatomy, 8, 63. https://doi.org/10.3389/fnana.2014.00063

12 Ma, M., Grosmaitre, X., Iwema, C. L., Baker, H., Greer, C. A. & Shepherd, G. M. (2003). Olfactory signal transduction in the mouse septal organ. The Journal of neuroscience: the official journal of the Society for Neuroscience, 23(1), 317–324. https://doi.org/10.1523/JNEUROSCI.23–01–00317.2003

13 Tian, H. & Ma, M. (2004). Molecular Organization of the Olfactory Septal Organ. The Journal of neuroscience: the official journal of the Society for Neuroscience, 24. 8383–90.10.1523/JNEUROSCI.2222–04.2004.

14 Liberles, S. D. (2014). Mammalian pheromones. Annual review of physiology, 76, 151–175. https://doi.org/10.1146/annurev-physiol-021113–170334

15 Chamero, P., Marton, T. F., Logan, D. W., Flanagan, K., Cruz, J. R., Saghatelian, A., Cravatt, B. F. & Stowers, L. (2007). Identification of protein pheromones that promote aggressive behaviour. Nature, 450(7171), 899–902. https://doi.org/10.1038/nature05997

16 Novotny, M., Harvey, S., Jemiolo, B. & Alberts, J. (1985). Synthetic pheromones that promote inter-male aggression in mice. Proceedings of the National Academy of Sciences of the United States of America, 82(7), 2059–2061. https://doi.org/10.1073/pnas.82.7.2059

17 Logan, D. W., Brunet, L. J., Webb, W. R., Cutforth, T., Ngai, J.

& Stowers, L. (2012). Learned recognition of maternal signature odors mediates the first suckling episode in mice. Current biology: CB, 22(21), 1998–2007. https://doi.org/10.1016/j.cub.2012.08.041

18 Roberts, S. A., Simpson, D. M., Armstrong, S. D., Davidson, A. J., Robertson, D. H., McLean, L., Beynon, R. J. & Hurst, J. L. (2010). Darcin: a male pheromone that stimulates female memory and sexual attraction to an individual male's odour. BMC biology, 8, 75. https://doi.org/10.1186/1741-7007-8-75

19 Bruce, H. M. (1959). An exteroceptive block to pregnancy in the mouse. Nature, 184, 105. https://doi.org/10.1038/184105a0

20 Whitten, W. K. (1959). Occurrence of anoestrus in mice caged in groups. The Journal of endocrinology, 18(1), 102–107. https://doi.org/10.1677/joe.0.0180102

21 Vandenbergh, J. G. (1969). Male odor accelerates female sexual maturation in mice. Endocrinology, 84(3), 658–660. https://doi.org/10.1210/endo-84-3-658

22 Ferrero, D., Lemon, J., Fluegge, D., Pashkovski, S., Korzan, W., Datta, S., Spehr, M., Fendt, M. & Liberles, S. (2011). Detection and avoidance of a carnivore odor by prey. Proceedings of the National Academy of Sciences of the United States of America. 108. 11235–40.10.1073/pnas.1103317108.

23 Dewan, A., Pacifico, R., Zhan, R., Rinberg, D. & Bozza, T. (2013). Non-redundant coding of aversive odours in the main olfactory pathway. Nature, 497(7450), 486–489. https://doi.org/10.1038/nature12114

Der beste Riecher von allen – der Nachtfalter

1 Angioy, A.M., Desogus, A., Barbarossa, I.T., Anderson, P. & Hansson, B.S. (2003). Extreme sensitivity in an olfactory system. Chemical senses, 28(4), 279–284. https://doi.org/10.1093/chemse/28.4.279

2 Kaissling, K.E. (2009). The Sensitivity of the Insect Nose: The Example of Bombyx Mori. In: Gutiérrez A., Marco S. (Hg.). Biologically Inspired Signal Processing for Chemical Sensing. Studies in Computational Intelligence, 188. Springer, Berlin, Heidelberg. https://doi.org/10.1007/978-3-642-00176-5_3

3 Karlson, P. & Luscher, M. (1959). »Pheromones«: a new term for a class of biologically active substances. Nature, 183(4653), 55–56. https://doi.org/10.1038/183055a0

4 Hansson, B.S. (1995). Olfaction in Lepidoptera. Experientia 51, 1003–1027. https://doi.org/10.1007/BF01946910

5 Missbach, C., Dweck, H.K., Vogel, H., Vilcinskas, A., Stensmyr, M.C., Hansson, B.S. & Grosse-Wilde, E. (2014). Evolution of insect olfactory receptors. eLife, 3, e02115. https://doi.org/10.7554/eLife.02115

6 Fatouros, N., Huigens, M., van Loon, J. et al. (2005). Butterfly anti-aphrodisiac lures parasitic wasps. Nature 433, 704. https://doi.org/10.1038/433704a

7 Jones, A.G. & Ratterman, N.L. (2009). Mate choice and sexual selection: what have we learned since Darwin? Proceedings of the National Academy of Sciences of the United States of America, 106 (Suppl 1), 10001–10008. https://doi.org/10.1073/pnas.0901129106

8 Fisher, R.A. (1915). The evolution of sexual preference. The Eugenics review, 7(3), 184–192.

9 Edwards, A.W. (2000). The genetical theory of natural selection. Genetics, 154(4), 1419–1426.

10 ter Hofstede, H.M., Goerlitz, H.R., Ratcliffe, J.M., Holderied,

M. W. & Surlykke, A. (2013). The simple ears of noctuoid moths are tuned to the calls of their sympatric bat community. The Journal of experimental biology, 216(Pt 21), 3954–62. doi: 10.1242/jeb.093294. Epub 2013 Aug 2. PMID: 23913945.

11 Svensson, G. P., Löfstedt, C. & Skals, N. (2007). Listening in pheromone plumes: Disruption of olfactory-guided mate attraction in a moth by a bat-like ultrasound. Journal of Insect Science, 7, 59, available online:insectscience.org/7.59

12 Gemeno, C., Yeargan, K. V. & Haynes, K. F. (2000). Aggressive Chemical Mimicry by the Bolas Spider Mastophora hutchinsoni: Identification and Quantification of a Major Prey's Sex Pheromone Components in the Spider's Volatile Emissions. Journal of chemical ecology, 26, 1235–1243 (2000). https://doi.org/10.1023/A:1005488128468

13 Karlson, P. & Butenandt, A. (1959). Pheromones (Ectohormones). Insects Annual Review of Entomology, 4 (1), 39–58 https://doi.org/10.1146/annurev.en.04.010159.000351

14 Butenandt, A. & Hecker, E. (1961). Synthese des Bombykols, des Sexuallockstoffes des Seidenspinners, und seiner geometrischen Isomeren. Angewandte Chemie, 73, 349. https://doi.org/10.1002/ange.19610731102

15 Allison, J. & Cardé, R. (Hg.) (2016). Pheromone Communication in Moths: Evolution, Behavior, and Application. Oakland, California: University of California Press; Zugriff 15. November 2020; http://www.jstor.org/stable/10.1525/j.ctv1xxxzm

16 Baker, T. C. & Vickers, N. J. (1997). Pheromone-Mediated Flight in Moths. In: Cardé, R. T., Minks, A. K. (Hg.). Insect Pheromone Research. Springer, Boston, MA. https://doi.org/10.1007/978-1-4615-6371-6_23

17 Phelan, P. L. (1992). Evolution of sex pheromones and the role of asymmetric tracking. In: Insect chemical ecology: an

evolutionary approach, hg. von Roitberg, B., Isman, M. Chapman and Hall, New York

18 Hansson, B.S., Tóth, M., Löfstedt, C., Szöcs, G., Subchev, M. & Löfqvist, J. (1990). Pheromone variation among eastern European and a western Asian population of the turnip moth Agrotis segetum. Journal of chemical ecology, 16(5), 1611–1622. https://doi.org/10.1007/BF01014094

19 Wunderer, H., Hansen, K., Bell, T.W., Schneider, D. & Meinwald, J. (1986). Sex pheromones of two Asian moths (Creatonotos transiens, C. gangis; Lepidoptera-Arctiidae): behavior, morphology, chemistry and electrophysiology. Experimental biology, 46(1), 11–27.

20 Boppré, M. & Schneider, D. (1985). Pyrrolizidine alkaloids quantitatively regulate both scent organ morphogenesis and pheromone biosynthesis in male Creatonotos moths (Lepidoptera: Arctiidae). Journal of comparative physiology, 157, 569–577. https://doi.org/10.1007/BF01351351

21 Kessler, D., Gase, K. & Baldwin, I.T. (2008). Field experiments with transformed plants reveal the sense of floral scents. Science (New York, N.Y.), 321(5893), 1200–1202. https://doi.org/10.1126/science.1160072

22 Haverkamp, A., Yon, F., Keesey, I.W., Mißbach, C., Koenig, C., Hansson, B.S., Baldwin, I.T., Knaden, M. & Kessler, D. (2016). Hawkmoths evaluate scenting flowers with the tip of their proboscis. eLife, 5, e15039. https://doi.org/10.7554/eLife.15039

Noch die kleinste Fliege

1 Hansson, B.S., Knaden, M., Sachse, S., Stensmyr, M.C. & Wicher, D. (2010). Towards plant-odor-related olfactory neuroethology in Drosophila. Chemoecology, 20(2), 51–61. https://doi.org/10.1007/s00049-009-0033-7

2 Morgan, T.H. (1910). SEX LIMITED INHERITANCE IN DROSOPHILA. Science (New York, N.Y.), 32(812), 120–122. https://doi.org/10.1126/science.32.812.120

3 Bellen, H., Tong, C. & Tsuda, H. (2010). 100 years of Drosophila research and its impact on vertebrate neuroscience: a history lesson for the future. Nature Reviews Neuroscience 11, 514–522 (2010). https://doi.org/10.1038/nrn2839

4 Hansson, B.S. & Stensmyr, M.C. (2011). Evolution of insect olfaction. Neuron, 72(5), 698–711. https://doi.org/10.1016/j.neuron.2011.11.003

5 Stocker, R.F. (2009). The olfactory pathway of adult and larval Drosophila: conservation or adaptation to stage-specific needs? Annals of the New York Academy of Sciences, 1170, 482–486. https://doi.org/10.1111/j.1749-6632.2009.03896.x

6 Vosshall, L.B., Amrein, H., Morozov, P.S., Rzhetsky, A. & Axel, R. (1999). A spatial map of olfactory receptor expression in the Drosophila antenna. Cell, 96(5), 725–736. https://doi.org/10.1016/s0092-8674(00)80582-6

7 Vosshall, L.B., Wong, A.M. & Axel, R. (2000). An olfactory sensory map in the fly brain. Cell, 102(2), 147–159. https://doi.org/10.1016/s0092-8674(00)00021-0

8 Dweck, H.K., Ebrahim, S.A., Khallaf, M.A., Koenig, C., Farhan, A., Stieber, R., Weißflog, J., Svatoš, A., Grosse-Wilde, E., Knaden, M. & Hansson, B.S. (2016). Olfactory channels associated with the Drosophila maxillary palp mediate short- and long-range attraction. eLife, 5, e14925. https://doi.org/10.7554/eLife.14925

9 Wicher, D., Schäfer, R., Bauernfeind, R., Stensmyr, M., Heller, R., Heinemann, S. & Hansson, B. (2008). Drosophila odorant receptors are both ligand-gated and cyclic-nucleotide-activated cation channels. Nature. 452. 1007–1011. 10.

10 Sato, K., Pellegrino, M., Nakagawa, T., Nakagawa, T., Vosshall, L.B. & Touhara, K. (2008). Insect olfactory receptors are heteromeric ligand-gated ion channels. Nature, 452(7190), 1002–1006. https://doi.org/10.1038/nature06850

11 Getahun, M.N., Olsson, S.B., Lavista-Llanos, S., Hansson, B.S. & Wicher, D. (2013). Insect odorant response sensitivity is tuned by metabotropically autoregulated olfactory receptors. PloS one, 8(3), e58889. https://doi.org/10.1371/journal.pone.0058889

12 Stensmyr, M.C., Dweck, H.K., Farhan, A., Ibba, I., Strutz, A., Mukunda, L., Linz, J., Grabe, V., Steck, K., Lavista-Llanos, S., Wicher, D., Sachse, S., Knaden, M., Becher, P.G., Seki, Y. & Hansson, B.S. (2012). A conserved dedicated olfactory circuit for detecting harmful microbes in Drosophila. Cell, 151(6), 1345–1357. https://doi.org/10.1016/j.cell.2012.09.046

13 Ebrahim, S.A., Dweck, H.K., Stökl, J., Hofferberth, J.E., Trona, F., Weniger, K., Rybak, J., Seki, Y., Stensmyr, M.C., Sachse, S., Hansson, B.S. & Knaden, M. (2015). Drosophila Avoids Parasitoids by Sensing Their Semiochemicals via a Dedicated Olfactory Circuit. PLoS biology, 13(12), e1002318. https://doi.org/10.1371/journal.pbio.1002318

14 Dweck, H.K., Ebrahim, S.A., Kromann, S., Bown, D., Hillbur, Y., Sachse, S., Hansson, B.S. & Stensmyr, M.C. (2013). Olfactory preference for egg laying on citrus substrates in Drosophila. Current biology: CB, 23(24), 2472–2480. https://doi.org/10.1016/j.cub.2013.10.047

15 Ejima, A. (2015). Pleiotropic actions of the male pheromone cis-vaccenyl acetate in Drosophila melanogaster. Journal of comparative physiology. A, Neuroethology, sensory, neural, and behavioral physiology, 201(9), 927–932. https://doi.org/10.1007/s00359-015-1020-9

16 Dekker, T., Ibba, I., Siju, K.P., Stensmyr, M.C. & Hansson, B.S. (2006). Olfactory shifts parallel superspecialism for

toxic fruit in Drosophila melanogaster sibling, D. sechellia. Current biology: CB, 16(1), 101–109. https://doi.org/10.1016/j.cub.2005.11.075

17 Auer, T. O., Khallaf, M. A., Silbering, A. F., Zappia, G., Ellis, K., Álvarez-Ocaña, R., Arguello, J. R., Hansson, B. S., Jefferis, G., Caron, S., Knaden, M. & Benton, R. (2020). Olfactory receptor and circuit evolution promote host specialization. Nature, 579(7799), 402–408. https://doi.org/10.1038/s41586-020-2073-7

18 Lavista-Llanos, S., Svatoš, A., Kai, M., Riemensperger, T., Birman, S., Stensmyr, M. C. & Hansson, B. S. (2014). Dopamine drives Drosophila sechellia adaptation to its toxic host. eLife, 3, e03785. https://doi.org/10.7554/eLife.03785

19 Keesey, I. W., Knaden, M. & Hansson, B. S. (2015). Olfactory specialization in Drosophila suzukii supports an ecological shift in host preference from rotten to fresh fruit. Journal of chemical ecology, 41(2), 121–128. https://doi.org/10.1007/s10886-015-0544-3

20 Cloonan, K. R., Abraham, J., Angeli, S., Syed, Z. & Rodriguez-Saona, C. (2018). Advances in the Chemical Ecology of the Spotted Wing Drosophila (Drosophila suzukii) and its Applications. Journal of chemical ecology, 44(10), 922–939. https://doi.org/10.1007/s10886-018-1000-y

21 Green, J. E., Cavey, M., Caturegli, E., Gompel, N., Prud'homme, B. (2019). Evolution of ovipositor length in *Drosophila suzukii* is driven by enhanced cell size expansion and anisotropic tissue reorganization. Current Biology: CB, 29, 2075–2082. https://doi.org/10.1016/j.cub.2019.05.020

Mücken und der Geruch von Blut

1 Malaria (2020). World Health Organization (veröffentlicht 14. Januar 2020, Zugriff 16. November 2020); https://www.who.int/news-room/fact-sheets/detail/malaria
2 Malaria (2020). Wikipedia (Zugriff 16. November 2020) https://en.wikipedia.org/wiki/Malaria
3 Barredo, E. & DeGennaro, M. (2020). Not Just from Blood: Mosquito Nutrient Acquisition from Nectar Sources. Trends in parasitology, 36(5), 473–484. https://doi.org/10.1016/j.pt.2020.02.003
4 Nyasembe, V. O., Tchouassi, D. P., Pirk, C., Sole, C. L. & Torto, B. (2018). Host plant forensics and olfactory-based detection in Afro-tropical mosquito disease vectors. PLoS neglected tropical diseases, 12(2), e0006185. https://doi.org/10.1371/journal.pntd.0006185
5 Hien, D.F., Dabiré, K.R., Roche, B., Diabaté, A., Yerbanga, R.S., Cohuet, A., Yameogo, B.K., Gouagna, L.C., Hopkins, R.J., Ouedraogo, G.A., Simard, F., Ouedraogo, J.B., Ignell, R. & Lefevre, T. (2016). Plant-Mediated Effects on Mosquito Capacity to Transmit Human Malaria. PLoS pathogens, 12(8), e1005773. https://doi.org/10.1371/journal.ppat.1005773
6 Ignell, R. & Hill, S.R. (2020). Malaria mosquito chemical ecology. Current opinion in insect science, 40, 6–10. https://doi.org/10.1016/j.cois.2020.03.008
7 Knols, B.G. & De Jong, R. (1996). Limburger cheese as an attractant for the malaria mosquito Anopheles gambiae s. s. Parasitology today (Personal ed.), 12(4), 159–161. https://doi.org/10.1016/0169-4758(96)10002-8
8 Danquah, I., Bedu-Addo, G. & Mockenhaupt, F.P. (2010). Type 2 diabetes mellitus and increased risk for malaria infection. Emerging infectious diseases, 16(10), 1601–1604. https://doi.org/10.3201/eid1610.100399
9 Fernández-Grandon, G.M., Gezan, S.A., Armour, J.A., Pi-

ckett, J. A. & Logan, J. G. (2015). Heritability of attractiveness to mosquitoes. PloS one, 10(4), e0122716. https://doi.org/10.1371/journal.pone.0122716

10 Ansell, J., Hamilton, K.A., Pinder, M., Walraven, G.E. & Lindsay, S.W. (2002). Short-range attractiveness of pregnant women to Anopheles gambiae mosquitoes. Transactions of the Royal Society of Tropical Medicine and Hygiene, 96(2), 113–116. https://doi.org/10.1016/s0035-9203(02)90271-3

11 Debebe, Y., Hill, S.R., Birgersson, G., Tekie, H. & Ignell, R. (2020). Plasmodium falciparum gametocyte-induced volatiles enhance attraction of Anopheles mosquitoes in the field. Malaria Journal 19, 327 (2020). https://doi.org/10.1186/s12936-020-03378-3

12 Robinson, A., Busula, A. O., Voets, M.A., Beshir, K.B., Caulfield, J.C., Powers, S.J., Verhulst, N.O., Winskill, P., Muwanguzi, J., Birkett, M.A., Smallegange, R.C., Masiga, D.K., Mukabana, W.R., Sauerwein, R.W., Sutherland, C.J., Bousema, T., Pickett, J.A., Takken, W., Logan, J.G. & de Boer, J.G. (2018). Plasmodium-associated changes in human odor attract mosquitoes. Proceedings of the National Academy of Sciences of the United States of America, 115(18), E4209–E4218. https://doi.org/10.1073/pnas.1721610115

13 Emami, S.N., Lindberg, B.G., Hua, S., Hill, S.R., Mozuraitis, R., Lehmann, P., Birgersson, G., Borg-Karlson, A.K., Ignell, R. & Faye, I. (2017). A key malaria metabolite modulates vector blood seeking, feeding, and susceptibility to infection. Science (New York, N.Y.), 355(6329), 1076–1080. https://doi.org/10.1126/science.aah4563

14 Lefèvre, T., Gouagna, L.C., Dabiré, K.R., Elguero, E., Fontenille, D., Renaud, F., et al. (2010). Beer consumption increases human attractiveness to malaria mosquitoes. PloS one, 5(3), e9546. https://doi.org/10.1371/journal.pone.0009546

15 Won Jung, J., Baeck, S.J., Perumalsamy, H., Hansson, B.S., Ahn, Y. & Wook Kwon, H. (2015). A novel olfactory pathway is essential for fast and efficient blood-feeding in mosquitoes. Scientific Reports, 5, 13444 (2015). https://doi.org/10.1038/srep13444

16 Wondwosen, B., Birgersson, G., Tekie, H., Torto, B., Ignell, R. & Hill, S.R. (2018). Sweet attraction: sugarcane pollen-associated volatiles attract gravid Anopheles arabiensis. Malar J 17, 90 (2018). https://doi.org/10.1186/s12936–018–2245–1

Borkenkäfer: die Dinosaurier-Killer

1 Bentz, B.J., Régnière, J., Fettig, C.J., Hansen, E.M., Hayes, J.L., Hicke, J.A., Kelsey, R.G., Negrón, J.F. & Seybold, S.J. (2010). Climate Change and Bark Beetles of the Western United States and Canada: Direct and Indirect Effects, BioScience, 60(8), 602–613, https://doi.org/10.1525/bio.2010.60.8.6

2 Santini, A. & Faccoli, M. (2015). Dutch elm disease and elm bark beetles: a century of association. iForest, 8, 126–134. – doi: 10.3832/ifor1231–008

3 Holzkurier (translated by Eva Guzely) The dimensions of damage in Europe's forests. timber-online.net. Zugriff 16. November 2020); https://www.timber-online.net/blog/the-dimensions-of-damage-in-europe-s-forests.html

4 Bark and Wood Boring Beetles of the World (Zugriff 16. November 2020) www.barkbeetles.org

5 Schmidt, A., Zeneli, G., Hietala, A., Fossdal, C.G., Krokene, P., Christiansen, E., Gershenzon, J. (2005). Induced chemical defences in conifers: Biochemical and molecular approaches to studying their function. Chemical Ecology and Phytochemistry in Forest Ecosystems, 1–28, 39.

6 Wermelinger, B. (2004). Ecology and management of the

spruce bark beetle Ips typographus—a review of recent research. Forest Ecology and Management, 202, 67–82.

7 Schlyter, F., Birgersson, G., Byers, J., Löfqvist, J., Bergström, G. (1987). Field response of spruce bark beetle, Ips typographus, to aggregation pheromone candidates. Journal of chemical ecology, 13, 701–716. 10.1007/BF01020153.

8 Zhang, Q., Song, L., Ma, J., Han, F., Sun, J. (2009). Aggregation pheromone of a newly described spruce bark beetle, Ips shangrila Cognato and Sun, from China. Chemoecology, 19, 203–210. 10.1007/s00049-009-0026-6.

9 Schlyter, F., Birgersson, G. & Leufvén, A. (1989). Inhibition of attraction to aggregation pheromone by verbenone and ipsenol: Density regulation mechanisms in bark beetle Ips typographus. Journal of chemical ecology, 15(8), 2263–2277. https://doi.org/10.1007/BF01014114

10 Sauvard, D. (2007). General Biology of Bark Beetles. In: Lieutier, F., Day, K. R., Battisti, A., Grégoire, JC., Evans, H. F. (Hg.). Bark and Wood Boring Insects in Living Trees in Europe, a Synthesis. Springer, Dordrecht. https://doi.org/10.1007/978-1-4020-2241-8_7

11 Schiebe, C., Hammerbacher, A., Birgersson, G., Witzell, J., Brodelius, P. E., Gershenzon, J., Hansson, B. S., Krokene, P. & Schlyter, F. (2012). Inducibility of chemical defenses in Norway spruce bark is correlated with unsuccessful mass attacks by the spruce bark beetle. Oecologia, 170(1), 183–198. https://doi.org/10.1007/s00442-012-2298-8

12 Netherer, S., Matthews, B., Katzensteiner, K., Blackwell, E., Henschke, P., Hietz, P., Pennerstorfer, J., Rosner, S., Kikuta, S., Schume, H. & Schopf, A. (2015). Do water-limiting conditions predispose Norway spruce to bark beetle attack? The New phytologist, 205(3), 1128–1141. https://doi.org/10.1111/nph.13166

13 Kandasamy, D., Gershenzon, J., Andersson, M. & Hammer-

bacher, A. (2019). Volatile organic compounds influence the interaction of the Eurasian spruce bark beetle (Ips typographus) with its fungal symbionts. The ISME Journal, 13, 1788–1800. https://doi.org/10.1038/s41396-019-0390-3

14 Anderbrant, O. & Schlyter, F. (1987). Ecology of the Dutch Elm Disease Vectors Scolytus laevis and S. scolytus (Coleoptera: Scolytidae) in Southern Sweden. Journal of Applied Ecology, 24(2), 539–550. doi:10.2307/2403891

15 Schiebe, C., Blaženec, M., Jakuš, R., Unelius, C. R. & Schlyter, F. (2011). Semiochemical diversity diverts bark beetle attacks from Norway spruce edges. Journal of Applied Entomology, 135, 726–737. https://doi.org/10.1111/j.1439-0418.2011.01624.x

16 Weslien, J. & Regnander, J. (2006). The influence of natural enemies on brood production in Ips typographus (Col. scolytidae) with special reference to egg-laying and predation by Thanasimus formicarius (Col.: Cleridae). Entomophaga, 37, 333–342. https://doi.org/10.1007/BF02372435

17 Bakke, A. & Kvamme, T. (1981). Kairomone response in Thanasimus predators to pheromone components of Ips typographus. Journal of chemical ecology, 7(2), 305–312. https://doi.org/10.1007/BF00995753

18 Biedermann, P., Müller, J., Grégoire, J. C., Gruppe, A., Hagge, J., Hammerbacher, A., Hofstetter, R. W., Kandasamy, D., Kolarik, M., Kostovcik, M., Krokene, P., Sallé, A., Six, D. L., Turrini, T., Vanderpool, D., Wingfield, M. J. & Bässler, C. (2019). Bark Beetle Population Dynamics in the Anthropocene: Challenges and Solutions. Trends in ecology & evolution, 34(10), 914–924. https://doi.org/10.1016/j.tree.2019.06.002

19 Wood, S. L. (1982). The bark and ambrosia beetles of North and Central America (Coleoptera: Scolytidae), a taxonomic monograph. Great Basin naturalist members 6, 1–1356. [304]. https://www.biodiversitylibrary.org/part/248626

Die Krebse von der Weihnachtsinsel

1 Drew, M., Harzsch, S., Stensmyr, M., Erland, S. & Hansson, B. (2010). A review of the biology and ecology of the Robber Crab, Birgus latro (Linnaeus, 1767) (Anomura: Coenobitidae). Zoologischer Anzeiger – A Journal of Comparative Zoology, 249, 45–67. 10.1016/j.jcz.2010.03.001.

2 Christmas Island: A natural wonder, https://www.christmas.net.au/

3 Harzsch, S. & Krieger, J. (2018). Crustacean olfactory systems: A comparative review and a crustacean perspective on olfaction in insects. Progress in neurobiology, 161, 23–60. https://doi.org/10.1016/j.pneurobio.2017.11.005

4 Greenaway, P. & Morris, S. (1989). Adaptations to a terrestrial existence by the robber crab, BIRGUS LATRO L.: III. NITROGENOUS EXCRETION. The Journal of experimental biology, 143, 333–334.

5 Drew, M. & Hansson, B. (2014). The population structure of Birgus latro (Crustacea: Decapoda: Anomura: Coenobitidae) on Christmas Island with incidental notes on behaviour. The Raffles bulletin of zoology, 150–161.

6 Krieger, J., Grandy, R., Drew, M.M., Erland, S., Stensmyr, M.C., Harzsch, S. & Hansson, B.S. (2012). Giant robber crabs monitored from space: GPS-based telemetric studies on Christmas Island (Indian Ocean). PloS one, 7(11), e49809. https://doi.org/10.1371/journal.pone.0049809

7 Stensmyr, M.C., Erland, S., Hallberg, E., Wallén, R., Greenaway, P. & Hansson, B.S. (2005). Insect-like olfactory adaptations in the terrestrial giant robber crab. Current biology: CB, 15(2), 116–121. https://doi.org/10.1016/j.cub.2004.12.069

8 Krieger, J., Sandeman, R.E., Sandeman, D.C., Hansson, B.S. & Harzsch, S. (2010). Brain architecture of the largest living land arthropod, the Giant Robber Crab Birgus latro (Crusta-

cea, Anomura, Coenobitidae): evidence for a prominent central olfactory pathway? Frontiers in zoology, 7, 25. https://doi.org/10.1186/1742-9994-7-25

9 Knaden, M., Bisch-Knaden, S., Linz, J., Reinecke, A., Krieger, J., Erland, S., Harzsch, S. & Hansson, B.S. (2019). Acetoin is a key odor for resource location in the giant robber crab Birgus latro. The Journal of experimental biology, 222(Pt 12), jeb202929. https://doi.org/10.1242/jeb.202929

10 Christmas Island Crab. National Geographic (Zugriff 16. November 2020) https://www.nationalgeographic.com/animals/invertebrates/c/christmas-island-red-crab/

11 Schildknecht, H., Eßwein, U., Hering, W., Blaschke, C. & Linsenmair, K. (1988). Diskriminierungspheromone der sozialen Wüstenassel Hemilepistus reaumuri / Discriminative Pheromones of the Social Desert Isopod Hemilepistus reaumuri. Zeitschrift für Naturforschung C, 43, 613–620.

Können Pflanzen riechen?

1 Baldwin, I.T. & Schultz, J.C. (1983). Rapid changes in tree leaf chemistry induced by damage: evidence for communication between plants. Science (New York, N.Y.), 221(4607), 277–279. https://doi.org/10.1126/science.221.4607.277

2 Schaller, G.E. & Bleecker, A.B. (1995). Ethylene-binding sites generated in yeast expressing the Arabidopsis ETR1 gene. Science (New York, N.Y.), 270(5243), 1809–1811. https://doi.org/10.1126/science.270.5243.1809

3 Pare, P.W. & Tumlinson, J.H. (1999). Plant volatiles as a defense against insect herbivores. Plant physiology, 121(2), 325–332.

4 Huang, W., Gfeller, V. & Erb, M. (2019). Root volatiles in plant-plant interactions II: Root volatiles alter root chemistry and plant-herbivore interactions of neighbouring

plants. Plant, cell & environment, 42(6), 1964–1973. https://doi.org/10.1111/pce.13534

5 Nagashima, A., Higaki, T., Koeduka, T., Ishigami, K., Hosokawa, S., Watanabe, H., Matsui, K., Hasezawa, S. & Touhara, K. (2018). Transcriptional regulators involved in responses to volatile organic compounds in plants. The Journal of Biological Chemistry, 294, 2256–2266. doi:10.1074/jbc.RA118.005843.

6 The networked beauty of forests – Suzanne Simard. TED-Ed (Zugriff 16. November 2020) https://ed.ted.com/lessons/the-networked-beauty-of-forests-suzanne-simard

7 Markovic, D., Colzi, I., Taiti, C., Ray, S., Scalone, R., Gregory Ali, J., Mancuso, S. & Ninkovic, V. (2019). Airborne signals synchronize the defenses of neighboring plants in response to touch. Journal of experimental botany, 70(2), 691–700. https://doi.org/10.1093/jxb/ery375

8 Heil, M. & Silva Bueno, J.C. (2007). Within-plant signaling by volatiles leads to induction and priming of an indirect plant defense in nature. Proceedings of the National Academy of Sciences of the United States of America, 104(13), 5467–5472. https://doi.org/10.1073/pnas.0610266104

9 Christensen, S.A., Nemchenko, A., Borrego, E., Murray, I., Sobhy, I.S., Bosak, L., DeBlasio, S., Erb, M., Robert, C.A., Vaughn, K.A., Herrfurth, C., Tumlinson, J., Feussner, I., Jackson, D., Turlings, T.C., Engelberth, J., Nansen, C., Meeley, R. & Kolomiets, M.V. (2013). The maize lipoxygenase, ZmLOX10, mediates green leaf volatile, jasmonate and herbivore-induced plant volatile production for defense against insect attack. The Plant journal: for cell and molecular biology, 74(1), 59–73. https://doi.org/10.1111/tpj.12101

10 Clavijo McCormick, A., Irmisch, S., Reinecke, A., Boeckler, G.A., Veit, D., Reichelt, M., Hansson, B.S., Gershenzon, J., Köllner, T.G. & Unsicker, S.B. (2014). Herbivore-induced

volatile emission in black poplar: regulation and role in attracting herbivore enemies. Plant, cell & environment, 37(8), 1909–1923. https://doi.org/10.1111/pce.12287

11 Sukegawa, S., Shiojiri, K., Higami, T., Suzuki, S. & Arimura, G.I. (2018). Pest management using mint volatiles to elicit resistance in soy: mechanism and application potential. The Plant journal: for cell and molecular biology, 96(5), 910–920. https://doi.org/10.1111/tpj.14077

12 Coll-Aráoz, M.V., Hill, J.G., Luft-Albarracin, E., Virla, E.G. & Fernandez, P.C. (2020). Modern Maize Hybrids Have Lost Volatile Bottom-Up and Top-Down Control of Dalbulus maidis, a Specialist Herbivore. Journal of Chemical Ecology, 46, 906–915. https://doi.org/10.1007/s10886-020-01204-3

13 Oluwafemi, S., Dewhirst, S.Y., Veyrat, N., Powers, S., Bruce, T.J., Caulfield, J.C., Pickett, J.A. & Birkett, M.A. (2013). Priming of Production in Maize of Volatile Organic Defence Compounds by the Natural Plant Activator cis-Jasmone. PloS one, 8(6), e62299. https://doi.org/10.1371/journal.pone.0062299

14 Rasmann, S., Köllner, T.G., Degenhardt, J., Hiltpold, I., Toepfer, S., Kuhlmann, U., Gershenzon, J. & Turlings, T.C. (2005). Recruitment of entomopathogenic nematodes by insect-damaged maize roots. Nature, 434(7034), 732–737. https://doi.org/10.1038/nature03451

15 Köllner, T.G., Held, M., Lenk, C., Hiltpold, I., Turlings, T.C., Gershenzon, J. & Degenhardt, J. (2008). A maize (E)-beta-caryophyllene synthase implicated in indirect defense responses against herbivores is not expressed in most American maize varieties. The Plant cell, 20(2), 482–494. https://doi.org/10.1105/tpc.107.051672

Duftende Betrüger

1 Sprengel, C.K. (1793). Das entdeckte Geheimniss der Natur im Bau und in der Befruchtung der Blumen. Berlin: Friedrich Vieweg.

2 Darwin, C. (1862). On the various contrivances by which British and foreignorchids are fertilised by insects. First edition. London.

3 Darwin, C. (1877). On the various contrivances by which orchids are fertilised by insects. Second edition, revised. London.

4 Jersakova, J., Johnson, S., Kindlmann, Pavel. (2006). Mechanisms and evolution of deceptive pollination in orchids. Biological reviews of the Cambridge Philosophical Society, 81, 219–235. 10.1017/S1464793105006986.

5 Schiestl, F., Ayasse, M., Paulus, H., Löfstedt, C., Hansson, B., Ibarra, F. & Francke, W. (2000). Sex pheromone mimicry in the early spider orchid (Ophrys sphegodes): patterns of hydrocarbons as the key mechanism for pollination by sexual deception. Journal of comparative physiology. A, Sensory, neural, and behavioral physiology, 186, 567–574. 10.1007/s003590000112.

6 Schiestl, F., Ayasse, M., Paulus, H., Löfstedt, C., Hansson, B., Ibarra, F. & Francke, W. (1999). Orchid pollination by sexual swindle [5]. Nature, 399, 421. 10.1038/20829.

7 Ayasse, M., Schiestl, F.P., Paulus, H.F., Löfstedt, C., Hansson, B., Ibarra, F. & Francke, W. (2000). Evolution of reproductive strategies in the sexually deceptive orchid Ophrys sphegodes: how does flower-specific variation of odor signals influence reproductive success? Evolution; international journal of organic evolution, 54(6), 1995–2006. https://doi.org/10.1111/j.0014-3820.2000.tb01243.x

8 Stensmyr, M.C., Urru, I., Collu, I., Celander, M., Hansson, B.S. & Angioy, A.M. (2002). Pollination: Rotting smell of

dead-horse arum florets. Nature, 420(6916), 625–626. https://doi.org/10.1038/420625a

9 Angioy, A. M., Stensmyr, M. C., Urru, I., Puliafito, M., Collu, I. & Hansson, B. S. (2004). Function of the heater: the dead horse arum revisited. Proceedings. Biological sciences, 271 (Suppl 3), S13–S15. https://doi.org/10.1098/rsbl.2003.0111

10 Stökl, J., Strutz, A., Dafni, A., Svatos, A., Doubsky, J., Knaden, M., Sachse, S., Hansson, B. S. & Stensmyr, M. C. (2010). A deceptive pollination system targeting drosophilids through olfactory mimicry of yeast. Current biology: CB, 20(20), 1846–1852. https://doi.org/10.1016/j.cub.2010.09.033

11 Stökl, J., Brodmann, J., Dafni, A., Ayasse, M. & Hansson, B. (2010). Smells like aphids: orchid flowers mimic aphid alarm pheromones to attract hoverflies for pollination. Proceedings. Biological sciences / The Royal Society, 278, 1216–1222. 10.1098/rspb.2010.1770.

12 Gemeno, C., Yeargan, K. V. & Haynes, K. F. (2000). Aggressive Chemical Mimicry by the Bolas Spider Mastophora hutchinsoni: Identification and Quantification of a Major Prey's Sex Pheromone Components in the Spider's Volatile Emissions. Journal of chemical ecology, 26, 1235–1243. https://doi.org/10.1023/A:1005488128468

13 Keesey, I. W., Koerte, S., Khallaf, M. A., Retzke, T., Guillou, A., Grosse-Wilde, E., Buchon, N., Knaden, M. & Hansson, B. S. (2017). Pathogenic bacteria enhance dispersal through alteration of Drosophila social communication. Nature communications, 8(1), 265. https://doi.org/10.1038/s41467-017-00334-9

Riechen und Geruch für unsere eigenen Zwecke nutzen

1 Trivedi, D. K., Sinclair, E., Xu, Y., Sarkar, D., Walton-Doyle, C., Liscio, C., Banks, P., Milne, J., Silverdale, M., Kunath, T., Goodacre, R. & Barran, P. (2019). Discovery of Volatile Biomarkers of Parkinson's Disease from Sebum. ACS central science, 5(4), 599–606. https://doi.org/10.1021/acscentsci.8b00879

2 HeroRAT Magawa – PDSA Gold Medal, PDSA.org.uk; https://www.pdsa.org.uk/what-we-do/animal-awards-programme/pdsa-gold-medal/magawa

3 Bromenshenk, J. J., Henderson, C. B., Seccomb, R. A., Welch, P. M., Debnam, S. E. & Firth, D. R. (2015). Bees as Biosensors: Chemosensory Ability, Honey Bee Monitoring Systems, and Emergent Sensor Technologies Derived from the Pollinator Syndrome. Biosensors, 5(4), 678–711. https://doi.org/10.3390/bios5040678

4 Manjunatha, D. H. & Chua, L. S. (2017). Advancement of sensitive sniffer bee technology. TrAC Trends in Analytical Chemistry. 97.10.1016/j.trac.2017.09.006.

5 Wilson, A. (2012). Review of Electronic-Nose Technologies and Algorithms to Detect Hazardous Chemicals in the Environment. Procedia – Technology, 1, 453–463. 10.1016/j.protcy.2012.02.101.

6 Gardner, J. W. & Bartlett, P. N. (1994). A brief history of electronic noses, Sensors and Actuators B: Chemical, 18 (1–3), 210–211, https://doi.org/10.1016/0925-4005(94)87085-3.

7 Hu, W., Wan, L., Jian, Y., Ren, C., Jin, K., Su, X., Bai, X., Haick, H., Yao, M. & & Wu, W. (2018). Electronic Noses: From Advanced Materials to Sensors Aided with Data Processing. Advanced Materials Technologies. 10.1002/admt.201800488.

8 Arshak, K., Moore, E. G., Lyons, G. R., Harris, J. & Clifford, S.

(2004). A review of gas sensors employed in electronic nose applications. Sensor Review, 24, 181–198. DOI 10.1108/02602280410525977

9 Snow, R.W., Rowan, K.M., Lindsay, S.W. & Greenwood, B.M. (1988). A trial of bed nets (mosquito nets) as a malaria control strategy in a rural area of The Gambia, West Africa. Transactions of the Royal Society of Tropical Medicine and Hygiene, 82(2), 212–215. https://doi.org/10.1016/0035-9203(88)90414-2

10 Knols, B., Farenhorst, M., Andriessen, R., Snetselaar, J., Suer, R., Osinga, A., Knols, J. Deschietere, J., Lyimo, I., Kessy, S., Mayagaya, V., Sperling, S., Cordel, M., Sternberg, E., Hartmann, P., Mnyone, L., Rose, A., & Thomas, M. (2016). Eave tubes for malaria control in Africa: An introduction. Malaria Journal. 15.10.1186/s12936-016-1452-x.

11 Dawit, M., Hill, S., Birgersson, G., Tekie, H., & Ignell, R. (2020). Malaria mosquitoes acquire and allocate cattle urine to enhance life history traits. 10.1101/2020.08.24.264309.

12 Raty, L., Drumont, A., De Windt, N. & Grégoire, J. (1995). Mass trapping of the spruce bark beetle Ips typographus L.: traps or trap trees?, Forest Ecology and Management, 78 (1–3), 91–205, https://doi.org/10.1016/0378-1127(95)03582-1.

13 Khan, Z., Midega, C., Pittchar, J., Pickett, J., Bruce, T. (2011). Push-pull technology: a conservation agriculture approach for integrated management of insect pests, weeds and soil health in Africa UK government's Foresight Food and Farming Futures project. International Journal of Agricultural Sustainability, 9, 162–170. 10.3763/ijas.2010.0558.

14 Saini, R.K., Orindi, B.O., Mbahin, N., Andoke, J.A., Muasa, P.N., Mbuvi, D.M., Muya, C.M., Pickett, J.A. & Borgemeister, C.W. (2017). Protecting cows in small holder farms in East Africa from tsetse flies by mimicking the odor profile of a

non-host bovid. PLoS neglected tropical diseases, 11(10), e0005977. https://doi.org/10.1371/journal.pntd.0005977

15 Daum, R.F., Sekinger, B., Kobal, G. & Lang, C.J. (2000). Riechprüfung mit »sniffin' sticks« zur klinischen Diagnostik des Morbus Parkinson [Olfactory testing with »sniffin' sticks« for clinical diagnosis of Parkinson disease]. Der Nervenarzt, 71(8), 643–650. https://doi.org/10.1007/s001150050640

Register